U0190036

编 委 会

顾　问　吴文俊　王志珍　谷超豪　朱清时

主　编　侯建国

编　委　（按姓氏笔画为序）

王　水	史济怀	叶向东	朱长飞
伍小平	刘　兢	刘有成	何多慧
吴　奇	张家铝	张裕恒	李曙光
杜善义	杨培东	辛厚文	陈　颙
陈　霖	陈初升	陈国良	陈晓剑
郑永飞	周又元	林　间	范维澄
侯建国	俞书勤	俞昌旋	姚　新
施蕴渝	胡友秋	骆利群	徐克尊
徐冠水	徐善驾	翁征宇	郭光灿
钱逸泰	龚惠兴	童秉纲	舒其望
韩肇元	窦贤康	潘建伟	

当代科学技术基础理论与前沿问题研究丛书

中国科学技术大学
校友文库

无理数引论

Introduction to Irrational Numbers

朱尧辰 著

中国科学技术大学出版社

内 容 简 介

自从 1978 年 R. Apéry 证明了 $\zeta(3)$ 的无理性以来，ζ 函数在奇数上的值的无理性研究一直是引人注目的数论课题.本书给出与此有关的一些基本结果(如 $\zeta(3)$ 的无理性的 Apéry 原证和 Beukers 的证明等)以及近些年来 T. Rivoal 和 V. V. Zudilin 等人的新进展(如 $\zeta(2k+1)(k \geqslant 1)$ 中有无穷多个无理数；$\zeta(5)$，$\zeta(7)$，$\zeta(9)$，$\zeta(11)$ 中至少有一个无理数；等等)；此外，还给出无理数理论的一些经典结果和方法，如无理数的意义和分类、无理性的刻画及度量、无理数的有理逼近和连分数展开、数的无理性证明的初等方法、无理数的构造、无理数的正规性等；特别着重于数的无理性的判别法则和一些特殊类型的无理数(如 Erdös 的无理性级数、Mahler 小数、Champernowne 数、Fibonacii 数、Lucas 数及 Fermat 数的倒数的级数等).

本书可供大学数学系高年级本科生和研究生以及专业研究人员使用或参考.

图书在版编目(CIP)数据

无理数引论/朱尧辰著.—合肥：中国科学技术大学出版社，2012.1
(当代科学技术基础理论与前沿问题研究丛书：中国科学技术大学校友文库)
"十二五"国家重点图书出版规划项目
ISBN 978-7-312-02803-8

Ⅰ.无… Ⅱ.朱… Ⅲ.无理数 Ⅳ.O122

中国版本图书馆 CIP 数据核字(2011)第 242369 号

出版发行　中国科学技术大学出版社
　　　　　地址　安徽省合肥市金寨路 96 号，230026
　　　　　网址　http://press.ustc.edu.cn
印　　刷　合肥晓星印刷有限责任公司
经　　销　全国新华书店
开　　本　710 mm×1000 mm　1/16
印　　张　15.75
字　　数　256 千
版　　次　2012 年 1 月第 1 版
印　　次　2012 年 1 月第 1 次印刷
定　　价　58.00 元

总　　序

　　大学最重要的功能是向社会输送人才,培养高质量人才是高等教育发展的核心任务.大学对于一个国家、民族乃至世界的重要性和贡献度,很大程度上是通过毕业生在社会各领域所取得的成就来体现的.

　　中国科学技术大学建校只有短短的五十余年,之所以迅速成为享有较高国际声誉的著名大学,主要就是因为她培养出了一大批德才兼备的优秀毕业生.他们志向高远、基础扎实、综合素质高、创新能力强,在国内外科技、经济、教育等领域做出了杰出的贡献,为中国科大赢得了"科技英才的摇篮"的美誉.

　　2008年9月,胡锦涛总书记为中国科大建校五十周年发来贺信,对我校办学成绩赞誉有加,明确指出:半个世纪以来,中国科学技术大学依托中国科学院,按照全院办校、所系结合的方针,弘扬红专并进、理实交融的校风,努力推进教学和科研工作的改革创新,为党和国家培养了一大批科技人才,取得了一系列具有世界先进水平的原创性科技成果,为推动我国科教事业发展和社会主义现代化建设做出了重要贡献.

　　为反映中国科大五十年来的人才培养成果,展示我校毕业生在科技前沿的研究中所取得的最新进展,学校在建校五十周年之际,决定编辑出版《中国科学技术大学校友文库》50 种.选题及书稿经过多轮严格的评审和论证,入选书稿学术水平高,被列入"十一五"国家重点图书出版规划.

　　入选作者中,有北京初创时期的第一代学生,也有意气风发的少年班毕业生;有"两院"院士,也有中组部"千人计划"引进人才;有海内外科研院所、大专院校的教授,也有金融、IT 行业的英才;有默默奉献、矢志报国的科技将军,也有在国际前沿奋力拼搏的科研将才;有"文革"后留美学者中第一位担任美国大学系主任的青年教授,也有首批获得新中国博士学位的中年学者……在母校五十周年华诞之际,他们通过著书立说的独特方式,向母校献礼,其深情厚谊,令人感佩!

《文库》于 2008 年 9 月纪念建校五十周年之际陆续出版,现已出书 53 部,在学术界产生了很好的反响.其中,《北京谱仪Ⅱ:正负电子物理》获得中国出版政府奖;中国物理学会每年面向海内外遴选 10 部"值得推荐的物理学新书",2009 年和 2010 年,《文库》先后有 3 部专著入选;新闻出版总署总结"'十一五'国家重点图书出版规划"科技类出版成果时,重点表彰了《文库》的 2 部著作;新华书店总店《新华书目报》也以一本书一个整版的篇幅,多期访谈《文库》作者.此外,尚有十数种图书分别获得中国大学出版社协会、安徽省人民政府、华东地区大学出版社研究会等政府和行业协会的奖励.

这套发端于五十周年校庆之际的文库,能在两年的时间内形成现在的规模,并取得这样的成绩,凝聚了广大校友的智慧和对母校的感情.学校决定,将《中国科学技术大学校友文库》作为广大校友集中发表创新成果的平台,长期出版.此外,国家新闻出版总署已将该选题继续列为"十二五"国家重点图书出版规划,希望出版社认真做好编辑出版工作,打造我国高水平科技著作的品牌.

成绩属于过去,辉煌仍待新创.中国科大的创办与发展,首要目标就是围绕国家战略需求,培养造就世界一流科学家和科技领军人才.五十年来,我们一直遵循这一目标定位,积极探索科教紧密结合、培养创新拔尖人才的成功之路,取得了令人瞩目的成就,也受到社会各界的肯定.在未来的发展中,我们依然要牢牢把握"育人是大学第一要务"的宗旨,在坚守优良传统的基础上,不断改革创新,进一步提高教育教学质量,努力践行严济慈老校长提出的"创寰宇学府,育天下英才"的使命.

是为序.

中国科学技术大学校长
中国科学院院士
第三世界科学院院士
2010 年 12 月

序

1978 年 R. Apéry 证明了 $\zeta(3)$ 是无理数,在当年赫尔辛基国际数学家大会上引起轰动.其后,ζ 函数在奇数上的值的无理性研究一直是一个引人注目的数论课题.历经三十多年,人们在这个研究领域虽然取得了许多成果,但除了 $\zeta(3)$ 的无理性外,$\zeta(5)$,$\zeta(7)$,…是否为无理数,仍然是"悬案".近年来人们才证明了 $\zeta(2k+1)$($k\geqslant 1$)中有无穷多个无理数(T. Rivoal,K. M. Ball 和 V. V. Zudilin,2000~2002),迄今最佳结果是 $\zeta(5)$,$\zeta(7)$,$\zeta(9)$,$\zeta(11)$ 中至少有一个无理数(V. V. Zudilin,2001~2004).实际上,人们还进一步猜测 $\zeta(2k+1)$($k\geqslant 1$)都是超越数.我们知道,全体无理数被划分为代数数和超越数两个互不相交的类,因此,虽然超越数一定是无理数,但反之未必正确.一般来说,数的超越性的证明要比数的无理性的证明复杂得多.一些经典的数如 e 和 π 的无理性证明远远早于它们的超越性证明.对于 $\zeta(2k+1)$($k\geqslant 1$)的超越性研究(包括肯定或否定关于它们的超越性猜想),看来也是如此.因此,由 Apéry 的工作推动的有关研究将会保持其对人们的吸引力,而且即使是 $\zeta(2k+1)$($k\geqslant 1$)的无理性研究甚至也是无理数理论的一个长期任务.

无理数理论的古典结果通常在初等数论、丢番图逼近或超越数论的书中有所论及.通常,多数关于无理数的课题是作为超越数论的重要组成部分而被研究的,著名的 Hilbert 第 7 问题就包含某些数的无理性的判定.但关于无理数的近代和现代结果(包括上述 $\zeta(2k+1)$ 的无理性研究),在有关数论专著中虽有所论述,但相当一部分则散见于各种刊物中.本书是无理数理论的导引,除了给出关于 $\zeta(3)$ 的无理性的基本结果外,还包括上述各类书籍不涉及或较少论及,但具有一定数学价值的数的无理性结果.它们基本上不与现有的超越数论专著重复.就这种意义而言,本书可以看做超越数论的补充.希望以此引起有关专业大学生和研究生对无理数理论的兴趣和关注.当然,它也可供有关专业研究人员参考.

各章内容如下:

第1章具有基础性质,给出无理数的三种定性刻画,较细致地讨论了无理数的定量刻画,即无理性指数.第2章给出证明一个实数是无理数的常见的初等方法,包含了数量较多的各种类型的例子.这两章在取材上考虑到面向一般读者.其后三章是互相独立的.其中第3章、第4章是本书的核心,取材上具有一定专业性.第3章的主题是 $\zeta(3)$ 的无理性及其新进展.我们完整地给出 R. Apéry 关于 $\zeta(3)$ 的无理性的原始证明,以及 F. Beukers 的一个简洁证明,还介绍了现有的其他几个证明.对于 T. Rivoal 和 V. V. Zudilin 等人近些年来取得的新进展,我们着重证明 ζ 函数在奇数上的值中有无穷多个无理数这个重要结果,并给出 $\zeta(5),\zeta(7),\zeta(9),\zeta(11)$ 中至少有一个无理数的证明概要.我们还详细地证明了 Yu. V. Nesterenko 的线性无关性判别法则,这个法则不仅是 T. Rivoal 及 V. V. Zudilin 的证明的关键性工具,而且它也可用于其他一些问题的研究.第4章主要论述P. Erdös型的无理性判别法则,研究了几种类型的无穷级数的和以及K. Mahler的无穷小数的无理性.最后一章是关于正规数的简明引论,重点讨论了正规数的某些构造方法;本章的讨论尽量采用初等方法.每章最后一节是对正文的引申或补充,有的也包含若干研究问题.书末还有一个介绍超越数论的附录,供不了解超越数论的读者参考.

阅读本书所需的数学预备知识主要限于大学理工科的数学分析和线性代数.当然,初等数论的基本知识(如算术基本定理、同余概念等)也是必需的.个别定理的证明用到复分析和测度论的初步知识,"补充与评注"则涉及更多的较专门的数学知识.虽然本书主要结果取自原始论文,但为了便于初学者阅读,这里注意补出有关细节,或者尽量化解某些论文中的艰涩甚至错误之处,个别定理(引理)的证明实际上是按照原文思路重写的.因此,本书可作为大学有关专业高年级及研究生低年级学生的讨论班材料,也可供具有必要数学预备知识的一般读者自学.作为阅读建议,大体上,本书前两章可以根据实际情况有选择地阅读;读完后三章(不计最后一节)后,可以考虑参照"补充与评注"的提示并结合个人的兴趣进而钻研某些原始论文.

　　本书基于笔者过去的讲稿和笔记以及一些新的结果写成,初稿断断续续历时两年,并于 2009 年底大体上敲定,并且一些专家和同事审读了(全部或部分)初稿,提出了一些改进意见;在此基础上,笔者对初稿又作了多次修改、补充和调整.在此,谨对上述各位专家和同事表示衷心的感谢.另外,本书的出版还得到本人母校出版社——中国科学技术大学出版社——的大力支持.限于笔者的水平和兴趣,本书在论述和取材等方面难免存在不妥甚至谬误,欢迎读者和同行批评指正.

朱尧辰

2011 年 3 月于北京

符 号 说 明

1° $\mathbb{N}, \mathbb{Z}, \mathbb{Q}, \mathbb{R}, \mathbb{C}$　（依次）正整数集、整数集、有理数集、实数集、复数集

　　$\mathbb{N}_0 = \mathbb{N} \bigcup \{0\}$

　　$\mathbb{A}$ 或 $\overline{\mathbb{Q}}$　　代数数集

2° $[a]$　　实数 a 的整数部分,即不超过 a 的最大整数

　　$\{a\} = a - [a]$　　实数 a 的分数部分（也称小数部分）

　　$\parallel a \parallel = \min\{a - [a], [a] + 1 - a\}$　　实数 a 与最靠近它的整数间的距离

　　$(a)_0 = 1, (a)_k = a(a+1)\cdots(a+k-1)(k = 1, 2, \cdots)$　　Pocham-mer 积（阶乘积）

　　$\mathrm{Re}(z)$　　复数 z 的实数部分

3° $a \mid b$ $(a \nmid b)$　　整数 a 整除（不整除）整数 b

　　$(a, b) = 1$　　整数 a, b 互素

　　$\mathrm{lcm}(a, b, \cdots)$　　整数 $a, b, \cdots$ 的最小公倍数

　　$\gcd(a, b, \cdots)$　　整数 $a, b, \cdots$ 的最大公因子

　　$d_n = \mathrm{lcm}(1, 2, \cdots, n)$

　　$\mathrm{Ord}_p(N)$（简记为 $O_p(N)$）或 $\mathrm{Ord}_k(N)$　　正整数 N 的标准素因子分解式中素数 p 或 p_k 的幂的指数

　　$a \equiv b \pmod{m}$　　整数 a, b 对于模 m 同余,即整数 $m \mid (a - b)$

　　$a \equiv 0 \pmod{1}$　　表示 a 是一个整数

　　$F_n, L_n, \mathscr{F}_m$　　（依次）Fibonacci 数、Lucas 数、Fermat 数

4° $[v_0, v_1, v_2, \cdots, v_n]$ 和 $[v_0, v_1, v_2, \cdots]$　　有限和无限连分数（或简单连分数）

$$v_0 + \frac{u_1|}{|v_1} + \frac{u_2|}{|v_2} + \cdots + \frac{u_n|}{|v_n} + \cdots \quad \text{一般形式的连分数}$$

5° (设 $a, a_1, a_2, \cdots$ 以及 μ 是正整数.)

$(a)_h = (d_1 \cdots d_k)_h$ 正整数 a 的 $h(\geqslant 2)$ 进制表达式(d_j 为 h 进制数字)

$X_{m,n}$ 数字段 $d_{m+1} d_{m+2} \cdots d_n (n > m \geqslant 0, d_j$ 为 h 进制数字)

$0.(a_1)_h (a_2)_h \cdots$ 在小数点后依次写上数 $(a_1)_h, (a_2)_h, \cdots$ 所得到的(h 进制)小数($(a_i)_h$ 也可换成数字段)

$0.(\mu(a)_h)$ (h 进制)小数 $0.\underbrace{(a)_h \cdots (a)_h}_{\mu}$($(a)_h$ 也可换成数字段)

6° $|S|$ 有限集 S 所含元素的个数

$|B|$ 数字段 B 所含数字的个数

$|J|$ 区间 J 的长度

7° $\mathbb{Z}(z)$ 变元 z 的整系数多项式的集合

$H(P)$ 多项式 P 的高

$H(\alpha)$ 代数数 α 的高

8° $\| \boldsymbol{x} \|$ 向量 $\boldsymbol{x}$ 的模

$(\boldsymbol{x}, \boldsymbol{y})$ 向量 $\boldsymbol{x}, \boldsymbol{y}$ 的内积

$V(\boldsymbol{a}_1, \cdots, \boldsymbol{a}_r)$ 向量 $\boldsymbol{a}_1, \cdots, \boldsymbol{a}_r$ 张成的平行体的体积

$\dim L$ 线性空间 L 的维数

$d(\boldsymbol{a}, L)$ 点 $\boldsymbol{a}$ 与线性子空间 L 之间的距离

$L^{\perp}$ 线性子空间 L 的直交补

$\mathrm{Pr}_L(\boldsymbol{a})$ 向量 $\boldsymbol{a}$ 在线性子空间 L 上的投影

$\| l \|$ 线性型 $l(\boldsymbol{x})$ 的模

9° $\log_b a$ 实数 $a > 0$ 的以 b 为底的对数

$\log a$(与 $\ln a$ 同义) 实数 $a > 0$ 的自然对数

$\lg a$ 实数 $a > 0$ 的常用对数(即以 10 为底的对数)

$\log z$(与 $\ln z$ 同义) 复数 z 的自然对数(多值函数)的某个分支

10° $f(n) \sim g(n)$ $f(n)/g(n) \to 1 (n \to \infty)$(其中 $f, g > 0$)

$f(n) = o(g(n))$ $f(n)/g(n) \to 0 (n \to \infty)$(其中 $g > 0$)

$f(n) = O(g(n))$ 存在常数 $C > 0$,使得 $|f(n)| < Cg(n)$(当 n 充分大)

$o(1)$ 和 $O(1)$ 无穷小量和有界量

11° $\delta_{i,j}$ Kronecker 符号(即当 $i = j$ 时其值为 1,否则为 0)

$\Gamma(z)$ 伽马函数

$$_{q+1}F_q\left[\begin{array}{c}\alpha_0,\alpha_1,\cdots,\alpha_q\\\beta_1,\cdots,\beta_q\end{array}\middle|z\right]\quad 广义超几何函数,即级数$$

$$\sum_{k=0}^{\infty}\frac{(\alpha_0)_k(\alpha_1)_k\cdots(\alpha_q)_k}{k!(\beta_1)_k\cdots(\beta_q)_k}z^k\quad(q\geqslant 1,z\in\mathbb{C},|z|\leqslant 1)$$

$L_s(z)$(或 $Li_s(z)$)   多对数函数,即级数

$$\sum_{n=1}^{\infty}\frac{z^n}{n^s}\quad(s=1 时,|z|<1;s>1 时,|z|\leqslant 1)$$

12° □   表示定理、引理、推论或命题证明完毕

目　次

第 1 章　无理数的一些数论性质

本章是全书的基础,包括有理数与无理数的意义及其十进表示、实数及无理数的分类、无理数的连分数展开,以及无理数的有理逼近和无理性指数等基本内容,由此得到无理数的三种等价的定性刻画方式(十进表示的非周期性、连分数展开的无限性、不等式 $0<|\theta x-y|<\varepsilon$ 的有解性)以及常用的定量刻画方式.无理数的数论性质的研究与丢番图逼近及超越数论密切相关,这里给出的结果对无理数而言具有相对独立性.对于某些个别熟知的结果,我们有时作为回顾只叙述而不加以证明.

1.1　有理数与无理数

数起源于"数"(如"数"人数).我们最早接触到的数是正整数和零以及(正)分数.为了表示相反意义的量,数的范围扩大到负数(负整数和负分数).从小学和初中数学课程,我们已经知道所有这些数都可表示成两个整数的商,即分数 $\dfrac{a}{b}$(或记作 a/b)的形式,其中 a 是整数,b 是正整数.如果 $a\neq0$,我们还可认为 a 和 b 互素,即 a/b 是既约的.这种形式的数称为有理数.自然,整数 a 等同于分母为 1 的分数 $a/1$.

我们知道,应用长除法(也就是通常所说的竖式除法),每个真分数都可

表示成十进小数(或十进制小数,以下简称小数),例如:

$$\frac{1}{4} = 0.25,$$

$$\frac{1}{3} = 0.33\cdots = 0.\dot{3},$$

$$\frac{15}{308} = 0.04\,\overline{8\,701\,29}.$$

第 1 个例子是有限小数;后两个例子是无限小数,分别是纯循环小数和混循环小数.我们将看到,每个有理数都可表示成一个整数与一个有限小数或无限循环小数的和的形式.

现在我们给出分数和小数互化的某些规律.对于分数 a/b,设 $a = \lambda b + r$,其中 λ 和 r 是整数,并且 $0 \leqslant r < b$,那么 $a/b = \lambda + r/b$.因此,不失一般性,在本节下面的讨论中,我们假定分数 a/b 适合条件

$$0 < a < b, \quad (a,b) = 1. \tag{1.1.1}$$

我们首先回顾长除法中的某些事实.当将分数 a/b 化为小数时,我们实施除法运算 $a \div b$.设得到的商是(有限或无限十进)小数 $0.q_1 q_2 q_3 \cdots$,其中 q_j 是十进制数字(即 $0, 1, \cdots, 9$ 之一),而求得数字 q_j 时相应的余数是 r_j.我们还记 $q_0 = 0, r_0 = a$.那么有

$$a = bq_0 + r_0, \quad 10r_{j-1} = bq_j + r_j \quad (j = 1, 2, \cdots);$$
$$0 \leqslant r_j < b \quad (j = 0, 1, 2, \cdots).$$

我们将 $r_0, r_1, r_2, \cdots$ 称为余数列.例如:

$$\frac{15}{308} = 0.048\,701\,298\cdots,$$

此时有

$$15 = 308 \cdot 0 + 15, \qquad 10 \cdot 15 = 308 \cdot 0 + 150,$$
$$10 \cdot 150 = 308 \cdot 4 + 268, \qquad 10 \cdot 268 = 308 \cdot 8 + 216,$$
$$10 \cdot 216 = 308 \cdot 7 + 4, \qquad 10 \cdot 4 = 308 \cdot 0 + 40,$$
$$10 \cdot 40 = 308 \cdot 1 + 92, \qquad 10 \cdot 92 = 308 \cdot 2 + 304,$$
$$10 \cdot 304 = 308 \cdot 9 + 268, \qquad 10 \cdot 268 = 308 \cdot 8 + 216, \cdots;$$

余数列是

$$15, 150, 268, 216, 4, 40, 92, 304, 268, 216, \cdots.$$

实施长除法的过程中,一旦得到余数为 0,除法运算就结束,这时得到

有限小数,而余数列是有限的(最后一项为 0);在相反的情形,即余数从不为 0,那么这时得到无限小数,余数列是无限的.如果余数列无限,则因为它的每个元素都是小于分母 b 的正数,所以其中至少有两项相等.于是存在最小的下标 τ 及正整数 s,使得 $r_\tau = r_{\tau+s}$,并且(当 $s > 1$ 时)$r_{\tau+1}, \cdots, r_{\tau+s-1}$ 互不相等,也都不等于 r_τ.特别地,由 τ 的定义,可知 $r_0, \cdots, r_{\tau-1}$ 也互不相等,且都不等于 r_τ.由

$$10r_\tau = bq_{\tau+1} + r_{\tau+1}, \quad 10r_{\tau+s} = bq_{\tau+s+1} + r_{\tau+s+1},$$

可知

$$b(q_{\tau+1} - q_{\tau+s+1}) = r_{\tau+s+1} - r_{\tau+1}.$$

于是,若 $q_{\tau+1} - q_{\tau+s+1} \neq 0$,则 $|r_{\tau+s+1} - r_{\tau+1}| \geqslant b$,这与 $0 \leqslant r_{\tau+1} < b, 0 \leqslant r_{\tau+s+1} < b$ 矛盾.因此 $q_{\tau+1} = q_{\tau+s+1}, r_{\tau+1} = r_{\tau+s+1}$.由后者又可类似地推出 $q_{\tau+2} = q_{\tau+s+2}, r_{\tau+2} = r_{\tau+s+2}$,等等.最后得到 $q_{\tau+s} = q_{\tau+2s}, r_{\tau+s} = r_{\tau+2s}$.再由后者出发,又可重复上述过程.因此,在此情形我们得到无限循环小数,其循环节是 $\overline{q_{\tau+1}q_{\tau+2}\cdots q_{\tau+s}}$(长度为 s).而余数列从第 $\tau+1$ 项(即 r_τ)开始是周期的(最小周期为 s).例如在上面的例子中,$r_2 = r_8 = 268, q_3 = q_9 = 8$,等等,我们得到

$$\frac{15}{308} = 0.04\overline{8\,701\,29}.$$

总之,分数 a/b 化为小数的结果只有两种可能情形:有限小数和无限循环小数.

我们还有下列进一步的结果:

引理 1.1　设分数 a/b 满足式(1.1.1),那么 a/b 可以表示成一个有限小数的充要条件是 $b = 2^\alpha 5^\beta$,其中 α, β 是非负整数.

证　如果 $b = 2^\alpha 5^\beta (\alpha, \beta \geqslant 0)$,则

$$\frac{a}{b} = 10^{-k}P,$$

其中 $k = \max\{\alpha, \beta\}, P = 2^{k-\alpha}5^{k-\beta}a$.因为 P 是正整数,设其十进表示是 $g_1 g_2 \cdots g_s$,那么(注意 $a/b < 1$)

$$\frac{a}{b} = 0.\underbrace{0\cdots 0g_1 g_2 \cdots g_s}_{k},$$

所以 a/b 可表示成一个有限小数.反过来,如果

$$\frac{a}{b} = 0.a_1 a_2 \cdots a_s,$$

其中 $a_i \in \{0,1,\cdots,9\}$,那么将上式右边化为 $P_1/10^s$ 的形式(P_1 为正整数),然后约分,可得

$$\frac{a}{b} = \frac{P}{2^\alpha 5^\beta},$$

其中 $\alpha,\beta \geqslant 0$.因为上式两边都是既约分数,所以 $b = 2^\alpha 5^\beta$. □

引理 1.2 设分数 a/b 满足式(1.1.1),而且 $b = 2^\alpha 5^\beta Q$,其中 α,β 是非负整数,$Q > 1$ 是一个不被 2 和 5 整除的正整数,那么 a/b 不可能表示成一个有限小数,而只能是一个无限循环小数.

证 注意

$$\frac{a}{b} = \frac{a}{2^\alpha 5^\beta Q} = 10^{-k} \frac{2^{k-\alpha} 5^{k-\beta} a}{Q} = 10^{-k} f,$$

其中 $k = \max\{\alpha,\beta\}$,而

$$f = \frac{2^{k-\alpha} 5^{k-\beta} a}{Q}.$$

由 $(a,b) = 1$,可知 $(a,Q) = 1$.记 $2^{k-\alpha} 5^{k-\beta} a = \lambda Q + a'$,其中 $\lambda \geqslant 0$,a' 是整数,且 $0 \leqslant a' < Q$.若 $a' = 0$,则由 $(Q,2) = 1$,$(Q,5) = 1$ 以及 $2^{k-\alpha} 5^{k-\beta} a = \lambda Q$,可推出 a,Q 不互素.因此 $a' \neq 0$,从而

$$f = \lambda + \frac{a'}{Q} \quad (0 < a' < Q).$$

另外,如果素数 p 是 a' 和 Q 的一个公因子,那么由关于 Q 的假设,可知 $p \neq 2,5$,于是由 $p | 2^{k-\alpha} 5^{k-\beta} a$(即 $\lambda Q + a'$),可知 $p | a$,从而 a,Q 不互素,这不可能.因此 $(a',Q) = 1$.现在由引理 1.1,可知分数 a'/Q 不可能表示成一个有限小数,而只能是一个无限小数.根据长除法,这个无限小数是循环的.于是引理得证. □

注 1.1.1 对于以 9 为循环节的(十进)循环小数

$$0.a_1 a_2 \cdots a_s 99 \cdots \quad (a_s \leqslant 8), \tag{1.1.2}$$

我们有

$$0.99 \cdots = \sum_{k=1}^{\infty} \frac{9}{10^k} = \frac{9/10}{1 - 1/10} = 1,$$

因此可将式(1.1.2)表示为有限小数

$$0.a_1 a_2 \cdots (a_s + 1) \quad (a_s + 1 \leqslant 9). \tag{1.1.3}$$

我们约定不使用形式(1.1.2),只使用形式(1.1.3).

引理 1.3　应用长除法将一个分数表示成循环小数时,不可能出现式(1.1.2)的形式.

证　设不然,那么 a/b 表示成式(1.1.2)的形式,用长除法得到的余数 r_s(即余数列中的第 $s+1$ 项)将满足

$$1 \leqslant r_s < b, \quad 10r_s > 9b. \tag{1.1.4}$$

对于其后的余数 $r_{s+1}, r_{s+2}, \cdots,$ 有

$$10r_j = 9b + r_{j+1}, \quad 1 \leqslant r_j < b \quad (j = s, s+1, \cdots),$$

于是

$$r_j = \frac{9}{10}b + \frac{1}{10}r_{j+1} \quad (j = s, s+1, \cdots).$$

由此得到

$$r_s = \frac{9}{10}b + \frac{1}{10}r_{s+1} = \frac{9}{10}b + \frac{1}{10}\left(\frac{9}{10}b + \frac{1}{10}r_{s+2}\right)$$

$$= \cdots = 9b\sum_{k=1}^{n}\frac{1}{10^k} + \frac{1}{10^n}r_{s+n}.$$

注意到 $r_{s+n} < b$,令 $n \to \infty$,得 $r_s = b$.这与式(1.1.4)矛盾.于是得到结论. □

引理 1.4　对于每个循环小数,都可找到一个分数,使得这个循环小数可由该分数用长除法化得.

证　为简便计,只考虑下面形式的循环小数:

$$u = 0.a_1 a_2 \cdots a_k \overline{b_1 b_2 \cdots b_s}.$$

记 $a = (a_1 a_2 \cdots a_k)_{10}, b = (b_1 b_2 \cdots b_s)_{10}$(十进制表示),那么有

$$10^k u = a + 10^{-s}b + 10^{-2s}b + \cdots$$

$$= a + \frac{10^{-s}b}{1 - 10^{-s}} = a + \frac{b}{10^s - 1}.$$

由此可见 u 被化为一个分数.记

$$U = 10^k u = \frac{(10^s - 1)a + b}{10^s - 1}.$$

我们实施长除法.用 $10^s - 1$ 去除分子,将得到商 $a = (a_1 a_2 \cdots a_k)_{10}$ 和余数 $b = (b_1 b_2 \cdots b_s)_{10}$,$b$ 显然小于除数(由引理1.3,b_i 不全为9).注意

$$10b = (b_1 b_2 \cdots b_s 0)_{10} = 10^s b_1 + (b_2 \cdots b_s 0)_{10}$$

$$= (10^s - 1)b_1 + (b_2 \cdots b_s b_1)_{10}.$$

接着用 $10^s - 1$ 去除 $10b$, 将得到商 b_1 和余数 $(b_2 \cdots b_s b_1)_{10}$. 继续这种计算, 我们将依次得到商 $b_2, \cdots, b_s$, 并且最后一个余数仍然是 b. 由此可知, 所得的无限小数确实以 $(b_1 b_2 \cdots b_s)_{10}$ 为循环节. 于是分数

$$10^{-k} U = \frac{(10^s - 1) a + b}{10^k (10^s - 1)}$$

即合乎要求. □

一个无限小数如果不能化成有限小数, 也不能化成循环小数, 就称为无限不循环小数.

对于一个十进制表达式

$$\pm b . c_1 c_2 \cdots,$$

其中 b 是一个十进制表示的正整数或 0, 如果小数 $0 . c_1 c_2 \cdots$ 是有限的、无限循环的(但排除式(1.1.2)那种形式)、无限不循环的, 那么分别称它为有限的、周期的、非周期的.

由上述诸引理, 我们得到:

定理 1.1 每个有理数的十进制表达式或者是有限的, 或者是周期的; 而每个有限的或周期的十进制表达式都是某个有理数的十进制表达式.

如果一个数 r 能表示为 $b + c$ 的形式, 即 $r = b + c$, 其中 b 是整数, 而 c 是下列三种情形之一:

(1) $c = 0$;

(2) c 是有限小数;

(3) c 是无限小数.

那么我们称 r 是一个实数.

如果出现情形(1)或(2), 或者出现情形(3), 但 c 是循环小数, 那么由定理 1.1, r 都可表示成 a/b (a 是整数, b 是正整数)的形式, 于是 r 是一个有理数. 如果 c 是无限不循环小数, 那么仍由定理 1.1, r 不能化成 a/b (a 是整数, b 是正整数)的形式; 我们称 r 是一个无理数. 也就是说, 不是有理数的实数称为无理数. 特别地, 无理数的十进制表达式是非周期的.

例 1.1.1 在小数点后按递增顺序依次写出所有正整数 $1, 2, 3, \cdots$, 我们得到实数(无限十进小数)

$$\theta_1 = 0.123\,456\,789\,101\,112\,13\cdots.$$

因为 $10, 100, \cdots, 10^n = 10\cdots0$ (n 个 0), $\cdots$ 逐个出现, 所以 θ_1 的上述表达式

中含有任意长的全由 0 组成的数字段,因而 θ_1 不可能是周期的,从而是无理数.同理,在小数点后依次写出所有偶数或所有奇数而分别得到的无限小数 θ_2,θ_3 也都是无理数(对后者,考虑数字段 $11,111,\cdots$).

为了给出其他一些无限不循环小数即无理数的例子,我们来证明:

定理 1.2　设 $a_1,a_2,\cdots$ 是由不同的正整数组成的无穷序列,用 $(a_j)_{10}$ $=(a_j)$ 表示 a_j 的十进制表达式 $(a_j)=a_{j,1}a_{j,2}\cdots a_{j,k_j}\,(j\geqslant 1)$.作无限十进小数

$$\theta = 0.(a_1)(a_2)\cdots = 0.a_{1,1}a_{1,2}\cdots a_{1,k_1}a_{2,1}a_{2,2}\cdots a_{2,k_2}\cdots \quad (1.1.5)$$

(即在小数点后依次写上 $(a_1),(a_2),\cdots$ 所形成的数).如果 θ 是一个有理数,那么存在一个与 n 无关的常数 C,使得对每个 n,有

$$\sum_{j=1}^{n}\frac{1}{a_j} < C. \quad (1.1.6)$$

证　由定理 1.1,小数(1.1.5)是周期的.取一个长度是 s 的周期(不一定是最小周期),使得存在某个 (a_i) 完全落在一个周期中.设 (a_i) 中的(十进)数字的个数是 $t(i)$.还设 r 是这样一个最小的下标,使整个 (a_r) 落在一个周期中.那么当 $i\geqslant r$ 时,(a_i) 的第 1 个(十进)数字的位置及其(十进)数字的个数 $t(i)$ 都是确定的,并且

$$a_i \geqslant 10^{t(i)-1}. \quad (1.1.7)$$

首先设 $n\geqslant r$.令 $u=\max\{t(r),t(r+1),\cdots,t(n)\}$.对于每个 $t\,(1\leqslant t \leqslant u)$,如果 $(a_r),(a_{r+1}),\cdots,(a_n)$ 中有两个,记作 $(a_\mu),(a_\nu)$,其(十进)数字的个数都是 t,那么它们的第 1 个(十进)数字在其所在的周期中的位置必不相同(不然由周期性,将有 $a_\mu=a_\nu$).因为周期长度是 s,所以数字个数相同(都是 t)的 (a_i) 至多只有 s 个,将此个数记为 $g(t)$,则有

$$g(t)\leqslant s \quad (t=1,2,\cdots,u). \quad (1.1.8)$$

因为

$$\sum_{j=1}^{n}\frac{1}{a_j} = \sum_{j=1}^{r-1}\frac{1}{a_j} + \sum_{j=r}^{n}\frac{1}{a_j} = \sum_{j=1}^{r-1}\frac{1}{a_j} + \sum_{t=1}^{u}\sum_{j,\,t(j)=t}\frac{1}{a_j},$$

而由式(1.1.7)和(1.1.8)可得

$$\sum_{t=1}^{u}\sum_{j,\,t(j)=t}\frac{1}{a_j} \leqslant \sum_{t=1}^{u}\frac{g(t)}{10^{t-1}} < \sum_{t=1}^{\infty}\frac{s}{10^{t-1}} = \frac{10s}{9},$$

所以

$$\sum_{j=1}^{n} \frac{1}{a_j} < \sum_{j=1}^{r-1} \frac{1}{a_j} + \frac{10s}{9}. \tag{1.1.9}$$

现在设 $n<r$,那么显然有

$$\sum_{j=1}^{n} \frac{1}{a_j} \leqslant \sum_{j=1}^{r-1} \frac{1}{a_j}. \tag{1.1.10}$$

由式(1.1.9)和(1.1.10),取

$$C = \sum_{j=1}^{r-1} \frac{1}{a_j} + \frac{10s}{9}$$

(与 n 无关),即得式(1.1.6). □

例 1.1.2 因为调和级数 $\sum 1/n$ 发散,所以由定理 1.2 再次推出实数 θ_1,θ_2 和 θ_3(见例 1.1.1)是无理数.

例 1.1.3 因为所有素数的倒数形成的级数 $\sum 1/p$ 是发散的,所以同样推出实数

$$\theta_4 = 0.235\ 711\ 131\ 719\ 232\ 9\cdots$$

(在小数点后按递增顺序依次写出所有素数)也是无理数.

注 1.1.2 实际上,θ_1 是一个超越数[163],它通常称为 Mahler 十进小数,也称做 Champernowne 数.另外,在[132]113 中可找到 θ_4 的无理性的其他两个证明.

在人类文明发展史上,无理数的概念出现得很早.古希腊 Pythagoras 学派(公元前 582~前 497)研究了这样一个问题:求一个正整数,它的平方等于另一个正整数的平方的 2 倍.也就是说,如果等腰直角三角形的腰长为 b,要求它的斜边的长 a.因为古希腊人崇尚整数,所以要求边长 a,b 是正整数.这归结为解不定方程

$$a^2 = 2b^2. \tag{1.1.11}$$

他们的种种努力都遭遇了挫折,但最终证明了这个不定方程没有整数解,即不存在有理数 a/b,其平方等于 2,从而证明了 $\sqrt{2}$ 的无理性.他们的证明如下:不妨认为 a,b 互素.由式(1.1.11),a 是偶数,令 $a=2c$(c 为正整数),代入式(1.1.11),可知 b 也是偶数,于是得到矛盾.用同样的方法他们还证明了 $\sqrt{3},\sqrt{5},\cdots,\sqrt{p}$($p$ 为素数)都是无理数."无理数"这个"怪物"由于当时难以被人们接受而遭到"禁锢"(相传,甚至有人因泄密被扔进大海),但最终还是得到了人们的理解并引起了数学思想的深刻变革,使数的范围由有理

数扩充到实数.

另外两个常见的重要的无理数是圆周率 π 和自然对数的底 e. 它们的无理性的证明是 1766 年 J. H. Lambert 给出的. 不过, 他的关于 π 的无理性的证明不完全正确, 1806 年 A. M. Legendre 给出了一个完整的证明.

我们看到, $\sqrt{2}$ 满足二次方程 $x^2 - 2 = 0$. 一般地, 如果一个无理数满足某个次数 $\geqslant 2$ 的不可约整系数多项式, 就称它为代数无理数, 这个不可约整系数多项式的次数称为它的次数. 例如, $\sqrt{2}$ 是一个二次代数无理数 (有时称为二次无理数). 如果一个无理数不是代数的, 即它不满足任何一个整系数非零多项式, 那么它称为 (实) 超越数 (例如, 已经证明 e 和 π 都是超越数). 当然, 有理数是满足一次整系数多项式的实数. 代数无理数和有理数统称为 (实) 代数数. 这样, 实数集 $\mathbb{R}$ 被分拆为两个互不相交的子集: 有理数集 $\mathbb{Q}$ 和无理数集; 无理数又被划分为两类: 代数无理数和 (实) 超越数. 同时, 实数集 $\mathbb{R}$ 也可划分为 (实) 代数数和 (实) 超越数两类 (图 1.1).

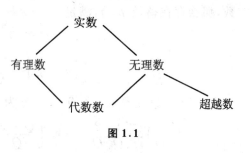

图 1.1

1.2　无理数的有理逼近和非齐次逼近

通常计算一个无理数 (以 $\sqrt{2}$ 为例), 通过开方可得它的一串近似值

$$1,\ 1.4,\ 1.41,\ 1.414,\ 1.414\,2,\cdots. \tag{1.2.1}$$

其精确度越来越高, 也就是说, 近似值与 $\sqrt{2}$ (的精确值) 之间的误差越来越小. 这就是用式 (1.2.1) 中的一串有理数来逼近无理数 $\sqrt{2}$ 的过程. 又例如, 我们的祖先千百年来计算圆周率 π, 得到一系列记录: "周三径一"即 $\pi \approx 3$, 约率即 $\pi \approx 22/7$ (何承天, 370～447), 密率即 $\pi \approx 355/113$ (祖冲之, 429～500), 等等, 也就是用一串有理数来逼近无理数 π 的过程.

一般地，设 θ 是一个实数，考虑所有分母为 q（正整数）的有理数，那么 θ 必位于两个分母为 q 的有理数之间，即存在整数 a，使得

$$\frac{a}{q} \leqslant \theta < \frac{a+1}{q}.$$

取 p/q 是两个端点 a/q，$(a+1)/q$ 中离 θ 最近的一个，那么这个数与 θ 的距离不会超过两端点间距离的一半，于是得到

$$\left| \theta - \frac{p}{q} \right| \leqslant \frac{1}{2q}.$$

因此，用 p/q 作为 θ 的近似值，误差不会大于 $1/(2q)$. 这个结果可以改进为：

定理 1.3（Dirichlet 逼近定理） 设 θ 是一个实数，$Q>1$ 是任意给定的实数，那么存在整数 p,q，满足

$$1 \leqslant q < Q, \tag{1.2.2}$$

$$\left| \theta - \frac{p}{q} \right| \leqslant \frac{1}{Qq}. \tag{1.2.3}$$

证 先设 Q 是整数. 将 $[0,1]$ 等分为 Q 个子区间：

$$\left[0, \frac{1}{Q} \right), \left[\frac{1}{Q}, \frac{2}{Q} \right), \cdots, \left[\frac{Q-2}{Q}, \frac{Q-1}{Q} \right), \left[\frac{Q-1}{Q}, 1 \right]. \tag{1.2.4}$$

由抽屉原理，$Q+1$ 个实数 $0, \{\theta\}, \{2\theta\}, \cdots, \{(Q-1)\theta\}, 1$ 中至少有两个落在式（1.2.4）中的同一个子区间中. 这两个数可能是 $\{r_1\theta\}$ 和 $\{r_2\theta\}$，其中 $r_1, r_2 \in \{0,1,\cdots,Q-1\}$ 且互异；也可能是 $\{r_1\theta\}$ 和 1，其中 $r_1 \in \{0,1,\cdots, Q-1\}$. 因为 $\{r_i\theta\} = r_i\theta - [r_i\theta]$，$1 = 0 \cdot \theta + 1$，所以存在整数 $r_1, r_2 \in \{0,1,\cdots,Q-1\}$ 及整数 s_1, s_2，使得

$$| (r_1\theta - s_1) - (r_2\theta - s_2) | \leqslant \frac{1}{Q}$$

（$1/Q$ 是子区间的长）. 不妨认为 $r_1 > r_2$，令 $q = r_1 - r_2$，$p = s_1 - s_2$，即得式（1.2.2）和（1.2.3）.

现设 Q 不是整数. 将上面所得的结果应用于整数 $Q' = [Q]+1$，可知存在整数 p,q，满足

$$1 \leqslant q < Q', \tag{1.2.5}$$

$$\left| \theta - \frac{p}{q} \right| \leqslant \frac{1}{Q'q}. \tag{1.2.6}$$

因为 q 是整数，所以可由式（1.2.5）推出式（1.2.2）；又因为 $Q'>Q$，所以由

式(1.2.6)推出式(1.2.3).　　　　　　　　　　　　　　　　　　　　　□

注 1.2.1　如果式(1.2.2)和(1.2.3)中 p,q 不互素,那么 $p/q = p'/q'$,其中 p',q' 互素,$q'<q$,于是

$$1 \leqslant q' < Q, \quad \left| \theta - \frac{p'}{q'} \right| \leqslant \frac{1}{Qq} < \frac{1}{Qq'}.$$

因此,在 Dirichlet 定理中可认为 p,q 互素.

注 1.2.2　式(1.2.3)中的不等号"$\leqslant$"不能换为"$<$",因为当 $\theta = 1/Q$,Q 为整数时,对于所有 q $(1 \leqslant q < Q)$,都有

$$\left| \theta - \frac{1}{q} \right| \geqslant \frac{1}{Qq}.$$

下面继续我们的讨论. 取一个无穷实数列 Q_n $(n=1,2,\cdots)$,满足

$$1 < Q_1 < Q_2 < \cdots < Q_n < \cdots,$$

那么对于每个 Q_i,存在互素整数对 (p_i,q_i),满足不等式

$$1 \leqslant q_i < Q_i, \quad \left| \theta - \frac{p_i}{q_i} \right| \leqslant \frac{1}{q_i Q_i} < \frac{1}{q_i^2} \quad (i = 1,2,\cdots).$$

我们证明:存在无穷多个不同的互素整数对 (p_i,q_i) 满足上面的不等式. 若不然,则对无穷多个 Q_i,存在整数对 (p_0,q_0) 满足不等式

$$1 \leqslant q_0 < Q_i, \quad \left| \theta - \frac{p_0}{q_0} \right| \leqslant \frac{1}{q_0 Q_i} \leqslant \frac{1}{Q_i}.$$

若令 $Q_i \to \infty$,则得 $\theta = p_0/q_0$. 这与假设矛盾. 因此,对于无理数 θ,存在无穷多对不同的互素整数 p,q,满足不等式

$$\left| \theta - \frac{p}{q} \right| < \frac{1}{q^2}. \tag{1.2.7}$$

我们还可证明:如果 $\theta = a/b$ $(b>0)$ 是有理数,那么上述结论不再成立. 设 p,q 是互素整数,$p/q \neq a/b$,且式(1.2.7)成立. 于是

$$\frac{1}{q^2} > \left| \theta - \frac{p}{q} \right| = \left| \frac{a}{b} - \frac{p}{q} \right| = \frac{|bp - aq|}{bq}.$$

由 $p/q \neq a/b$,可知 $|bp - aq|$ 是非零整数,因而 $1/q^2 > 1/(bq)$,或 $q < b$. 此外,由式(1.2.7)可知

$$\left| \frac{p}{q} \right| < \frac{1}{q^2} + |\theta|, \quad |p| < q\left(\frac{1}{q^2} + |\theta| \right) < b(1 + |\theta|).$$

可见满足式(1.2.7)的互素整数对 (p,q) 的个数是有限的.

综上所述,我们得到:

定理 1.4 实数 θ 是无理数,当且仅当不等式(1.2.7)有无穷多对(互素)整数解$(p,q)(q>0)$.

这个定理可用来判断实数的无理性,但有时下列命题更便于应用:

定理 1.5(实数无理性的判别准则) 实数 θ 是无理数,当且仅当对于每个 $\varepsilon>0$,可找到整数 x 和 y,满足不等式 $0<|\theta x-y|<\varepsilon$.

证 如果 θ 是无理数,那么由定理 1.4 知,存在无穷多个分数 p_n/q_n,q_n 严格单调上升,且满足式(1.2.7).注意 $\theta-p_n/q_n\neq0$,有

$$0<\left|\theta-\frac{p_n}{q_n}\right|<\frac{1}{q_n^2}. \qquad (1.2.8)$$

对于每个给定的 $\varepsilon>0$,可取 n,使得 $q_n>1/\varepsilon$.由式(1.2.8)得

$$0<|q_n\theta-p_n|<\frac{1}{q_n}.$$

因此 $x=q_n,y=p_n$ 满足 $0<|\theta x-y|<\varepsilon$.

反过来,如果 $\theta=a/b$ $(a>0)$是有理数,并且对于每个 $\varepsilon>0$ 可找到整数 x 和 y,满足不等式 $0<|\theta x-y|<\varepsilon$,那么特别取 $\varepsilon=1/b$,可得

$$0<\left|\frac{a}{b}x-y\right|<\frac{1}{b},$$

于是 $0<|ax-by|<1$,但 $|ax-by|$ 是个整数,故得矛盾.从而定理得证. $\square$

我们容易证明:

推论 1.1 设 θ 是一个实数.如果存在常数 $C>0$ 和实数 $\delta>0$,以及无穷有理数列 $p_n/q_n(n\geqslant n_0)$,满足

$$0<\left|\theta-\frac{p_n}{q_n}\right|<\frac{C}{q_n^{1+\delta}} \quad (n\geqslant n_0),$$

那么 θ 是无理数.

推论 1.2 设 θ 是一个实数.如果存在无穷多对整数$(p_n,q_n)(n=1,2,\cdots)$,使得当 $n\geqslant n_0$ 时 $q_n\theta-p_n\neq0$,而且 $q_n\theta-p_n\to0(n\to\infty)$,那么 θ 是无理数.

证 显然这是定理 1.5 的推论,也可用下面的方法证明:

设 θ 是有理数,d 是它的分母,那么当 $n\geqslant n_0$ 时,$d(q_n\theta-p_n)$ 是非零整数,但同时 $d(q_n\theta-p_n)\to0(n\to\infty)$,这不可能. $\square$

推论 1.2 可以推广为:

推论 1.3 设 $\theta_1,\cdots,\theta_s(s\geqslant1)$ 是 s 个实数.如果存在无穷多个整数组

$(\lambda_{0,n}, \lambda_{1,n}, \cdots, \lambda_{s,n})(n=1,2,\cdots)$，使得当 $n \geqslant n_0$ 时，$l_n = \lambda_{0,n} + \lambda_{1,n}\theta_1 + \cdots + \lambda_{s,n}\theta_s \neq 0$，而且 $l_n \to 0 (n \to \infty)$，那么 $\theta_1, \cdots, \theta_s$ 中至少有一个无理数.

证　与推论 1.2 的证法类似. 设 $\theta_1, \cdots, \theta_s$ 都是有理数，d 是 $\theta_1, \cdots, \theta_s$ 的一个公分母，那么 $dl_n (n \geqslant n_0)$ 都是非零整数，但同时 $dl_n \to 0 (n \to \infty)$. 我们得到矛盾.　□

下面给出定理 1.5 的一个应用.

定理 1.6　设

$$\xi = \sum_{n=1}^{\infty} \frac{z_n}{g_1 g_2 \cdots g_n}, \tag{1.2.9}$$

其中 $g_n (n \geqslant 1)$ 是一个无穷正整数列，满足条件 $2 \leqslant g_1 \leqslant g_2 \leqslant \cdots \leqslant g_n \leqslant \cdots$，且包含无穷多个不同的正整数，系数 z_n 互相独立地取 $\{0,1\}$ 中的任一值，但有无穷多个 n 使 $z_n = 1$，那么 θ 是一个无理数.

证　记 $Q_N = g_1 g_2 \cdots g_N$，那么级数 (1.2.9) 的最初 N 项之和

$$\sum_{n=1}^{N} \frac{z_n}{g_1 g_2 \cdots g_n} = \frac{P_N}{Q_N}$$

（P_N 是一个整数）. 于是

$$0 < \left| \theta - \frac{P_N}{Q_N} \right| = \sum_{j=N+1}^{\infty} \frac{z_j}{g_1 g_2 \cdots g_j}$$

$$\leqslant \frac{1}{g_1 g_2 \cdots g_{N+1}} (1 + g_{N+2}^{-1} + (g_{N+2} g_{N+3})^{-1} + \cdots)$$

$$\leqslant \frac{1}{Q_N g_{N+1}} \sum_{j=0}^{\infty} g_{N+1}^{-j} = \frac{1}{Q_N (g_{N+1} - 1)},$$

于是得到

$$0 < | Q_N \theta - P_N | < \frac{1}{g_{N+1} - 1}.$$

由定理关于 g_n 的假设，对任何给定的 $\varepsilon > 0$，取 $g_{N+1} > 1 + 1/\varepsilon$，以及 $x = Q_N, y = P_N$，即得 $0 < |x\theta - y| < \varepsilon$. 因此，由定理 1.5 知 θ 是无理数.　□

例 1.2.1　在式 (1.2.9) 中，取 $g_n = n, z_n = 1 (n \geqslant 1)$，即可得知 $e-1$ 是无理数，从而 e 也是无理数.

例 1.2.2　由定理 1.6，还可推出级数

$$\xi_1 = \sum_{n=1}^{\infty} \frac{1}{p_1 p_2 \cdots p_n}, \quad \xi_2 = \sum_{n=1}^{\infty} \frac{1}{F_1 F_2 \cdots F_n}$$

都是无理数，其中 $p_n (n \geqslant 1)$ 是任意的由素数组成的数列，且满足条件 $p_1 <$

$p_2 < \cdots < p_n < \cdots$, $F_n(n \geqslant 1)$ 是 Fibonacci 数列.

例 1.2.3 在定理 1.6 中,取 $g_j = 2^{2^{j-1}}(j \geqslant 1)$,可以推出下面的级数是无理数:

$$\xi_3 = \sum_{j=0}^{\infty} 2^{-2^j}.$$

类似地,设 $q \geqslant 2$ 是任意整数,取 $g_j = q^{2j+1}(j \geqslant 1)$. 由定理 1.6,可知

$$\xi_4 = \sum_{j=0}^{\infty} q^{-j^2}$$

是无理数.

例 1.2.4 设 $E_n(n \geqslant 0)$ 是 Euler 数,它有母函数

$$\frac{1}{\cosh x} = \frac{2e^x}{e^{2x} + 1} = \sum_{k=0}^{\infty} E_k \frac{x^k}{k!}.$$

特别地,对于 E_{2n},有

$$\sec x = 1 - \frac{E_2}{2!}x^2 + \frac{E_4}{4!}x^4 - \frac{E_6}{6!}x^6 + \cdots \quad \left(|x| < \frac{\pi}{2} \right),$$

以及

$$E_{2n} + \binom{2n}{2n-2}E_{2n-2} + \binom{2n}{2n-4}E_{2n-4} + \cdots + \binom{2n}{2}E_2 + 1 = 0;$$

还有 $(-1)^n E_{2n} > 0$. 由定理 1.6,可知下面的级数是无理数:

$$\xi_5 = \sum_{k=1}^{\infty} |E_2 E_4 \cdots E_{2k}|^{-1}.$$

注 1.2.3 形如式 (1.2.9)(其中 g_j, z_k 是某些整数)的级数称为 Cantor 级数,我们将在第 4 章继续研究它. 其他类似的例子可见 [212].

不等式 $0 < |\theta x - y| < \varepsilon$ 可改写为 $0 < \|\theta x\| < \varepsilon$. 这里 θx 是变量 x 的齐次线性型,因而上面所研究的问题属于齐次逼近. 现在来考虑非齐次线性型 $\theta x - y - \alpha$,研究不等式 $|\theta x - y - \alpha| < \varepsilon$ $(x, y \in \mathbb{Z}, \alpha \in \mathbb{R})$ 的可解性. 将此不等式改写为 $\|\theta x - \alpha\| < \varepsilon$,这是一种非齐次逼近问题. 由此可给出无理数的另一个逼近性质:

定理 1.7(Kronecker 逼近定理) 若 θ 是给定的无理数,则数列 $\{n\theta\}$ $(n \geqslant 1)$ 在单位区间 $[0,1]$ 中稠密;也就是说,对于任意给定的 $\alpha \in [0,1]$ 和任何 $\varepsilon > 0$,存在正整数 $n = n(\varepsilon)$,满足

$$|\{n\theta\} - \alpha| < \varepsilon. \tag{1.2.10}$$

证 因为 θ 是无理数,所以当整数 $m \neq n$ 时,$\{m\theta\} \neq \{n\theta\}$(不然,

$(m-n)\theta = [m\theta] - [n\theta]$). 又因为 $n\theta = n[\theta] + n\{\theta\}$, $\{n\theta\} = \{n\{\theta\}\}$, 所以, 若式(1.2.10)对无理数$\{\theta\}$成立, 则对 θ 也成立. 于是不失一般性, 我们可以认为 $0 < \theta < 1$.

设 α, ε 给定. 由 Dirichlet 逼近定理知, 存在整数 p, q, 使得 $|q\theta - p| < \varepsilon$. 若 $q\theta > p$, 则 $p < q\theta < p + \varepsilon$; 若 $q\theta < p$, 则 $p - \varepsilon < q\theta < p$. 因此, 总有 $0 < \{q\theta\} < \varepsilon$.

考虑数列 $\{kq\theta\}$($k \geqslant 1$). 由 $mq\theta = m([q\theta] + \{q\theta\}) = m[q\theta] + m\{q\theta\}$, 推知 $\{mq\theta\} = m\{q\theta\}$($m \in \mathbb{N}$)当且仅当$\{q\theta\} < 1/m$. 选取 N 是满足$\{q\theta\} < 1/N$ 的最大整数, 则有

$$\frac{1}{N+1} \leqslant \{q\theta\} < \frac{1}{N}. \tag{1.2.11}$$

于是当 $1 \leqslant m \leqslant N$ 时, $\{q\theta\} < 1/N < 1/m$, 从而 $\{mq\theta\} = m\{q\theta\}$($m = 1, 2, \cdots, N$). 由此可知, N 个数

$$\{q\theta\}, \{2q\theta\}, \cdots, \{Nq\theta\} \tag{1.2.12}$$

递增, 它们自左而右地落在$(0,1)$上, 且相邻两点间距离相等(等于$\{q\theta\}$). 由式(1.2.11), 其中最后一项满足 $N/(N+1) \leqslant \{Nq\theta\} < 1$, 即 $1 - 1/(N+1) \leqslant \{Nq\theta\} < 1$. 因此它与区间端点 1 的距离$\leqslant 1/(N+1) \leqslant \{q\theta\} < \varepsilon$. 由此可见, 式(1.2.12)中的 N 个点将$[0,1]$划分为 $N+1$ 个长度均小于 ε 的小区间. 因为 α 必落在某个这样的小区间(包括端点)中, 所以不等式(1.2.10)成立. □

定理 1.8(Kronecker 逼近定理的一般形式)　设给定无理数 θ 和实数 α, 那么对于任意给定的 $\varepsilon > 0$, 存在正整数 $n = n(\varepsilon)$ 及整数 $\beta = \beta(\varepsilon)$, 满足不等式

$$|n\theta - \beta - \alpha| < \varepsilon. \tag{1.2.13}$$

证　易知 $\alpha = [\alpha] + \{\alpha\}$. 由定理 1.7 知, 存在正整数 $n = n(\varepsilon)$, 满足不等式$|\{n\theta\} - \{\alpha\}| < \varepsilon$. 因为$\{n\theta\} - \{\alpha\} = n\theta - [n\theta] - \alpha + [\alpha]$, 所以, 令 $\beta = [n\theta] - [\alpha]$即得式(1.2.13). □

L. Kronecker(1844)(以及 P. L. Chebyshev, 见[10])证明了下列形式的结果:

定理 1.9　设 θ 是给定的无理数, α 是任意实数, 那么对于任何 $N > 0$, 存在整数 $n > N$ 和整数 β, 满足不等式

$$|n\theta - \beta - \alpha| < \frac{3}{n}.$$

证 由定理 1.4 知,存在互素整数 p,q $(q>2N)$,满足不等式

$$|q\theta - p| < \frac{1}{q}. \tag{1.2.14}$$

因为 $q\alpha$ 必落在某个长度为 1 的区间 $[a,a+1]$(a 为整数)中,所以存在整数 Q,满足

$$|q\alpha - Q| \leqslant \frac{1}{2}.$$

又因为 p,q 互素,所以(依 Euclid 算法)存在整数 u_0,v_0,使得 $v_0 p - u_0 q = 1$,从而对于任意整数 t,有 $(qt+v_0 Q)p - (pt+u_0 Q)q = Q$. 选取整数 t,满足 $-1/2 - v_0 Q/q \leqslant t \leqslant 1/2 - v_0 Q/q$,即知存在整数 u,v,使得 Q 可以表示为

$$Q = vp - uq \quad (|v| \leqslant q/2).$$

注意 $q(v\theta - u - \alpha) = v(q\theta - p) - (q\alpha - Q)$,由此可得

$$|q(v\theta - u - \alpha)| < |v||q\theta - p| + |q\alpha - Q|$$
$$< \frac{1}{2}q \cdot \frac{1}{q} + \frac{1}{2} = 1. \tag{1.2.15}$$

记 $n = q + v, \beta = p + u$,则有

$$N < \frac{1}{2}q \leqslant n \leqslant \frac{3}{2}q. \tag{1.2.16}$$

最后,从式(2.1.14)~(2.1.16)推出

$$|n\theta - \beta - \alpha| \leqslant |v\theta - u - \alpha| + |q\theta - p|$$
$$< \frac{1}{q} + \frac{1}{q} = \frac{2}{q} \leqslant \frac{3}{n}. \qquad \square$$

注 1.2.4 在定理 1.9 中,令 N 取一列无穷递增的值 $N_1 < N_2 < \cdots$,可得无穷递增的正整数列 n_j $(j \geqslant 1)$ 及无穷实数列 β_j,满足

$$|n_j\theta - \beta_j - \alpha| < \frac{3}{n_j} \quad (j \geqslant 1),$$

从而

$$\left|\theta - \frac{\beta_j}{n_j} - \frac{\alpha}{n_j}\right| < \frac{3}{n_j^2}, \quad \frac{\beta_j}{n_j} \to \theta \ (j \to \infty).$$

因此,在定理 1.8 中,可以认为当 N(或 n)足够大时,β 与 θ 同号.

注 1.2.5 Kronecker 逼近定理可以推广到联立逼近(即多维)的情形,对此可见 [19,132] 等.

1.3　无理数的连分数展开

应用 Euclid 算法,对于一个有理数 a/b,可依次得到

$$\frac{a}{b} = v_0 + \frac{r_1}{b}, \quad v_0 = \left[\frac{a}{b}\right] \in \mathbb{Z}, \quad 0 < r_1 < b;$$

$$\frac{b}{r_1} = v_1 + \frac{r_2}{r_1}, \quad v_1 = \left[\frac{b}{r_1}\right] \in \mathbb{N}, \quad 0 < r_2 < r_1;$$

$$\frac{r_1}{r_2} = v_2 + \frac{r_3}{r_2}, \quad v_2 = \left[\frac{r_1}{r_2}\right] \in \mathbb{N}, \quad 0 < r_3 < r_2;$$

$$\cdots\cdots;$$

$$\frac{r_{n-3}}{r_{n-2}} = v_{n-2} + \frac{r_{n-1}}{r_{n-2}}, \quad v_{n-2} = \left[\frac{r_{n-3}}{r_{n-2}}\right] \in \mathbb{N}, \quad 0 < r_{n-1} < r_{n-2};$$

$$\frac{r_{n-2}}{r_{n-1}} = v_{n-1} + \frac{r_n}{r_{n-1}}, \quad v_{n-1} = \left[\frac{r_{n-2}}{r_{n-1}}\right] \in \mathbb{N}, \quad 0 < r_n < r_{n-1};$$

$$\frac{r_{n-1}}{r_n} = v_n, \quad v_n \in \mathbb{N}.$$

其中 v_j 唯一地被确定,并且因为 $r_n < r_{n-1}$,所以 $v_n > 1$.于是得到如下的繁分数

$$\frac{a}{b} = v_0 + \cfrac{1}{v_1 + \cfrac{1}{v_2 + \cfrac{1}{\ddots + \cfrac{1}{v_{n-2} + \cfrac{1}{v_{n-1} + \cfrac{1}{v_n}}}}}}.$$

一般地,设 v_0 是任意实数,$v_1, v_2, \cdots, v_n$ 都是正数,我们将上述形式的繁分数称为有限连分数,并记做

$$[v_0, v_1, v_2, \cdots, v_n]. \tag{1.3.1}$$

称 $v_0, v_1, \cdots, v_n$ 为它的元素.当 v_0 是整数,$v_1, v_2, \cdots, v_n$ 是正整数时,表达式(1.3.1)称为有限简单连分数,在不引起混淆时,简称为有限连分数.元素 $v_j(j \geqslant 0)$ 也称为它的第 j 个部分商.

在上面应用 Euclid 算法得到的有理数的有限简单连分数(1.3.1)中,最后一个部分商 v_n 总是大于 1.我们约定:有限简单连分数的最后一个部分商总大于 1,即将 $[v_0,\cdots,v_{n-1},1]$ 改记成 $[v_0,\cdots,v_{n-1}+1]$.

引理 1.5 两个有限简单连分数 $[u_0,u_1,\cdots,u_k]$ 和 $[v_0,v_1,\cdots,v_t]$ 相等(即都可化为同一个(通常的)分数),当且仅当 $k=t$,并且 $v_j=u_j(j=0,1,\cdots,k)$.

证 只证必要性.对 k 应用数学归纳法.若 $k=0$,则 $u_0=v_0+1/[v_1,\cdots,v_t]\in\mathbb{Z}$,因而 $t=0=k,u_0=v_0$.若结论对 $k=l\ (l\geqslant0)$ 成立,并设 $[u_0,u_1,\cdots,u_{l+1}]=[v_0,v_1,\cdots,v_t]$,则由 $u_0-v_0=1/[v_1,\cdots,v_t]-1/[u_1,\cdots,u_{l+1}]\in\mathbb{Z}$,推出 $u_0=v_0,[u_1,\cdots,u_{l+1}]=[v_1,\cdots,v_t]$.将后一式改写为 $[u'_0,\cdots,u'_l]=[v'_0,\cdots,v'_{t-1}]$,依归纳假设,得 $l=t-1,u'_r=v'_r$ $(r=0,\cdots,l)$,即 $l+1=t,u_j=v_j(j=1,\cdots,l+1)$.于是完成归纳推理. □

综上所述,我们有:

定理 1.10 每个有理数都可唯一地表示成有限简单连分数的形式;每个有限简单连分数都可化为分数形式(即表示一个有理数).

现在设 ξ 是一个无理数.令 $[\xi]=v_0,r_0=1/\{\xi\}$,那么有 $\xi=v_0+1/r_0=[v_0,r_0]$.因为 $r_0>1$,所以又可令 $v_1=[r_0],r_1=1/\{r_0\}$,则得到

$$\xi=v_0+\cfrac{1}{v_1+\cfrac{1}{r_1}}=[v_0,v_1,r_1].$$

因为 ξ 是无理数,所以 r_1 也是无理数且大于 1,于是上述过程将可重复地进行.一般地,令 $r_n=v_{n+1}+1/r_{n+1}(n\geqslant0)$,那么 r_n 是大于 1 的无理数,于是上述过程不可能终止,从而有

$$\xi=[v_0,v_1,v_2,\cdots,v_n,r_n]\quad(n=0,1,2,\cdots).\tag{1.3.2}$$

这样,我们得到一个由有限简单连分数组成的无穷序列

$$[v_0,v_1,\cdots,v_n]\quad(n\geqslant0).$$

但要注意,此处不一定有 $v_n>1$.

一般地,设上述无穷序列中 v_0 是任意实数,$v_1,v_2,\cdots,v_n,\cdots$ 都是正数,即它是由有限连分数组成的无穷序列,那么将它记为

$$[v_0,v_1,\cdots,v_n,\cdots],\tag{1.3.3}$$

并称它为无限连分数,而将 $v_j(j\geqslant0)$ 称为它的元素.当 $n\to\infty$ 时,这个无穷序列如果收敛于实数 ξ,那么可记为

$$\xi = [v_0, v_1, \cdots, v_n, \cdots],$$

即这个无限连分数表示实数 ξ(或称这个无限连分数的值是 ξ). 当 v_0 是整数, $v_1, v_2, \cdots$ 是正整数时, 表达式 (1.3.3) 称为无限简单连分数, 在不引起混淆时, 简称为无限连分数. 元素 $v_j (j \geqslant 0)$ 也称为它的第 j 个部分商.

对于有限或无限连分数 (1.3.1) 或 (1.3.3)(不限于简单连分数), 令

$$p_0 = v_0, \quad p_1 = v_1 v_0 + 1, \quad p_k = v_k p_{k-1} + p_{k-2} \quad (k \geqslant 2);$$
$$q_0 = 1, \quad q_1 = v_1, \quad q_k = v_k q_{k-1} + q_{k-2} \quad (k \geqslant 2).$$

我们称 $p_k / q_k (k = 0, 1, 2, \cdots)$ 为连分数的第 k 个(或 k 阶)渐近分数. 对于简单连分数, 由后文中式 (1.3.6), 可知它们是既约分数. 应用数学归纳法容易证明[5,9]:

引理 1.6　我们有

$$[v_0, v_1, \cdots, v_n] = \frac{p_n}{q_n} \quad (n = 0, 1, 2, \cdots).$$

如果采用矩阵记号, 那么有

$$\begin{bmatrix} p_0 \\ q_0 \end{bmatrix} = \begin{bmatrix} v_0 \\ 1 \end{bmatrix}, \quad \begin{bmatrix} p_1 \\ q_1 \end{bmatrix} = \begin{bmatrix} v_0 & 1 \\ 1 & 0 \end{bmatrix} \begin{bmatrix} v_1 \\ 1 \end{bmatrix},$$

以及

$$\begin{bmatrix} p_k \\ q_k \end{bmatrix} = \begin{bmatrix} p_{k-1} & p_{k-2} \\ q_{k-1} & q_{k-2} \end{bmatrix} \begin{bmatrix} v_k \\ 1 \end{bmatrix} \quad (k = 2, 3, \cdots). \tag{1.3.4}$$

于是可推出

$$\begin{bmatrix} p_1 & p_0 \\ q_1 & q_0 \end{bmatrix} = \begin{bmatrix} v_0 & 1 \\ 1 & 0 \end{bmatrix} \begin{bmatrix} v_1 & 1 \\ 1 & 0 \end{bmatrix},$$

$$\begin{bmatrix} p_k & p_{k-1} \\ q_k & q_{k-1} \end{bmatrix} = \begin{bmatrix} p_{k-1} & p_{k-2} \\ q_{k-1} & q_{k-2} \end{bmatrix} \begin{bmatrix} v_k & 1 \\ 1 & 0 \end{bmatrix} \quad (k \geqslant 2),$$

并得到

$$\begin{bmatrix} p_k & p_{k-1} \\ q_k & q_{k-1} \end{bmatrix} = \prod_{j=0}^{k} \begin{bmatrix} v_j & 1 \\ 1 & 0 \end{bmatrix}. \tag{1.3.5}$$

引理 1.7　我们有

$$\frac{p_k}{q_k} - \frac{p_{k-1}}{q_{k-1}} = \frac{(-1)^{k+1}}{q_k q_{k-1}} \quad (k \geqslant 1), \tag{1.3.6}$$

以及

$$\frac{p_k}{q_k} - \frac{p_{k-2}}{q_{k-2}} = \frac{(-1)^k v_k}{q_{k-2}q_k} \quad (k \geqslant 2).$$ (1.3.7)

证 在式(1.3.5)两边取行列式即可得到式(1.3.6).注意到

$$\begin{bmatrix} p_{k-2} \\ q_{k-2} \end{bmatrix} = \begin{bmatrix} p_{k-1} & p_{k-2} \\ q_{k-1} & q_{k-2} \end{bmatrix} \begin{bmatrix} 0 \\ 1 \end{bmatrix},$$

由此及式(1.3.4)可得

$$\begin{bmatrix} p_k & p_{k-2} \\ q_k & q_{k-2} \end{bmatrix} = \begin{bmatrix} p_{k-1} & p_{k-2} \\ q_{k-1} & q_{k-2} \end{bmatrix} \begin{bmatrix} v_k & 0 \\ 1 & 1 \end{bmatrix}.$$

两边取行列式并应用式(1.3.6),即可得到式(1.3.7). □

引理 1.8 无限连分数(1.3.3)收敛的充要条件是

$$q_n q_{n+1} \to \infty \quad (n \to \infty).$$ (1.3.8)

证 根据式(1.3.7)知,偶数阶渐近分数和奇数阶渐近分数分别形成递增和递减序列,而且由式(1.3.6),易知任何偶数阶渐近分数小于任何奇数阶渐近分数,因而这两个序列都收敛.无限连分数(1.3.3)收敛的充要条件是它们收敛于同一个极限,于是由式(1.3.6)即可得到结论. □

注 1.3.1 式(1.3.8)可代以"级数 $\sum_{n=1}^{\infty} v_n$ 发散"[10].

引理 1.9 每个无限简单连分数都表示一个无理数.

证 由引理1.8,可知无限简单连分数(1.3.3)的收敛性.设其极限是 ξ.由引理1.8的证明及式(1.3.6)可得,对任何 n,有

$$0 < \left| \xi - \frac{p_n}{q_n} \right| < \left| \frac{p_{n+1}}{q_{n+1}} - \frac{p_n}{q_n} \right| = \frac{1}{q_n q_{n+1}}.$$ (1.3.9)

因此不等式

$$\left| \xi - \frac{p}{q} \right| < \frac{1}{q^2}$$

有无穷多个解 $p_n/q_n (p_n, q_n$ 互素),于是由定理1.4知 ξ 是无理数. □

引理 1.10 每个无理数都可表示为一个无限简单连分数(即存在一个收敛于它的无限简单连分数).

证 设 ξ 是一个无理数,$[v_0, v_1, v_2, \cdots, v_n, \cdots]$ 是前文(定理1.10之后)得到的它的无限简单连分数展开,我们来证明这个无限简单连分数收敛于 ξ.

用 p_n/q_n 表示这个连分数的第 n 个渐近分数.由式(1.3.2)得

$$\xi = [v_0, v_1, v_2, \cdots, v_n, r_n] \quad (n = 0, 1, 2, \cdots).$$

其第 $n+1$ 个渐近分数 p'_{n+1}/q'_{n+1} 就是它本身. 由引理 1.6 知, $p'_{n+1} = p_n r_n + p_{n-1}, q'_{n+1} = q_n r_n + q_{n-1}$, 所以

$$\xi = \frac{p_n r_n + p_{n-1}}{q_n r_n + q_{n-1}}. \tag{1.3.10}$$

同样, 由引理 1.6 知, $[v_0, v_1, \cdots, v_{n+1}]$ 等于它的第 $n+1$ 个渐近分数 p_{n+1}/q_{n+1}, 因此可类似地得到

$$\frac{p_{n+1}}{q_{n+1}} = \frac{p_n v_{n+1} + p_{n-1}}{q_n v_{n+1} + q_{n-1}}. \tag{1.3.11}$$

将式(1.3.10)和(1.3.11)相减, 注意 $0 < r_n - v_{n+1} = 1/r_{n+1} < 1$, 以及 $q_n r_n + q_{n-1} > q_n v_{n+1} + q_{n-1} = q_{n+1}$, 并应用式(1.3.6), 可得

$$\left| \xi - \frac{p_{n+1}}{q_{n+1}} \right| = \frac{|p_n q_{n-1} - q_n p_{n-1}|(r_n - v_{n+1})}{(q_n r_n + q_{n-1})(q_n v_{n+1} + q_{n-1})} < \frac{1}{q_{n+1}^2}.$$

因此 p_{n+1}/q_{n+1} 确实以 ξ 为极限. $\quad\square$

引理 1.11 两个无限简单连分数

$$[v_0, v_1, \cdots, v_n, \cdots] \quad \text{和} \quad [u_0, u_1, \cdots, u_n, \cdots]$$

相等(即收敛于同一个极限), 当且仅当 $u_j = v_j (j = 0, 1, 2, \cdots)$.

证 充分性是显然的. 现在证必要性. 记 $\vartheta_n = [v_n, v_{n+1}, \cdots], \varphi_n = [u_n, u_{n+1}, \cdots] (n \geqslant 0)$. 由定义可知

$$\vartheta_0 = \lim_{n \to \infty} [v_0, v_1, \cdots, v_n] = \lim_{n \to \infty} \left(v_0 + \frac{1}{[v_1, \cdots, v_n]} \right),$$

$$\vartheta_1 = \lim_{n \to \infty} [v_1, \cdots, v_n] > v_1 \geqslant 1.$$

于是 $\vartheta_0 = v_0 + 1/\vartheta_1$. 注意 $0 < 1/\vartheta_1 < 1$, 我们得到 $v_0 = [\vartheta_0]$. 将此结果应用于 $[u_0, u_1, \cdots, u_n, \cdots]$ 和 φ_0, 则有 $u_0 = [\varphi_0]$. 如果

$$[v_0, v_1, \cdots, v_n, \cdots] = [u_0, u_1, \cdots, u_n, \cdots],$$

那么 $\vartheta_0 = \varphi_0$, 因而 $[\vartheta_0] = [\varphi_0]$, 即 $v_0 = u_0$. 这样就有

$$[v_1, v_2, \cdots, v_n, \cdots] = [u_1, u_2, \cdots, u_n, \cdots].$$

由此式出发, 重复上述推理, 又可推出 $v_1 = u_1$. 这个过程可以继续下去, 从而归纳地得到 $u_j = v_j (j = 0, 1, 2, \cdots)$. $\quad\square$

综上所述, 我们得到:

定理 1.11 每个无限简单连分数表示一个无理数; 每个无理数都可唯一地用无限简单连分数表示.

注 1.3.2 由定理 1.10 和 1.11,可知实数集与所有简单连分数(但排除最末元素为 1 的有限连分数)的集合之间可建立一一对应.

无理数的渐进分数在某种意义下能很好地逼近这个无理数.详而言之,设 ξ 是一个无理数,如果有理数 p/q 具有下述性质:对任何有理数 $p'/q' \neq p/q$ 且 $0 < q' \leqslant q$,有

$$\left| \xi - \frac{p}{q} \right| < \left| \xi - \frac{p'}{q'} \right|,$$

那么称 p/q 是 ξ 的一个最佳有理逼近.换言之,在一切分母不超过 q 的有理数中,p/q 是最接近于 ξ 的.我们可以证明[19]:

定理 1.12(最佳逼近定理) 无理数 ξ 的渐进分数 $p_n/q_n (n \geqslant 1)$ 是其最佳有理逼近,而且逼近误差满足不等式

$$\frac{1}{q_n(q_n + q_{n+1})} < \left| \xi - \frac{p_n}{q_n} \right| < \frac{1}{q_n q_{n+1}} \quad (n \geqslant 1).$$

注 1.3.3 上式右半部分即式(1.3.9).另外,由式(1.3.10)以及引理 1.6 和 1.7,并注意 $r_n < v_{n+1} + 1$,有

$$\left| \xi - \frac{p_n}{q_n} \right| = \frac{|p_n q_{n-1} - q_n p_{n-1}|}{q_n(q_n r_n + q_{n-1})} > \frac{1}{q_n(q_n(v_{n+1} + 1) + q_{n-1})},$$

即得左半部分.

为了下文的需要,我们简单介绍下面的一般形式的连分数:

$$v_0 + \cfrac{u_1}{v_1 + \cfrac{u_2}{v_2 + \cfrac{u_3}{\ddots + \cfrac{u_n}{v_n + \cfrac{u_{n+1}}{\ddots}}}}},$$

其中 $u_k, v_k (k \geqslant 1)$ 是复数,并且用与前面同样的方式(即通过某个无穷序列)定义无限连分数,并简记为

$$v_0 + \frac{u_1|}{|v_1} + \frac{u_2|}{|v_2} + \cdots + \frac{u_n|}{|v_n} + \cdots.$$

特别地,若 $v_0 \in \mathbb{Z}, v_k \in \mathbb{N}, u_k = 1 (k \geqslant 1)$,即得简单连分数.关于这种一般形式的连分数,我们在此仅给出下面的特殊结果:

引理 1.12 如果 $a_n, b_n (n = 0, 1, 2, \cdots)$ 是两个无穷正整数列,$a_0 = 1$,$b_0 = 0$,并且满足递推关系

$$A_n u_{n+1} - B_n u_n + C_n u_{n-1} = 0 \quad (n \geqslant 1), \tag{1.3.12}$$

其中 A_n, B_n, C_n 是 n 的正值多项式,那么

$$\frac{b_{n+1}}{a_{n+1}} = \frac{b_1\,|}{|\,a_1} - \frac{C_1\,|}{|\,B_1} - \frac{A_1C_2\,|}{|\,B_2} - \cdots - \frac{A_{n-2}C_{n-1}\,|}{|\,B_{n-1}} - \frac{A_{n-1}C_n\,|}{|\,B_n}.$$

证　因为 a_n, b_n 满足式(1.3.12),所以

$$\frac{B_nb_n - C_nb_{n-1}}{B_na_n - C_na_{n-1}} = \frac{A_nb_{n+1}}{A_na_{n+1}} = \frac{b_{n+1}}{a_{n+1}}.$$

于是只需证明

$$\frac{B_nb_n - C_nb_{n-1}}{B_na_n - C_na_{n-1}}$$

$$= \frac{b_1\,|}{|\,a_1} - \frac{C_1/A_1\,|}{|\,B_1/A_1} - \frac{C_2/A_2\,|}{|\,B_2/A_2} - \cdots - \frac{C_{n-1}/A_{n-1}\,|}{|\,B_{n-1}/A_{n-1}} - \frac{C_n/A_n\,|}{|\,B_n/A_n}.$$

对 n 应用数学归纳法. 由 $a_0 = 1, b_0 = 0$ 可知,当 $n = 1$ 时应证明

$$\frac{B_1b_1}{B_1a_1 - C_1} = \frac{b_1}{a_1 - \dfrac{C_1/A_1}{B_1/A_1}},$$

这显然成立. 现设引理中的结论对于 $n = k$ ($k \geqslant 1$)成立,我们来证明

$$\frac{B_{k+1}b_{k+1} - C_{k+1}b_k}{B_{k+1}a_{k+1} - C_{k+1}a_k}$$

$$= \frac{b_1\,|}{|\,a_1} - \frac{C_1/A_1\,|}{|\,B_1/A_1} - \frac{C_2/A_2\,|}{|\,B_2/A_2} - \cdots - \frac{C_k/A_k\,|}{|\,B_k/A_k} - \frac{C_{k+1}/A_{k+1}\,|}{|\,B_{k+1}/A_{k+1}}.$$

$$(1.3.13)$$

注意,若记

$$\alpha_k = \frac{B_k}{A_k} - \frac{C_{k+1}/A_{k+1}}{B_{k+1}/A_{k+1}} = \frac{B_k}{A_k} - \frac{C_{k+1}}{B_{k+1}},$$

则式(1.3.13)中等号的右边为

$$\frac{b_1\,|}{|\,a_1} - \frac{C_1/A_1\,|}{|\,B_1/A_1} - \frac{C_2/A_2\,|}{|\,B_2/A_2} - \cdots - \frac{C_k/A_k\,|}{|\,\alpha_kA_k/A_k}.$$

依归纳假设,上式为

$$\frac{\alpha_kA_kb_k - C_kb_{k-1}}{\alpha_kA_ka_k - C_ka_{k-1}} = \frac{(B_k/A_k - C_{k+1}/B_{k+1})b_k - (C_k/A_k)b_{k-1}}{(B_k/A_k - C_{k+1}/B_{k+1})a_k - (C_k/A_k)a_{k-1}}.$$

注意上式右边可以化为

$$\frac{(B_k - A_kC_{k+1}/B_{k+1})b_k - C_kb_{k-1}}{(B_k - A_kC_{k+1}/B_{k+1})a_k - C_ka_{k-1}} = \frac{(B_kb_k - C_kb_{k-1}) - A_kC_{k+1}b_k/B_{k+1}}{(B_ka_k - C_ka_{k-1}) - A_kC_{k+1}a_k/B_{k+1}}.$$

而由于 a_k, b_k 满足式(1.3.12)(其中 $n = k$),所以上式为

$$\frac{A_k b_{k+1} - A_k C_{k+1} b_k / B_{k+1}}{A_k a_{k+1} - A_k C_{k+1} a_k / B_{k+1}},$$

易见此式等于式(1.3.13)的左边. 于是引理得证. □

连分数不仅在数论中而且在数学的其他许多分支中都有重要应用. 它最早出现于 17 世纪. 例如, C. Huygens 就曾在他的太阳系齿轮模型的研究中使用过它, 试图用来逼近具有尽可能少的齿的行星周期间的关系. 时至今日, 连分数仍然应用于与齿轮啮合有关的实际问题中.

下面给出几个无理数的(简单)连分数展开的例子.

例 1.3.1 因为 $(\sqrt{2} - 1)(\sqrt{2} + 1) = 1$, 所以

$$\sqrt{2} = 1 + \frac{1}{1 + \sqrt{2}}.$$

上式右边分母中的 $\sqrt{2}$ 可用右边整个式子来代替(称为"迭代"), 这样就得到

$$\sqrt{2} = 1 + \cfrac{1}{2 + \cfrac{1}{1 + \sqrt{2}}}.$$

于是又可继续迭代, 并且得到

$$\sqrt{2} = [1, 2, 2, \cdots] = [1, \overline{2}].$$

这是一个以 2 为循环节的循环(简单)连分数. 这再次证明了 $\sqrt{2}$ 的无理性.

$\sqrt{2}$ 的最初几个渐进分数是

$$1, \frac{3}{2}, \frac{7}{5}, \frac{17}{12}, \frac{41}{29}, \frac{99}{70}, \frac{239}{169}, \frac{577}{408}, \frac{1\,393}{985}, \frac{3\,363}{2\,378}, \cdots,$$

并且(例如)

$$\left| \sqrt{2} - \frac{17}{12} \right| \leqslant \frac{1}{12 \cdot 29} < 3 \cdot 10^{-3},$$

$$\left| \sqrt{2} - \frac{1\,393}{985} \right| \leqslant \frac{1}{985 \cdot 2\,578} < 3 \cdot 10^{-6}.$$

注 1.3.4 关于循环(简单)连分数(或周期连分数), 可见[9,19]等. 一个无理数是二次的, 当且仅当其(简单)连分数展开是循环的.

例 1.3.2 最"简单"的无限连分数是由黄金分割得到的:

$$\frac{\sqrt{5} - 1}{2} = [0, 1, 1, \cdots] = [0, \overline{1}].$$

它的 k 阶渐近分数是 $F_k / F_{k+1} (k \geqslant 0)$, 其中 $F_k (k \geqslant 0)$ 是著名的 Fibonacci

数,它们满足递推关系:

$$F_0 = 0, \quad F_1 = 1, \quad F_k = F_{k-1} + F_{k-2} \quad (k \geqslant 2).$$

例 1.3.3　1737 年,L. Euler 发现 e 的连分数展开

$$\mathrm{e} = [2, \overline{1, 2n, 1}]_{n=1}^{\infty}. \tag{1.3.14}$$

其意义是:除了 $v_0 = 2$ 外,依次在 $\overline{1, 2n, 1}$ 中令 $n = 1, 2, \cdots$,就可得到它的所有元素

$$\mathrm{e} = [2, 1, 2, 1, 1, 4, 1, 1, 6, 1, 1, 8, 1, \cdots].$$

这个连分数是无限的,因此我们有理由认为实际上 L. Euler 当时就已经能够证明 e 的无理性.

L. Euler 同时还发现

$$\frac{\mathrm{e} + 1}{\mathrm{e} - 1} = [2, 6, 10, 14, \cdots]. \tag{1.3.15}$$

1770 年,J. H. Lambert 将它推广为

$$\frac{\mathrm{e}^{2/\mu} + 1}{\mathrm{e}^{2/\mu} - 1} = [\mu, 3\mu, 5\mu, 7\mu, 9\mu, \cdots] \quad (\mu = 1, 2, \cdots). \tag{1.3.16}$$

显然,在式(1.3.16)中,令 $\mu = 2$ 即得式(1.3.15).下面首先证明式(1.3.16),然后证明式(1.3.14),并且都给出两个不同的证明.

式(1.3.16)的第 1 个证明　对任何 $n \in \mathbb{N}_0$,令

$$\alpha_n = \frac{1}{n!} \int_0^1 x^n (1 - x)^n \exp\left(\frac{2x}{\mu}\right) \mathrm{d}x,$$

$$\beta_n = \frac{1}{n!} \int_0^1 x^{n+1} (1 - x)^n \exp\left(\frac{2x}{\mu}\right) \mathrm{d}x.$$

可以算出

$$\alpha_0 = \frac{\mu}{2}\left(\exp\left(\frac{2}{\mu}\right) - 1\right),$$

$$\beta_0 = \frac{\mu}{2}\exp\left(\frac{2}{\mu}\right) - \left(\frac{\mu}{2}\right)^2 \left(\exp\left(\frac{2}{\mu}\right) - 1\right).$$

用数学归纳法可证明:当 $n \in \mathbb{N}$ 时

$$\frac{2}{\mu}\alpha_n + \alpha_{n-1} = 2\beta_{n-1}, \quad \mu(2n + 1)\alpha_n = \mu\beta_{n-1} - 2\beta_n.$$

由此消去 β_j,得到

$$\frac{2}{\mu}\alpha_{n+1} + \mu(2n + 1)\alpha_n = \frac{\mu}{2}\left(\frac{2}{\mu}\alpha_n + \alpha_{n-1}\right) - \alpha_n = \frac{\mu}{2}\alpha_{n-1},$$

即

$$\frac{2\alpha_{n+1}}{\mu\alpha_n} + (2n+1)\mu = \frac{\mu\alpha_{n-1}}{2\alpha_n}. \tag{1.3.17}$$

特别地,由此可知

$$\frac{2\alpha_n}{\mu\alpha_{n-1}} < 1 \quad (n \geqslant 1).$$

由上述这些关系式推出

$$\alpha_1 = \frac{\mu}{2}(2\beta_0 - \alpha_0) = \left(\frac{\mu}{2}\right)^2\left(\exp\left(\frac{2}{\mu}\right) + 1 - \mu\left(\exp\left(\frac{2}{\mu}\right) - 1\right)\right).$$

于是

$$\frac{e^{2/\mu} + 1}{e^{2/\mu} - 1} = \left(\left(\frac{2}{\mu}\right)^2\alpha_1 + \mu\left(\exp\left(\frac{2}{\mu}\right) - 1\right)\right)\left(\frac{2}{\mu}\alpha_0\right)^{-1}$$

$$= \left(\left(\frac{2}{\mu}\right)^2\alpha_1 + 2\alpha_0\right)\left(\frac{2}{\mu}\alpha_0\right)^{-1}$$

$$= \mu + \frac{2\alpha_1}{\mu\alpha_0}.$$

在式(1.3.17)中,令 $n = 1$,再由上式得到

$$\frac{e^{2/\mu} + 1}{e^{2/\mu} - 1} = \mu + \left(\frac{\mu\alpha_0}{2\alpha_1}\right)^{-1} = \left[\mu, 3\mu, \frac{\mu\alpha_1}{2\alpha_2}\right].$$

类似地,在式(1.3.17)中,令 $n = 2$,等等,即可归纳地推出式(1.3.16).

式(1.3.16)的第2个证明 由

$$e^{1/\mu} = \sum_{k=0}^{\infty} \frac{1}{k!}\left(\frac{1}{\mu}\right)^k$$

得到

$$\frac{1}{2}(e^{1/\mu} + e^{-1/\mu}) = \sum_{k=0}^{\infty} \frac{1}{(2k)!}\left(\frac{1}{\mu}\right)^{2k},$$

$$\frac{1}{2}(e^{1/\mu} - e^{-1/\mu}) = \sum_{k=0}^{\infty} \frac{1}{(2k+1)!}\left(\frac{1}{\mu}\right)^{2k+1}.$$

令

$$x_n = \sum_{k=0}^{\infty} \frac{2^n(n+k)!}{k!(2n+2k)!}\left(\frac{1}{\mu}\right)^{n+2k} \quad (n \geqslant 0),$$

那么

$$x_0 = \frac{1}{2}(e^{1/\mu} + e^{-1/\mu}), \quad x_1 = \frac{1}{2}(e^{1/\mu} - e^{-1/\mu}).$$

因为

$$\sum_{k=0}^{\infty}\left(\frac{2^n(n+k)!}{k!(2n+2k)!}\left(\frac{1}{\mu}\right)^{n+2k}-\mu(2n+1)\frac{2^{n+1}(n+1+k)!}{k!(2n+2+2k)!}\left(\frac{1}{\mu}\right)^{n+1+2k}\right)$$

$$=\sum_{k=0}^{\infty}\left(\frac{2^n(n+k)!(2n+1+2k)(2n+2+2k)}{k!(2n+2+2k)!}\right.$$

$$\left.-\frac{2^{n+1}(2n+1)(n+1+k)!}{k!(2n+2+2k)!}\right)\left(\frac{1}{\mu}\right)^{n+2k}$$

$$=\sum_{k=0}^{\infty}\frac{2^{n+1}(n+1+k)!((2n+1+2k)-(2n+1))}{k!(2n+2+2k)!}\left(\frac{1}{\mu}\right)^{n+2k}$$

$$=\sum_{k=1}^{\infty}\frac{2^{n+2}((n+2)+(k-1))!}{(k-1)!(2(n+2)+2(k-1))!}\left(\frac{1}{\mu}\right)^{(n+2)+2(k-1)},$$

所以 x_n 单调下降,并且满足

$$x_n-\mu(2n+1)x_{n+1}=x_{n+2}\quad(n\geqslant0).$$

令 $\xi_n=x_n/x_{n+1}(n\geqslant0)$,那么 $\xi_n>1$,并且

$$\xi_0=\frac{2^{2/\mu}+1}{\mathrm{e}^{2/\mu}-1},$$

$$\xi_n=\frac{x_{n+2}+\mu(2n+1)x_{n+1}}{x_{n+1}}=\mu(2n+1)+\frac{1}{\xi_{n+1}}\quad(n\geqslant1).$$

于是得到式(1.3.16).

下面给出式(1.3.14)的两个证明.

式(1.3.14)的第1个证明　应用式(1.3.15)证明式(1.3.14).定义实数

$$E=[a_0,a_1,a_2,\cdots]$$

$$=[2,1,2,1,1,4,1,1,6,1,1,\cdots],$$

其中

$$a_0=2,\quad a_{3n-2}=a_{3n}=1,\quad a_{3n-1}=2n\quad(n\geqslant1).\qquad(1.3.18)$$

分别用 p_n/q_n 和 P_n/Q_n 表示数 $(\mathrm{e}+1)/(\mathrm{e}-1)$ 和 E 的第 n 个渐近分数.由

$$\frac{P_0}{Q_0}=\frac{2}{1},\ \frac{P_1}{Q_1}=\frac{3}{1},\ \frac{P_2}{Q_2}=\frac{8}{3},\ \frac{P_3}{Q_3}=\frac{11}{4},\ \frac{P_4}{Q_4}=\frac{19}{7},\ \cdots,$$

以及

$$\frac{p_0}{q_0}=\frac{2}{1},\quad\frac{p_1}{q_1}=\frac{13}{6},\quad\cdots,$$

得到

$$P_1 = p_0 + q_0, \quad Q_1 = p_0 - q_0, \quad P_4 = p_1 + q_1, \quad Q_4 = p_1 - q_1.$$

因此,一般地,我们来验证关系式

$$P_{3n+1} = p_n + q_n, \quad Q_{3n+1} = p_n - q_n. \tag{1.3.19}$$

为此,我们来考虑数列 $\lambda_n = p_n + q_n (n \geqslant 0)$ 和 $\mu_n = P_{3n+1}(n \geqslant 0)$. 首先,可以直接验证

$$\lambda_0 = \mu_0, \quad \lambda_1 = \mu_1. \tag{1.3.20}$$

其次,由式(1.3.15)得,当 $n \geqslant 2$ 时

$$p_n = 2(2n + 1)p_{n-1} + p_{n-2}, \quad q_n = 2(2n + 1)q_{n-1} + q_{n-2},$$

因此

$$\lambda_n = 2(2n + 1)\lambda_{n-1} + \lambda_{n-2}. \tag{1.3.21}$$

又由式(1.3.18)可知,当 $n \geqslant 2$ 时

$$P_{3n-3} = P_{3n-4} + P_{3n-5},$$

$$P_{3n-2} = P_{3n-3} + P_{3n-4},$$

$$P_{3n-1} = 2nP_{3n-2} + P_{3n-3},$$

$$P_{3n} = P_{3n-1} + P_{3n-2},$$

$$P_{3n+1} = P_{3n} + P_{3n-1}.$$

将这些等式依次乘以 $1, -1, 2, 1, 1$,然后相加,得到 $P_{3n+1} = (2 + 4n)P_{3n-2} + P_{3n-5}$,此即

$$\mu_n = 2(2n + 1)\mu_{n-1} + \mu_{n-2}. \tag{1.3.22}$$

式(1.3.20)~(1.3.22)表明数列 $\lambda_n(n \geqslant 0)$ 和 $\mu_n(n \geqslant 0)$ 满足同样的二阶递推关系,从而 $\lambda_n = \mu_n(n \geqslant 0)$,即式(1.3.19)中的第 1 个等式成立. 类似地可证第 2 个也成立.

最后,由式(1.3.19)及 P_n, Q_n, p_n, q_n 的定义,推出

$$E = \lim_{n \to \infty} \frac{P_n}{Q_n} = \lim_{n \to \infty} \frac{P_{3n+1}}{Q_{3n+1}} = \lim_{n \to \infty} \frac{p_n + q_n}{p_n - q_n}$$

$$= \lim_{n \to \infty} \left(\frac{p_n}{q_n} + 1 \right) \left(\frac{p_n}{q_n} - 1 \right)^{-1}$$

$$= \left(\frac{e + 1}{e - 1} + 1 \right) \left(\frac{e + 1}{e - 1} - 1 \right)^{-1}$$

$$= e,$$

从而式(1.3.14)得证.

式(1.3.14)的第 2 个证明 仍然应用式(1.3.15)证明式(1.3.14).由

式(1.3.15)得到

$$\frac{2}{e-1} = \frac{e+1}{e-1} - 1$$

$$= [1,3\cdot2,5\cdot2,7\cdot2,\cdots] = [1,6,10,14,\cdots].$$

因此

$$e = 1 + 2\cdot[0,1,6,10,14,\cdots]. \qquad (1.3.23)$$

对于 $m = 1,2,3,\cdots$,令

$$\gamma(m) = [4m+2,4(m+1)+2,4(m+2)+2,\cdots],$$

那么容易直接验证

$$2\cdot[0,4(m-1)+1,\gamma(m)] = \left[0,2(m-1),1,1,\frac{\gamma(m)-1}{2}\right],$$

$$(1.3.24)$$

以及

$$\frac{\gamma(m)-1}{2} = [0,2\cdot[0,4m+1,\gamma(m+1)]]. \qquad (1.3.25)$$

例如:

$$\frac{\gamma(m)-1}{2} = \frac{1}{2}\cdot[4m+1,4(m+1)+2,4(m+2)+2,\cdots]$$

$$= \frac{1}{2}\cdot[0,0,4m+1,4(m+1)+2,4(m+2)+2,\cdots]$$

$$= 0 + \frac{1}{2\cdot[0,4m+1,4(m+1)+2,4(m+2)+2,\cdots]}$$

$$= [0,2\cdot[0,4m+1,\gamma(m+1)]].$$

于是得到式(1.3.25).

因为 $\gamma(1) = [6,10,14,\cdots]$,所以由式(1.3.23)和(1.3.24)(其中 $m=1$)得到

$$e = 1 + 2\cdot[0,1,\gamma(1)] = 1 + \left[0,0,1,1,\frac{\gamma(1)-1}{2}\right]$$

$$= 1 + \left[1,1,\frac{\gamma(1)-1}{2}\right] = \left[2,1,\frac{\gamma(1)-1}{2}\right]. \qquad (1.3.26)$$

现在应用式(1.3.25)(其中 $m=1$)和(1.3.24)(其中 $m=2$),可得

$$\frac{\gamma(1)-1}{2} = [0,2\cdot[0,5,\gamma(2)]]$$

$$= \left[0,0,2,1,1,\frac{\gamma(2)-1}{2}\right]$$

$$= \left[2,1,1,\frac{\gamma(2)-1}{2}\right].$$

于是,由此及式(1.3.26)推出

$$e = \left[2,1,2,1,1,\frac{\gamma(2)-1}{2}\right]. \qquad (1.3.27)$$

类似地,应用式(1.3.25)(其中 $m=2$)和(1.3.24)(其中 $m=3$),可得

$$\frac{\gamma(2)-1}{2} = \left[0,2\cdot[0,9,\gamma(3)]\right] = \left[0,\left[0,4,1,1,\frac{\gamma(3)-1}{2}\right]\right]$$

$$= \left[0,0,4,1,1,\frac{\gamma(3)-1}{2}\right] = \left[4,1,1,\frac{\gamma(3)-1}{2}\right].$$

于是,由此及式(1.3.27)推出

$$e = \left[2,1,2,1,1,4,1,1,\frac{\gamma(3)-1}{2}\right].$$

这个过程可以继续下去,所以容易由归纳法得到最终结果是

$$e = [2,1,2,1,1,4,1,\cdots,1,2n,1,1,\cdots].$$

注 1.3.5 上面的第 2 个证明是 1891 年由 A. Hurwitz[139] 给出的. 他还用类似的方法,从 $(e^2+1)/(e^2-1)$ 的连分数展开(在式(1.3.16)中令 $\mu=1$)出发证明了

$$e^2 = [7,\overline{3n-1,1,3n,12n+6}]_{n=1}^{\infty}.$$

对于这个公式的证明,还可见文献[89][54;240-241].

例 1.3.4 π 的连分数展开的最初几个部分商是[212]

$$\pi = [3,7,15,1,292,1,1,1,2,1,3,1,14,2,1,1,2,2,2,2,$$
$$1,84,2,1,1,15,3,13,1,4,2,6,6,1,\cdots].$$

前 26 个部分商是 J. H. Lambert 于 1770 年首先算出的. 如果应用 π 的估值

$$3.141\ 592\ 653\ 58 < \pi < 3.141\ 592\ 653\ 59,$$

并且算出

$$3.141\ 592\ 653\ 58 = [3,7,15,1,292,1,1,1,1,\cdots],$$
$$3.141\ 592\ 653\ 59 = [3,7,15,1,292,1,1,1,2,\cdots],$$

就可导出表达式

$$\pi = [3,7,15,1,292,1,1,1,\cdots].$$

π 的最初几个渐进分数是

$$3, \frac{22}{7}, \frac{133}{106}, \frac{355}{113}, \frac{103\,993}{33\,102}, \frac{104\,348}{33\,215}, \frac{208\,341}{66\,417}, \frac{3\,123\,689}{99\,532}, \cdots,$$

其中 22/7 是约率,误差是

$$\left| \pi - \frac{22}{7} \right| \leqslant \frac{1}{7 \cdot 106} < 0.001\,35;$$

355/113 是密率,误差是

$$\left| \pi - \frac{355}{113} \right| \leqslant \frac{1}{113 \cdot 33\,102} < 10^{-6}.$$

可见相当精确.

π 的连分数展开没有显然的表达式,似乎没有表现出什么规律,但它的一般连分数展开[143]

$$\pi = \frac{4\,|}{|\,1} + \frac{1^2\,|}{|\,3} + \frac{2^2\,|}{|\,5} + \frac{3^2\,|}{|\,7} + \frac{4^2\,|}{|\,9} + \frac{5^2\,|}{|\,11} + \cdots,$$

以及

$$\frac{4}{\pi} = 1 + \frac{1^2\,|}{|\,2} + \frac{3^2\,|}{|\,2} + \frac{5^2\,|}{|\,2} + \frac{7^2\,|}{|\,2} + \frac{9^2\,|}{|\,2} + \cdots$$

具有相当明显的规律性.

注 1.3.6　由于现代计算技术的发展,关于 π 的更为"精确"的近似值的计算应该说已经不成问题. 例如,1989 年,D. V. 和 G. V. Chudnovsky 兄弟曾将 π 计算到小数点后 2\,260\,321\,336(约 22 亿)位. 同年,P. B. 和 J. M. Borwein兄弟提出了一种计算 π 的迭代方法,只需 15 次迭代就足以将 π 计算到小数点后 20 亿位[259]743. 不久前报载(《参考消息》,2010 - 01 - 09,第 7 版)法国编程人员法布里斯・贝拉尔应用他的手提电脑算出 π 小数点后近 2.7 万亿位,其结果需占用 1\,000\,GB 的硬盘空间,下载它需要 10 天,朗读完它需要 4.9 万年,但他完成整个计算只历时 131 天,是迄今最佳记录. 之前的世界记录属于日本筑波大学的大佐隆司. 2009 年 9 月,他算到 π 小数点后近 2.577 万亿位,虽然他使用的超级计算机的速度大约比贝拉尔的手提电脑快 2\,000 倍,但也用了 29 天. 实际上,π 的计算已经成为检验某些算法以及计算机性能的一种"试金石",数论中某些著名常数的计算也成为"计算数论"这个数论新分支中的一个重要课题.

1.4 无理性的度量

上面三节中我们基于无理数的定义,讨论了一个实数 ξ 是无理数的三个充要条件:

(1) ξ 的十进表示是非周期的;

(2) ξ 的连分数展开式是无限的;

(3) 对于任何给定的 $\varepsilon > 0$,不等式 $0 < |x\xi - y| < \varepsilon$ 有整数解 x, y (即 $0 < |x\xi - y| < \varepsilon$ 是可解的).

它们给出了无理性的三种定性刻画方法. 现在考虑无理性的定量刻画问题. 一般地,我们引进下面的函数来度量实数 ξ 的无理性:

$$\varphi(\xi, H) = \min \left| \xi - \frac{p}{q} \right|,$$

其中 min 取自所有满足

$$p, q \in \mathbb{Z} \quad (0 < q \leqslant H) \tag{1.4.1}$$

的数组 (p, q)[104]. 于是,如果 $\psi(H)$ 是一个定义在 $\mathbb{N}$ 上的正函数,并且对于所有满足式(1.4.1)的数组 (p, q),都有

$$|q\xi - p| \geqslant \psi(H), \tag{1.4.2}$$

那么 $\varphi(\xi, H) \geqslant \psi(H)/H$. 我们称 $\psi(H)$ 为 ξ 的一个无理性度量. 它是"线性无关性度量"的特殊情形. 但在文献中人们常用"无理性指数"作为无理性的度量. 实数 ξ 的无理性指数 $\mu = \mu(\xi)$ 定义为

$$\mu = \inf \left\{ \nu \,\middle|\, \left| \xi - \frac{p}{q} \right| \leqslant q^{-\nu} \text{ 仅有有限多个有理解 } p/q \ (q > 0) \right\}$$

$$\tag{1.4.3}$$

(对于有理解 p/q,可以限定 p, q 互素).

引理 1.13 设实数 ξ 的无理性指数是 $\mu = \mu(\xi)$,那么对于任何 $\varepsilon > 0$,不等式

$$\left| \xi - \frac{p}{q} \right| \leqslant q^{-(\mu - \varepsilon)}$$

有无限多个有理解 p/q $(q>0)$;并且存在实数 $q_0=q_0(\varepsilon)>0$,使得对于所有有理数 p/q $(q>q_0)$,有

$$\left|\xi-\frac{p}{q}\right|>q^{-(\mu+\varepsilon)}.$$

证　用 $\mathscr{T}$ 记式(1.4.3)中的集合,那么 $\mu-\varepsilon\notin\mathscr{T}$,所以第 1 个结论成立. 又由 $\mu(\xi)$ 的定义,对于任意给定的 $\varepsilon>0$,存在 $\nu\in\mathscr{T}$ 适合 $\nu<\mu+\varepsilon$. 于是式(1.4.3)中的不等式仅有有限多个有理解 p/q $(q>0)$. 由于 $q^{-(\mu+\varepsilon)}<q^{-\nu}$,所以不等式 $|\xi-p/q|\leqslant q^{-(\mu+\varepsilon)}$ 也仅有有限多个有理解 p/q $(q>0)$. 取这些解的分母之积作为 q_0,即得引理的第 2 个结论.　　□

引理 1.14　如果存在实数 $q_0>0$,使对每个有理数 p/q $(q>q_0)$,有

$$\left|\xi-\frac{p}{q}\right|>Cq^{-a},\tag{1.4.4}$$

其中 $C>0$ 是常数,那么 $\mu(\xi)\leqslant a$.

证　如果 $C>1$,那么式(1.4.4)的右边可换为 q^{-a},于是不等式

$$\left|\xi-\frac{p}{q}\right|\leqslant q^{-a}$$

仅有有限多个有理解 p/q $(q>0)$,从而引理的结论成立.如果 $C<1$,那么对于任意给定的足够小的 $\varepsilon>0$,当 $q>C^{-1/\varepsilon}$ 时可使 $Cq^\varepsilon>1$,于是式(1.4.4)的右边可换为 $q^{-(a+\varepsilon)}$(且 q_0 换为 $\max\{q_0,C^{-1/\varepsilon}\}$). 由此可知,不等式

$$\left|\xi-\frac{p}{q}\right|\leqslant q^{-(a+\varepsilon)}$$

仅有有限多个有理解 p/q $(q>0)$,因而 $\mu(\xi)\leqslant a+\varepsilon$.因为 ε 可以任意接近于 0,所以也可得 $\mu(\xi)\leqslant a$.　　□

定理 1.13　对于任何有理数 ξ,有 $\mu(\xi)=1$;对于任何无理数 ξ,有 $\mu(\xi)\geqslant 2$.特别地,实数 ξ 是无理数,当且仅当 $\mu(\xi)\neq 1$(或 $\mu(\xi)\geqslant 2$).

证　当 ξ 是无理数时,可由定理 1.4 得到结论. 现在设 $\xi=a/b$,其中 a,b 是互素整数,且 $b>0$,那么可以找到非零整数 r,s,使得 $ar-bs=1$,从而 $a(r-bt)-b(s-at)=1(t\in\mathbb{Z})$. 由此推知,存在无限多对互素整数 (p,q) $(q>0)$,使得 $|aq-bp|=1$,因而 $|\xi-p/q|=|aq-bp|/(bq)\leqslant 1/q$.于是不等式

$$\left|\frac{a}{b}-\frac{p}{q}\right|\leqslant\frac{1}{q}$$

有无限多个有理解 p/q（p,q 互素,且 $q>0$）,从而

$$\mu\left(\frac{a}{b}\right)\geqslant 1. \tag{1.4.5}$$

另外,对于任意给定的 $\varepsilon>0$,考虑不等式

$$\left|\frac{a}{b}-\frac{p}{q}\right|\leqslant q^{-(1+\varepsilon)}. \tag{1.4.6}$$

用它代替不等式(1.2.7),重复进行不等式(1.2.7)后的那段推理,可知不等式(1.4.6)只有有限多个有理解 p/q（p,q 互素,且 $q>0$）,于是 $\mu(a/b)\leqslant 1+\varepsilon$.因为 ε 任意小,所以由此及式(1.4.5)即得到结论. □

　　下面给出两个关于估计无理性指数的简单而有用的引理.

　　引理 1.15　设 ξ 是一个实数,p_n/q_n（$n\geqslant 1$）是一个无穷有理数列.当 n 充分大时,q_n 单调递增且满足

$$q_n<q_{n-1}^{1+\sigma},\quad 0<\left|\xi-\frac{p_n}{q_n}\right|<\frac{1}{q_n^{1+\delta}},$$

其中 $\delta>0,0<\sigma<\delta$,那么 ξ 的无理性指数

$$\mu(\xi)\leqslant\frac{1+\delta}{\delta-\sigma}.$$

　　证　由推论 1.1 知 ξ 是无理数.设 $\tau=\mu(\xi)-\varepsilon_1$,其中 $\varepsilon_1>0$ 足够小以使 $\tau>0$.于是不等式

$$\left|\xi-\frac{p}{q}\right|\leqslant\frac{1}{q^\tau}$$

有无限多个有理解 p/q,取定其中之一,并取 n,适合 $q_{n-1}^{1+\delta}\leqslant q^\tau<q_n^{1+\delta}$.我们有

$$\frac{1}{qq_n}\leqslant\left|\frac{p}{q}-\frac{p_n}{q_n}\right|\leqslant\left|\xi-\frac{p_n}{q_n}\right|+\left|\xi-\frac{p}{q}\right|\leqslant\frac{1}{q_n^{1+\delta}}+\frac{1}{q^\tau}<\frac{2}{q^\tau}.$$

由此得到

$$\frac{1}{2}q^\tau<qq_n<qq_{n-1}^{1+\sigma}<q^{1+\tau(1+\sigma)/(1+\delta)},$$

因此

$$\tau<\frac{1+\delta}{\delta-\sigma}+C_1(\log q)^{-1}$$

（$C_1>0$ 是常数）.因为 τ 可以任意接近 $\mu(\xi)$,而 q 可以任意大,于是得到所要的不等式. □

引理 1.16　设 ξ 是一个实数，k 是一个正整数，且 $\alpha,\beta>0$. 如果存在一个次数 $\leqslant k$ 的整系数多项式的无穷序列 $P_n\,(n\geqslant n_0)$，满足

$$\lim_{n\to\infty}\frac{1}{n}\log\mid P_n(\xi)\mid=-\alpha,\quad \overline{\lim_{n\to\infty}}\frac{1}{n}\log H(P_n)\leqslant\beta,$$

其中 $H(P_n)$ 是多项式 P_n 的高，即其系数绝对值的最大值，那么

$$\mu(\xi)\leqslant k\left(1+\frac{\beta}{\alpha}\right).$$

证　记 $a=k(1+\beta/\alpha)$，$H_n=H(P_n)\,(n\geqslant n_0)$. 设引理结论不成立，即 $a<\mu(\xi)$，那么依引理 1.13，不等式

$$\left|\xi-\frac{p}{q}\right|\leqslant q^{-a}\tag{1.4.7}$$

有无限多个有理解 $p/q\,(q>0)$（下文中总认为 q 是正的）. 式（1.4.7）可知，任何一个这样的解 p/q 满足 $|p|\leqslant(|\xi|+q^{-a})q$. 将这些解的分母的最小值记为 q_0. 定义集合

$$\mathscr{A}=\left\{\frac{p}{q}\,\middle|\,p,q\in\mathbb{Z},q\geqslant q_0,\mid p\mid\leqslant(\mid\xi\mid+q^{-a})q\right\},$$

并记 $\theta=\xi-p/q\,(p/q\in\mathscr{A})$. 于是

$$\left|\frac{p}{q}\right|\leqslant\mid\xi\mid+1,\quad\mid\theta\mid\leqslant 2\mid\xi\mid+1\quad\left(\frac{p}{q}\in\mathscr{A}\right).\tag{1.4.8}$$

由 Taylor 公式得

$$P_n(\xi)=P_n\left(\frac{p}{q}\right)+P'_n\left(\frac{p}{q}\right)\theta+O(H_n\theta^2).\tag{1.4.9}$$

取 $0<\varepsilon<1$，以及

$$n=n(q)=\left[(1+\varepsilon)k\alpha^{-1}\log q\right]+1.$$

由引理条件可知，当 q 充分大（因而 n 亦充分大）时

$$H_n\leqslant\mathrm{e}^{n\beta},\tag{1.4.10}$$

且对任何 $\varepsilon>0$，有

$$n(-\alpha-\delta)\leqslant\log\mid P_n(\xi)\mid\leqslant n(-\alpha+\delta),\tag{1.4.11}$$

其中 $\delta=\alpha\varepsilon/(2(\varepsilon+1))\,(<\alpha)$. 由式（1.4.11）可知，当 q 充分大（因而 n 亦充分大）时

$$\begin{aligned}
\log(q^k\mid P_n(\xi)\mid)&\leqslant k\log q+n(-\alpha+\delta)\\
&\leqslant k\log q+(1+\varepsilon)k\alpha^{-1}(-\alpha+\delta)\log q\\
&=-\frac{k\varepsilon}{2}\log q,
\end{aligned}$$

即得

$$q^k \mid P_n(\xi) \mid \leqslant q^{-c_1\varepsilon} \quad (\text{当 } q \text{ 充分大}). \qquad (1.4.12)$$

此处及后文 $c_i > 0$ 表示常数.

如果 $P_n(p/q) = 0$,那么由式(1.4.8)及(1.4.9)得

$$\mid P_n(\theta) \mid = \left| P_n'\left(\frac{p}{q}\right)\theta + O(H_n\theta^2) \right| \leqslant c_2 H_n \mid \theta \mid. \qquad (1.4.13)$$

由式(1.4.10)和(1.4.11),并注意 $\delta/\alpha < \varepsilon/2 < 1/2$,有

$$\log(\mid P_n(\xi) \mid H_n^{-1})$$
$$\geqslant n(-\alpha - \delta) - n\beta$$
$$\geqslant -((1 + \varepsilon)k\alpha^{-1}\log q + 1)(\alpha + \beta + \delta)$$
$$= -(\alpha + \beta + \delta) - \left(\left(1 + \frac{\beta}{\alpha}\right) + \frac{\delta}{\alpha} + \left(1 + \frac{\beta}{\alpha} + \frac{\delta}{\alpha}\right)\varepsilon\right)k\log q$$
$$\geqslant -(\alpha + \beta + \delta) - \left(a + \left(\frac{\beta}{\alpha} + 2\right)k\varepsilon\right)\log q.$$

由此式和式(1.4.13)可推出

$$\left| \xi - \frac{p}{q} \right| \geqslant c_3 q^{-(a+c_4\varepsilon)} \quad \left(\frac{p}{q} \in \mathscr{A}, q \text{ 充分大}\right). \qquad (1.4.14)$$

如果 $P_n(p/q) \neq 0$,那么因为 $q^k P_n(p/q)$ 是一个非零整数,所以 $\mid P_n(p/q) \mid \geqslant q^{-k}$,因此由式(1.4.12)知

$$\left| P_n(\xi) - P_n\left(\frac{p}{q}\right) \right| \geqslant q^{-k} - q^{-c_1\varepsilon-k} \geqslant c_5 q^{-k}, \qquad (1.4.15)$$

其中 $0 < c_5 < 1$. 于是由式(1.4.9),(1.4.10),(1.4.15)得

$$\log \mid \theta \mid \geqslant c_6 - k\log q - n\beta$$
$$\geqslant c_6 - k\log q - ((1 + \varepsilon)k\alpha^{-1}\log q + 1)\beta$$
$$= c_7 - \left(k\left(1 + \frac{\beta}{\alpha}\right) + \frac{k\beta}{\alpha}\varepsilon\right)\log q$$
$$= c_7 - \left(a + \frac{k\beta}{\alpha}\varepsilon\right)\log q.$$

由此可推出

$$\left| \xi - \frac{p}{q} \right| \geqslant c_8 q^{-(a+c_9\varepsilon)} \quad \left(\frac{p}{q} \in \mathscr{A}, q \text{ 充分大}\right). \qquad (1.4.16)$$

现在设 $p/q \notin \mathscr{A}$,那么当 $q \geqslant q_0$ 时,$\mid p \mid > (\mid \xi \mid + q^{-a})q$,所以 $\mid p \mid / q > \mid \xi \mid + q^{-a}$,从而有

$$\left| \xi - \frac{p}{q} \right| \geqslant \left| \ |\xi| - \frac{|p|}{q} \ \right| > q^{-a} \quad \left(\frac{p}{q} \notin \mathscr{A}, q \geqslant q_0 \right). \quad (1.4.17)$$

最后,从式(1.4.14),(1.4.16),(1.4.17)可知,当 q 充分大时

$$\left| \xi - \frac{p}{q} \right| \geqslant c_{10} q^{-a - c_{11} \varepsilon}.$$

依引理 1.14,有 $\mu(\xi) \leqslant a + c_{11} \varepsilon$. 因为 ε 可以任意小,所以 $\mu(\xi) \leqslant a$,这与假设矛盾. 于是引理得证. □

在引理 1.15 中,取 $k=1$,即得:

推论 1.4 设 ξ 是一个实数,$\alpha, \beta > 0$,并且存在两个无穷整数列 p_n, q_n ($n = 1, 2, \cdots$),满足条件

$$\log p_n \sim n\beta \quad (n \to \infty),$$
$$\log q_n \sim n\beta \quad (n \to \infty),$$
$$\log |q_n \xi - p_n| \sim -n\alpha \quad (n \to \infty),$$

那么 $\mu(\xi) \leqslant 1 + \beta/\alpha$.

推论 1.5 设 ξ 是一个实数,$0 < \alpha < 1, \beta > 1$,并且存在无穷整数列 p_n,$q_n (n = 1, 2, \cdots)$,满足条件

$$\lim_{n \to \infty} |q_n \xi - p_n|^{1/n} = \alpha, \quad \overline{\lim_{n \to \infty}} |q_n|^{1/n} \leqslant \beta,$$

那么 $\mu(\xi) \leqslant 1 - \log \beta / \log \alpha$.

证 1 由假设条件可知,当 $n \geqslant n_0$ 时

$$|p_n| \leqslant |q_n \xi - p_n| + |q_n \xi| < 1 + |q_n \xi| \leqslant (1 + |\xi|)|q_n|,$$

因此

$$\overline{\lim_{n \to \infty}} |p_n|^{1/n} \leqslant \overline{\lim_{n \to \infty}} ((1 + |\xi|)|q_n|)^{1/n} \leqslant \beta.$$

在引理 1.16 中,取 $k = 1, P_n(\xi) = q_n \xi - p_n$,并分别用 $\log \alpha^{-1}$ 和 $\log \beta$ 代替 α 和 β,即得结论. □

证 2 由假设条件,对于任何给定的足够小的 ε,可使 $0 < \alpha - \varepsilon < 1, 0 < \alpha + \varepsilon < 1$,于是当 $n \geqslant n_0$ 时

$$(\alpha - \varepsilon)^n \leqslant |q_n \xi - p_n| \leqslant (\alpha + \varepsilon)^n, \quad (1.4.18)$$

并且 $q_n \neq 0$(不然 $p_n \to 0 (n \to \infty)$,从而当 n 充分大时 p_n 也为 0). 对于任何给定的整数 $p, q (|q| > 1)$,我们来考察 $|\xi - p/q|$ 的下界. 必要时分别用 $-p, -q$ 代替 p, q,下面总认为 $q > 0$.

记 $\tau = \min\{|q_{n_0} \xi - p_{n_0}|, 1/2\}$. 由假设条件可知 $q_n \xi - p_n \to 0 (n \to$

∞),所以集合 $\{n_0, n_0+1, \cdots\}$ 中存在最小的下标 m,满足

$$| q_m\xi - p_m | < \frac{\tau}{q}. \tag{1.4.19}$$

因为 $q>1$,所以 $m>n_0$.于是,由 m 的极小性及式(1.4.18)得

$$\frac{\tau}{q} \leqslant | q_{m-1}\xi - p_{m-1} | \leqslant (\alpha + \varepsilon)^{m-1}.$$

注意 $\log(\alpha + \varepsilon)<0$,由此可推出

$$m \leqslant \frac{\log(\tau q^{-1})}{\log(\alpha + \varepsilon)} + 1. \tag{1.4.20}$$

如果 $p/q = p_m/q_m$,那么由假设条件及式(1.4.18)可得

$$\left| \xi - \frac{p}{q} \right| = \left| \xi - \frac{p_m}{q_m} \right| = \frac{| q_m\xi - p_m |}{| q_m |} \geqslant \left(\frac{\alpha - \varepsilon}{\beta} \right)^m.$$

注意 $(\alpha - \varepsilon)/\beta<1$,由此及式(1.4.20)推出

$$\left| \xi - \frac{p}{q} \right| \geqslant \left(\frac{\alpha - \varepsilon}{\beta} \right)^{\log(\tau q^{-1})/\log(\alpha+\varepsilon)+1}$$

$$= \left(\frac{\alpha - \varepsilon}{\beta} \right)^{\log\tau/\log(\alpha+\varepsilon)+1} \left(\frac{\alpha - \varepsilon}{\beta} \right)^{-\log q/\log(\alpha+\varepsilon)}$$

$$> \frac{1}{2} \left(\frac{\alpha - \varepsilon}{\beta} \right)^{\log\tau/\log(\alpha+\varepsilon)+1} q^{-\log((\alpha-\varepsilon)\beta^{-1})/\log(\alpha+\varepsilon)}. \tag{1.4.21}$$

如果 $p/q \neq p_m/q_m$,那么 $| pq_m - qp_m | \geqslant 1$.于是,由 $pq_m - qp_m = q(q_m\xi - p_m) - q_m(q\xi - p)$ 及式(1.4.19)得

$$1 \leqslant | pq_m - qp_m | \leqslant | q || q_m\xi - p_m | + | q_m || q\xi - p |$$
$$< \tau + | q_m || q\xi - p |.$$

注意 $\tau \leqslant 1/2$,由此推出

$$| q_m || q\xi - p | > 1 - \tau \geqslant \frac{1}{2}.$$

因此,应用式(1.4.20),可与上面类似地推出

$$\left| \xi - \frac{p}{q} \right| > \frac{1}{2q | q_m |} \geqslant \frac{1}{2q\beta^m}$$

$$\geqslant \frac{1}{2} \beta^{-\log\tau/\log(\alpha+\varepsilon)-1} q^{-1+\log\beta/\log(\alpha+\varepsilon)}. \tag{1.4.22}$$

由式(1.4.21)和(1.4.22)以及引理 1.14 可得

$$\mu(\xi) \leqslant \max\left\{ \frac{\log((\alpha - \varepsilon)\beta^{-1})}{\log(\alpha + \varepsilon)}, 1 - \frac{\log\beta}{\log(\alpha + \varepsilon)} \right\}.$$

因为 ε 可以任意地接近于 0,所以所要的不等式成立. □

注 1.4.1　设推论 1.5 中的条件成立,则由 $|q_n\xi - p_n|^{1/n} \to \alpha (n \to \infty)$,
$0 < \alpha < 1$ 可知,当 $n \geqslant n_0$ 时,$q_n\xi - p_n \neq 0$,并且 $q_n\xi - p_n \to 0(n \to \infty)$.于是
由推论 1.2 可知,ξ 是无理数,从而 $\mu(\xi) \geqslant 2$.如果记 $\overline{\lim\limits_{n \to \infty}}|q_n|^{1/n} = \beta_0$,那么
由推论 1.5 得 $1 - \log\beta_0/\log\alpha \geqslant 2$.因此推论 1.5 的假设条件蕴涵 $\alpha\beta_0 \geqslant 1$.

例 1.4.1　文献中有许多关于 e 和 e^r($r \neq 0$ 为有理数)的有理逼近的下
界估计结果.例如,依据 1971 年 P. Bundschuh[49] 的一个结果,可知:对任意
给定的 $\varepsilon > 0$,存在常数 $c = c(r, \varepsilon) > 0$,使得对所有整数 p, q($q > 0$),有

$$\left|e^r - \frac{p}{q}\right| > \frac{c}{q^{2+\varepsilon}}.$$

由此及定理 1.13 可得 $\mu(e^r) = 2$.与此有关的结果和文献可见[104,235]
等.最近(2010)出版的专著[89](第 9 章)包含 $\mu(e) = 2$ 的一个证明,证明中
应用了 Padé 逼近和推论 1.5 的一个变体.

例 1.4.2　1953 年,K. Mahler[164] 证明了:对每个有理数 p/q,有

$$\left|\pi - \frac{p}{q}\right| > q^{-42},$$

而当 q 足够大时,上式右边可换为 q^{-30},因此 $\mu(\pi) \leqslant 30$.1974 年,
M. Mignotte[176] 将它改进为 $\mu(\pi) \leqslant 20$,还证明了 $\mu(\pi^2) \leqslant 17.8$.直到 1982
年,G. V. Chudnovsky[68] 将 $\mu(\pi)$ 稍微改进为

$$\mu(\pi) \leqslant 5 - 5\frac{\log(e^5(2\cos(\pi/24))^6)}{\log(e^5(2\sin(\pi/24))^6)} = 19.889\,999\,444\cdots.$$

1993 年,M. Hate[135] 进一步将它改进为 $\mu(\pi) \leqslant 8.016\,045\,39\cdots$.迄今为止,
$\mu(\pi)$ 和 $\mu(\pi^2)$ 的最佳记录分别是

$\mu(\pi) \leqslant 7.606\,308\,52\cdots$　　(2008 年,V. Kh. Salikhov[218]),

$\mu(\pi^2) \leqslant 5.441\,242\,50\cdots$　　(1996 年,G. Rhin 和 C. Viola[210]).

例 1.4.3　应用分析工具(如 Hermite-Padé 逼近、超几何级数以及连
分式等),G. V. Chudnovsky[67-72] 给出一些特殊数的无理性指数的上界估
计.例如:

$$\mu(\sqrt[3]{2}) \leqslant 2.429\,709\,513\cdots,$$

$$\mu(\sqrt[3]{3}) \leqslant 2.692\,661\,368\cdots,$$

$$\mu(\sqrt[3]{17}) \leqslant 2.198\,220\,241\cdots,$$

$$\mu(\pi\sqrt{3}) \leqslant 1 - \frac{\log(2+\sqrt{3})+1}{\log(2-\sqrt{3})-1} = 8.309\,986\,34\cdots,$$

$$\mu(\pi/\sqrt{3}) \leqslant 5.792\,613\,804\cdots,$$

$$\mu(\log 2) \leqslant 4.134\,400\,029\cdots,$$

等等.类似的结果和有关的改进记录,更是不胜枚举.

对于所有上述这些结果,引理 1.16 及其变体和类似的命题在推导中起着重要作用.

1.5　补充与评注

1° 本书关于十进表示的讨论完全基于长除法,更细致的结果要用到其他一些数论知识,对此可参见[1,3]等.

2° 文献[2]论述了 R. Dedekind 的无理数理论,并指出了无限不循环小数可作为无理数理论的出发点,对此还可参考[1,6].

3° 定理 1.2 是按[137,240]改写的,其推广可见[174].文献[170]给出了一个与定理 1.2 类似的结果.

4° 关于无理数的有理逼近的进一步论述可见[19,226]等专著.

5° 关于连分数的经典理论,[10]是一本很好的专著,还可见[1,9]等.一些特殊数,如 π,e 等的连分数展开通常可由某些超越函数的连分式表达式在某些特殊点上的值得到.例如,由

$$\tanh\left(\frac{a}{b}\right) = \frac{a\ |}{|\ b} + \frac{a^2\ |}{|\ 3b} + \cdots + \frac{a^2\quad|}{|\ (2n+1)b} + \cdots,$$

取 $a=1, b=2$,并注意 $(e+1)/(e-1) = 1/\tanh(1/2)$,即得式 (1.3.15).对此可参见[143,197,255]等.

例 1.3.3 和注 1.3.5 介绍了与 e 有关的一些连分数展开.更多的结果,例如数 $e^2, e^{1/\mu}$ 及 $e^{2/(2\mu+1)}$ 等的连分数展开,在文献[197]中有比较系统的论述.文献中这类连分数称为 Hurwitz 连分数.关于它们的一些新近结果可见[147,148,154]等.

6° 对于无理性度量,特别是无理性指数的相当系统的概述,可以在 [104] 中找到,还可见综述报告 [250];而专著 [43] 包含一些实例. 近期结果可见 [107 - 109, 198, 235, 271] 等. 其中 [198] 讨论了"条件无理性度量"; [107] 基于 $\zeta(3)$ 的无理性证明的 Apéry 构造 (见本书第 3 章) 对附有某种限制的有理逼近研究了 φ 无理性指数; [108] 提出了有理逼近的密度指数概念; [109] 包含无理性指数和密度指数的深入细致的研究,推广了本章的推论 1.5,并给出了 Nesterenko 数的线性无关性的判别法则 (见本书第 3 章) 的一个特殊 (但常用的) 形式的简单证明; [271] 应用 Padé 逼近方法给出了 $\pi \sqrt{d}$ $(d = 1, 2, 3, 10\,005)$ 的无理性指数的上界估计; [235] 用几何方法讨论了 e 的无理性度量,并包含与 e 的无理性度量有关的一些主要文献.

引理 1.15 和 1.16 是分别按 [249] 和 [69, 71] 的部分结果改写的. 与它们类似的结果,特别是推论 1.5 的不同的变体,可见 [22, 89, 198] 等.

7° 无理性指数的结果可用来估计某些不定方程的整数解的个数 (即所谓的 Thue-Siegel 方法,见 [7, 71] 等). 例如, [89] 给出了关于应用 $\sqrt[n]{d}$ 的无理性指数研究不定方程 $x^n - dy^n = k$ 的求解问题的一些论述.

8° 实数的有理逼近阶也是无理性的一种度量,对此可见 [104, 212],还可参见 [19] (1.7 节,但应明确文中的函数 $\varphi(q) \to \infty$ $(q \to \infty)$).

9° 本书只考虑实数的无理性,关于 p 进 (p-adic) 无理数的概念,可见 [51] 等. 例如,类似于通常绝对值的情形,可以证明: p 进数 $\alpha = \sum\limits_{i \geqslant \nu} a_i p^i$ $(\nu \in \mathbb{Z}, \nu \neq -\infty, a_i \in \mathbb{Z}, 0 \leqslant a_i < p)$ 是有理数 (即无穷数列 $\sum\limits_{i=\nu}^{n} a_i p^i$ $(n = \nu, \nu + 1, \cdots)$ 的极限是有理数),当且仅当存在某个下标 $h \geqslant \nu$,使得数字序列 $\{a_h, a_{h+1}, a_{h+2}, \cdots\}$ 是周期的.

第 2 章 无理性证明的初等方法

本章着重给出无理性证明的一些初等方法,涉及初等数学、初等数论,以及一些基础微积分,其中还包含若干技巧.特别地,作为这些方法的应用,我们得到一些基本初等函数在有理点上的值的无理性.

2.1 整除性的应用

第 1 章 1.1 节中 Pythagoras 关于 $\sqrt{2}$ 的无理性的证明应用了正整数的整除性,其基础是下列算术基本定理(它是整个初等数论的基石,其证明在任何一本初等数论教程中都可找到):

定理 2.1 每个正整数 N 都可表示成有限多个不同素数的幂的乘积的形式

$$N = p_1^{\alpha_1} p_2^{\alpha_2} \cdots p_s^{\alpha_s}, \tag{2.1.1}$$

其中 $p_1, p_2, \cdots, p_s$ 是不同的素数, $\alpha_1, \alpha_2, \cdots, \alpha_s$ 是正整数;并且若不考虑这些素数在顺序上的差别,则这种表示形式是唯一的.

式(2.1.1)称为 N 的标准素因子分解式,并且 $\mathrm{Ord}_{p_i}(N) = \mathrm{Ord}_i(N) = \alpha_i\,(i = 1, 2, \cdots, s)$,称为 N 对于因子 p_i 的次数.

现在给出一些基于整除性判断数的无理性的例子.

例 2.1.1 如果 $m > 1$ 是一个整数, N 是正整数但不是某个整数的 m 次幂, 那么 $\sqrt[m]{N}$ 是一个无理数.

证 设

$$\sqrt[m]{N} = \frac{u}{v},$$

其中 u, v 是互素正整数, 于是 $u^m = Nv^m$, 从而 $v \mid u^m$, 即 v 的每个素因子均整除 u, 但因 u, v 互素, 所以, 除非 $v = 1$, 否则这是不可能的; 但 $v = 1$ 时 $N = u^m$, 又与假设矛盾. 因此结论成立.

例 2.1.2 2 的常用对数 $\lg 2$ 是无理数.

证 设

$$\lg 2 = \frac{u}{v},$$

其中 u, v 是互素正整数. 由对数定义得 $10^{u/v} = 2$. 因为 v 是正整数, 所以将此式两边 v 次方, 可得 $10^u = 2^v$, 即 $2^u \cdot 5^u = 2^v$. 按定理 2.1, 这不可能. 因此 $\lg 2$ 是无理数.

一般地, 我们有:

定理 2.2 设 $a, N \geqslant 2$ 是两个正整数, $S(a), S(N)$ 分别表示它们的(不同的)素因子的集合, 那么 $\log_a N$ 是有理数, 当且仅当 $S(a) = S(N) = \{p_1, \cdots, p_s\}(s \geqslant 1)$, 而且 $\mathrm{Ord}_k(N) / \mathrm{Ord}_k(a)(k = 1, \cdots, s)$ 为常数.

证 如果 $\log_a N = r = u/v$ ($u, v > 0$ 互素)是有理数, 那么

$$a^u = N^v. \tag{2.1.2}$$

由此可知 $S(a) = S(N)$, 记这个集合为 $\{p_1, \cdots, p_s\}(s \geqslant 1)$, 并且将 a 和 N 的标准素因子分解式写成

$$a = p_1^{\alpha_1} \cdots p_s^{\alpha_s}, \quad N = p_1^{\beta_1} \cdots p_s^{\beta_s}.$$

于是, 由式(2.1.2)易推出 $\mathrm{Ord}_k(N) / \mathrm{Ord}_k(a)(k = 1, \cdots, s)$ 等于 r. 充分性是显然的.　　　　　　　　　　　　　　　　　　　　　□

推论 2.1 设 $a, N \geqslant 2$ 是两个正整数, $S(a), S(N)$ 分别表示它们的素因子的集合, 那么 $\log_a N$ 是无理数, 当且仅当下列两个条件之一成立:

(1) $S(a) \neq S(N)$;

(2) $S(a) = S(N)$, 但 $\mathrm{Ord}_k(N) / \mathrm{Ord}_k(a)$ 不恒为常数.

例 2.1.3 证明 $\log_{12} 36$ 是无理数.

证 1 此处 $a = 2^2 \cdot 3$，其素因子的集合是 $\{2,3\}$；$N = 2^2 \cdot 3^2$，其素因子的集合也是 $\{2,3\}$. 但两者对于因子 2 和 3 的次数之比不相等，因此依推论 2.1，它是无理数.

证 2 易知

$$\log_{12} 36 = \frac{\lg 36}{\lg 12} = \frac{2\lg 2 + 2\lg 3}{2\lg 2 + \lg 3} = 1 + \frac{\lg 3}{2\lg 2 + \lg 3}$$

$$= 1 + \frac{1}{1 + 2\lg 2/\lg 3} = 1 + \frac{1}{1 + 2\log_3 2}.$$

由定理 2.2 知 $\log_3 2$ 是无理数，所以 $\log_{12} 36$ 也是无理数.

2.2 Gauss 定理

我们看到，无理数 $\sqrt{p}$ 和 $\sqrt[m]{N}$ 分别满足整系数多项式 $x^2 - p = 0$ 及 $x^m - N = 0$. C. F. Gauss 研究了一般形式的整系数多项式 $c_n x^n + c_{n-1} x^{n-1} + \cdots + c_0$，其中 $c_n \neq 0$. 假设方程

$$c_n x^n + c_{n-1} x^{n-1} + \cdots + c_0 = 0 \tag{2.2.1}$$

有根 $x = a/b$（a, b 是互素整数），将它代入式 (2.2.1)，得

$$c_n (a/b)^n + c_{n-1} (a/b)^{n-1} + \cdots + c_1 (a/b) + c_0 = 0. \tag{2.2.2}$$

用 b^{n-1} 乘方程 (2.2.2) 的两边，可得

$$c_n a^n / b = - c_0 b^{n-1} - c_1 a b^{n-2} - \cdots - c_{n-1} a^{n-1},$$

因此 $c_n a^n / b$ 是一个非零整数，从而 $b \mid c_n a^n$. 但因 a, b 互素，所以 $b \mid c_n$.

类似地，用 b^n / a 乘方程 (2.2.2) 的两边，可得

$$c_0 b^n / a = - c_1 b^{n-1} - \cdots - c_n a^{n-1},$$

于是 $a \mid c_0$（注意，不必假定 $c_0 \neq 0$，因为此时当然有 $a \mid c_0$）.

特别地，考虑方程 $x^m - N = 0$，那么若 $x = a/b$（a, b 是互素整数），则得 $b \mid 1$，从而 $b = \pm 1$，而 $N = (\pm a)^m$. 由此得到例 2.1.1.

如果一般地考虑 $c_n = 1$ 的情形，即考虑方程

$$x^n + c_{n-1} x^{n-1} + \cdots + c_0 = 0, \tag{2.2.3}$$

其中 c_i 是整数,那么可得:

定理 2.3(Gauss 定理) 如果 ξ 是方程(2.2.3)的根,那么 ξ 或者是整数,或者是无理数.

证 只需证明:ξ 如果不是整数,那么一定是无理数.为此设 $\xi = a/b$(a,b 是互素整数,其中 $b>0$ 且 $b\neq1$),那么依上面所证,应有 $b\,|\,1$,从而 $b=1$,这不可能. □

下面给出几个应用定理 2.3 判断数的无理性的例子.

例 2.2.1 用 Gauss 定理证明下列实数都是无理数:

(1) 方程 $x^5 + x - 10 = 0$ 的实根;

(2) $\sqrt{p} + \sqrt{q}$(整数 p,q 不含平方因子);

(3) $\sqrt[3]{2} + \sqrt[3]{3}$;

(4) $\sqrt[3]{2} + \sqrt[4]{7}$.

证 (1) 只需证明给定的方程没有整数根.设整数 q 满足方程,则有 $|q|\,|q^4 + 1| = 10$,于是 $|q|$ 的可能值为 $1,2,5,10$.经逐一验证,可知原方程没有整数根.

(2) 易得 $(\sqrt{p} + \sqrt{q})^2 = p + q + 2\sqrt{pq}$,$(\sqrt{p} + \sqrt{q})^2 - (p + q) = 2\sqrt{pq}$,$((\sqrt{p} + \sqrt{q})^2 - (p + q))^2 = 4pq$,因此

$$((\sqrt{p} + \sqrt{q})^2 - (p + q))^2 - 4pq = 0.$$

这表明 $\sqrt{p} + \sqrt{q}$ 是方程

$$(x^2 - (p + q))^2 - 4pq = 0$$

的根,而上述方程可化为 $x^4 - 2(p + q)x^2 + (p - q)^2 = 0$ 的形式,具有方程(2.2.3)的特点;且易见,若 $\sqrt{p} + \sqrt{q} = n$ 是一个整数,则将 $\sqrt{p} = n - \sqrt{q}$ 两边平方,可推出 $\sqrt{q} = (n^2 - p + q)/(2n)$,从而得到矛盾.于是 $\sqrt{p} + \sqrt{q}$ 不是整数,故得结论.

(3) 记 $\xi = \sqrt[3]{2} + \sqrt[3]{3}$,将 $\xi - \sqrt[3]{2} = \sqrt[3]{3}$ 两边立方,得 $\xi^3 - 5 = 3\xi \cdot \sqrt[3]{2}(\xi - \sqrt[3]{2})$,注意 $\xi - \sqrt[3]{2} = \sqrt[3]{3}$,所以 $\xi^3 - 5 = 3\xi \cdot \sqrt[3]{2} \cdot \sqrt[3]{3}$;再次两边立方,可知 ξ 满足方程

$$x^9 - 15x^6 - 87x^3 - 125 = 0.$$

注意

$$2 < \sqrt[3]{2} + \sqrt[3]{3} < 2\sqrt[3]{3} = \sqrt[3]{24} < \sqrt[3]{27} = 3,$$

可知 ξ 不是整数,因而结论得证.

(4) 记 $\xi = \sqrt[3]{2 + \sqrt[4]{7}}$,类似于(2),可导出 ξ 满足方程 $(x^3 - 2)^4 - 7 = 0$,而且易知

$$1 < \xi < \sqrt[3]{2 + \sqrt[4]{16}} < \sqrt[3]{2 + 2} = \sqrt[3]{4} < \sqrt[3]{8} = 2,$$

显然 ξ 不是整数,因而结论成立.

若不限定 $c_n = 1$,则有定理(定理 2.3 是其特例):

定理 2.4(有理根判别法则) 如果 $r = a/b$(a , b 是互素整数)是方程(2.2.1)的有理根,那么 $a \mid c_0 , b \mid c_n$.

例 2.2.2 证明 $\cos(\pi/9)$(即 $\cos 20°$)是无理数.

证 在三倍角公式

$$\cos 3\theta = 4\cos^3 \theta - 3\cos \theta$$

中,取 $\theta = \pi/9$,可知 $\cos(\pi/9)$ 是方程

$$8x^3 - 6x - 1 = 0 \tag{2.2.4}$$

的根.如果 $r = a/b$(a , b 是互素整数)是上面方程的有理根,那么 $a \mid 1$,$b \mid 8$.所以 r 的可能值是 $\pm 1, \pm 1/2, \pm 1/4, \pm 1/8$.经逐个检验,可知方程(2.2.4)确实没有有理根.由定理 2.4 即可得到所要的结论.

2.3 Fermat 递降法

我们在此给出另外一种方法证明 $\sqrt{2}$ 的无理性.设 $\sqrt{2}$ 是有理数,将它表示为

$$\frac{a}{b} = \sqrt{2} \quad (a , b \text{ 为正整数}). \tag{2.3.1}$$

由 $1 < 2 < 4$,得 $1 < \sqrt{2} < 2$,从而 $b < a < 2b$.可以算出

$$\frac{2b - a}{a - b} = \frac{2 - a/b}{a/b - 1} = \frac{2 - \sqrt{2}}{\sqrt{2} - 1} = \frac{\sqrt{2}(\sqrt{2} - 1)}{\sqrt{2} - 1} = \sqrt{2}.$$

因为 $1 \leqslant a - b < b$,所以上面的过程表明,如果 $\sqrt{2}$ 可以表示成两个正整数之

比(如式(2.3.1)),那么它就可以表示成另外两个正整数 $2b-a$ 和 $a-b$ 之比(如上式),但新的分母 $a-b$ 要比原来的(即 b)要小. 如果"新"分母 $a-b$ 仍然大于1,那么上述过程又可继续进行下去,并且经过有限步后,$\sqrt{2}$ 可以表示成两个正整数之比,其中分母被减小到1,于是 $\sqrt{2}$ 是一个正整数,这当然不可能. 因此 $\sqrt{2}$ 是无理数.

上面的方法称为 Fermat 递降法,P. de Fermat 首先将它用于不定方程的研究. 类似地,借助于推理

$$\frac{a}{b}=\sqrt{7} \Rightarrow \frac{7b-2a}{a-2b}=\frac{a}{b} \ (b>a-2b>0),$$

以及

$$\frac{a}{b}=\sqrt{57} \Rightarrow \frac{57b-7a}{a-7b}=\frac{a}{b} \ (b>a-7b>0),$$

可以分别得到 $\sqrt{7}$ 和 $\sqrt{57}$ 的无理性.

注 2.3.1　一般地,设 N 不是完全平方数,那么对于任何实数 $k\neq\sqrt{N}$,总有

$$\sqrt{N}=\frac{N-k\sqrt{N}}{\sqrt{N}-k}.$$

如果

$$\sqrt{N}=\frac{a}{b}, \tag{2.3.2}$$

其中 a,b 是互素正整数,那么

$$\sqrt{N}=\frac{Nb-ka}{a-kb}. \tag{2.3.3}$$

选取 k 为满足下列条件的正整数:

$$0<a-kb<b, \quad Nb-ka>0. \tag{2.3.4}$$

于是 $k=[\sqrt{N}]$,并且由式(2.3.3),再经与上面类似的推理,可得出矛盾,从而证明了 $\sqrt{N}$ 的无理性.

现在给出上述证明的一个几何解释. 设直角三角形 ABC 中(图 2.1),$\angle C$ 是直角,CD 是斜边 AB 上的高. 若 $AD=b$,$CD=a$,那么 $BD=a^2/b$. 于是,由式(2.3.2)得 $BD=\sqrt{N}a=Nb$. 取 $k=[\sqrt{N}]$. 注意 N 不是完全平方数,所以 $\sqrt{N}$ 不是整数,从而

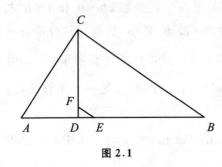

图 2.1

$$0 < \sqrt{N} - k < 1. \quad (2.3.5)$$

在 BD 上截取线段 $BE = kCD$，过 E 作 BC 的平行线交 CD 于 F. 那么剩余线段 $DE = BD - BE = Nb - ka$；同时又有 $DE = \sqrt{N}a - ka = (\sqrt{N} - k)a$. 由式（2.3.5）得 $DE = Nb - ka = (\sqrt{N} - k)a > 0$. 又由于 EF 与 BC 平行，并注意式(2.3.2)，所以得

$$DF = \frac{DE}{DB} \cdot CD = \frac{(\sqrt{N} - k)a}{\sqrt{N}a} \cdot a = (\sqrt{N} - k)b = a - kb.$$

再次应用式(2.3.5)，便得到 $DF = (\sqrt{N} - k)b < b$，因此 $0 < DF = a - kb < b$. 由于 $\triangle FDE$ 与 $\triangle ADC$ 相似，所以

$$\frac{DE}{DF} = \frac{CD}{AD} = \sqrt{N},$$

即式(2.3.3)成立，且式(2.3.4)也满足.

2.4　初等几何证法

本节首先用几何方法证明 $\sqrt{2}$ 是无理数. 考虑等腰直角三角形 ABC（图 2.2），其中 $\angle C$ 为直角. 在斜边 AB 上截取线段 $AC_1 = AC$，过 C_1 作 AB 的垂线交 CB 于 D，于是得到一个新的等腰直角三角形 BDC_1，它的腰要比原等腰直角三角形的腰短，并且对它可以再次进行上述操作. 由于等腰直角三角形的腰总比斜边短，所以这种操作可以永远进行下去而不会终止. 分别用 a_0, b_0 表示原三角形 ABC 的斜边和腰的长，用 $a_n, b_n (n \geqslant 1)$ 表示第 n 个"新"三角形的斜边和腰的长.

容易证明 $CD = DC_1 = C_1B$，于是 $DC_1 = C_1B = AB - AC_1 = AB - AC = a_0 - b_0$，$BD = BC - CD = BC - DC_1 = b_0 - (a_0 - b_0) = 2b_0 - a_0$，也就是

$$a_1 = 2b_0 - a_0, \quad b_1 = a_0 - b_0. \quad (2.4.1)$$

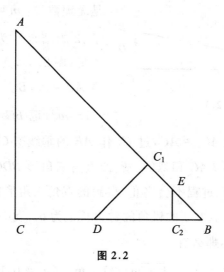

图 2.2

类似可证明

$$a_2 = 2b_1 - a_1, \quad b_2 = a_1 - b_1. \tag{2.4.2}$$

一般地,由数学归纳法得

$$a_n = 2b_{n-1} - a_{n-1},$$
$$b_n = a_{n-1} - b_{n-1} \quad (n \geqslant 1). \tag{2.4.3}$$

如果 $\sqrt{2} = p/q$(p,q 是互素正整数)是有理数,那么 $a_0/b_0 = p/q$.记 $a_0/p = \lambda$(这是一个常数),则有

$$a_0 = p\lambda, \quad b_0 = q\lambda.$$

将它们代入式(2.4.1),可得

$$a_1 = (2q - p)\lambda, \quad b_1 = (p - q)\lambda;$$

再将它们代入式(2.4.2),可得

$$a_2 = (3p - 4q)\lambda, \quad b_2 = (3q - 2p)\lambda;$$

等等.一般地,由式(2.4.3),并注意 $a_n, b_n > 0$,可知 a_n, b_n($n \geqslant 0$)都是 λ 的正整数倍.记

$$a_n = l_n\lambda, \quad b_n = k_n\lambda \quad (n \geqslant 0),$$

其中 l_n, k_n 是正整数.因为 a_n, b_n 在逐渐减小,所以正整数列 l_n, k_n($n \geqslant 0$)严格单调递减,从而是有限序列,这与上述作图过程的无限性矛盾.于是证明完毕.

注 2.4.1　一般地,设 m 是一个正整数,用同样的方法可证明 $\sqrt{1 + m^2}$

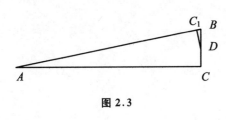

图 2.3

是无理数(当 $m=1$ 时就得到上述关于 $\sqrt{2}$ 的结果). 为此,作直角三角形 ABC(图 2.3),其中 $\angle C$ 为直角,直角边 $AC=m$,$BC=1$,于是斜边 $AB=\sqrt{1+m^2}$. 记 BC 的对角的大小为 θ.

在 AB 上截取线段 $AC_1=AC$,过 C_1 作 AB 的垂线交 CB 于 D,于是得到一个与原直角三角形 BAC 相似的"新"的直角三角形 BDC_1. 我们可以继续进行同样的截取,并且过程不会终止. 得到的直角三角形彼此相似. 将它们的斜边长记作 a_n,大小为 θ 的锐角的对边长记为 b_n,另一条直角边的长记为 $t_n(n=0,1,2,\cdots)$,那么有

$$a_n : b_n : t_n = \sqrt{1+m^2} : 1 : m \quad (n=0,1,2,\cdots). \quad (2.4.4)$$

易知

$$a_0 = \sqrt{1+m^2}, \quad b_0 = 1,$$

且 $BC_1 = AB - AC_1 = AB - AC = \sqrt{1+m^2} - m = a_0 - mb_0$. 依式(2.4.4),有 $BD = \sqrt{1+m^2}\,BC_1 = \sqrt{1+m^2}(a_0 - mb_0) = (a_0/b_0)^2 b_0 - (a_0/b_0)mb_0 = (1+m^2)b_0 - ma_0$,于是

$$a_1 = (1+m^2)b_0 - ma_0, \quad b_1 = a_0 - mb_0.$$

类似地,并注意式(2.4.4),得

$$b_2 = a_1 - mb_1,$$

$$a_2 = \sqrt{1+m^2}\,b_2 = (a_1/b_1)(a_1 - mb_1)$$

$$= (a_1/b_1)^2 b_1 - ma_1 = (1+m^2)b_1 - ma_1.$$

一般地,由数学归纳法得

$$a_n = (1+m^2)b_{n-1} - ma_{n-1}, \quad b_n = a_{n-1} - mb_{n-1} \quad (n \geqslant 1).$$

由此并经与上面类似的推理,即可导出矛盾.

注 2.4.2 我们可以类似地证明 $\sqrt{m^2-1}$($m>1$ 是整数)是无理数.

上面使用的方法实际上是上一节中的证明方法的几何变体. 虽然对 $\sqrt{2}$ 而言,上一节和此处的两个证明都不如应用整除性简便,但我们看重的是作为一种方法它所具有的某种一般性的思想.

下面给出上一节方法的几何变体的另一个应用例子.

例 2.4.1 我们用几何方法证明 $\sqrt{5}$ 是无理数. 记 $\alpha = (\sqrt{5}-1)/2$,那么

$$\alpha^2 = 1 - \alpha. \tag{2.4.5}$$

作长度为 1 的线段 AB(图 2.4),在其上截取线段 $AC = \alpha$,那么 $AC^2 = \alpha^2 = 1 - \alpha = 1 \cdot (1-\alpha) = AB \cdot CB$,即

$$\frac{AB}{AC} = \frac{AC}{CB}.$$

因此 C 是线段 AB 的黄金分割点.

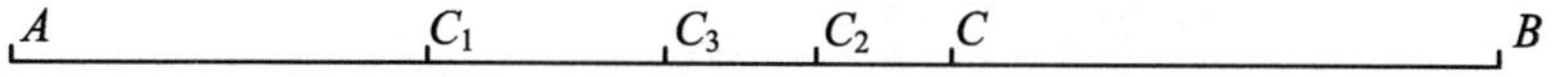

图 2.4

现在用 α 去除 1,可得

$$1 \div \alpha = \frac{1}{\alpha} = \frac{\sqrt{5}+1}{2}.$$

因为 $4 < 5 < 9, 2 < \sqrt{5} < 3, 3/2 < (\sqrt{5}+1)/2 < 2$,所以 $1 \div \alpha$ 的商是 1,而余数是 $1 - \alpha$.在上面的作图中,"剩余线段" BC 的长恰好就是这个余数,即 $BC = 1 - \alpha$.由式(2.4.5)也有 $BC = \alpha^2$.

接着用 α^2 去除 α,可得

$$\alpha \div \alpha^2 = \frac{1}{\alpha} = \frac{\sqrt{5}+1}{2}.$$

与上述情形一样,所得的商是 1,而余数是 $\alpha - \alpha^2 = \alpha(1-\alpha)$.由式(2.4.5)可知,这个余数为 α^3.在线段 CA 上截取线段 $CC_1 = CB$.因为 B 和 C_1 关于 C 对称,所以不妨称此次作图为上次"剩余线段"的"对折".易见所得的第 2 次剩余线段 $AC_1 = AC - CC_1 = AC - BC = \alpha - \alpha^2 = \alpha(1-\alpha) = \alpha^3$,恰好也是这次作除法得到的余数.另外,由 $CC_1 : AC = \alpha^2 : \alpha = \alpha$ 可知,"对折"得到的点 C_1 是上次截得线段 AC 的黄金分割点.

继续用剩余线段 AC_1 的长 α^3 去除截得线段 CC_1 的长 α^2,并作相应的"对折"作图,那么第 3 次剩余线段 $CC_2 = \alpha^4$(即进行除法 $\alpha^2 \div \alpha^3$ 所得的余数),而且 C_2 是上次截得线段 CC_1 的黄金分割点.一般地,设 $n \geqslant 1$,那么第 n 次剩余线段的长为 α^{n+1},对折所得到的点是上次截得线段的黄金分割点.因此,这个过程不可能终止.

若 $\alpha = a/b$(a, b 是互素正整数),那么 $AB : AC = a : b$.记 $AB/a = \delta$

（这是一个常数），那么 $AB = a\delta$，$AC = b\delta$，它们都是 δ 的正整数倍．第 1 次剩余线段的长 $BC = AB - AC = a\delta - b\delta = (a - b)\delta$．因为 $BC > 0$，所以 $a - b > 0$，即 BC 也是 δ 的正整数倍．因为每个剩余线段都是两个长为 δ 的正整数倍的线段之差，所以它们的长都是 δ 的正整数倍．由 $4 < 5 < 9$，可推出 $1/2 < \alpha < 1$，因而第 n 次剩余线段的长 α^{n+1} 是递减的．若将这个长表示为 $k_n\delta$，那么正整数列 $k_n (n \geqslant 1)$ 递减，从而有限，这与上述作图过程的无限性矛盾．于是结论得证．

2.5　简易分析方法

数学分析在数的无理性证明中起着重要作用，特别地，它是证明基本初等函数在有理点上的值的无理性的基本工具．

例 2.5.1　在第 1 章 1.2 节中，应用 Cantor 级数证明了

$$e = \sum_{n=0}^{\infty} \frac{1}{n!}$$

是无理数．下面的方法则更简单：令 $e_k = \sum_{n=0}^{k} 1/n!$．设 $e = a/b$（a, b 是互素正整数），$k > \max\{1, b\}$ 是一个任意取定的正整数，记 $\alpha = k!(e - e_k) = k!(a/b - e_k)$．因为 $b \mid k!$，所以 α 是一个整数；但同时有

$$0 < \alpha = k!(e - e_k) = k! \sum_{n=k+1}^{\infty} \frac{1}{n!} = \sum_{n=1}^{\infty} \frac{1}{(k + 1)\cdots(k + n)}$$

$$< \sum_{n=1}^{\infty} \frac{1}{(k + 1)^n} < \frac{1/(k + 1)}{1 - 1/(k + 1)} = \frac{1}{k} < 1.$$

于是得到矛盾．

一般地，我们有：

定理 2.5　对于每个非零有理数 r，e^r 是无理数．

证　设 $r = h/g$（h, g 是整数）．若 e^r 是有理数，则 $e^{rg} = e^h$ 也是有理数；而当 e^h 是有理数时，e^{-h} 也是有理数．因此只需对正整数 h 证明 e^h 是无理数．若不然，则有 $e^h = a/b$（a, b 为正整数），我们来导出矛盾．

首先考虑多项式

$$f(x) = \frac{x^n (1-x)^n}{n!}, \qquad (2.5.1)$$

其中 n 是正整数,它是一个 $2n$ 次多项式,可表示为

$$f(x) = \frac{1}{n!}(c_n x^n + c_{n+1} x^{n+1} + \cdots + c_{2n} x^{2n}), \qquad (2.5.2)$$

其中系数 c_j 是整数.当 $0 < x < 1$ 时,$0 < x(1-x) < 1$,所以

$$0 < f(x) < \frac{1}{n!} \quad (\text{当 } 0 < x < 1). \qquad (2.5.3)$$

由式(2.5.2)算出

$$f(0) = 0, \quad f^{(m)}(0) = 0 \quad (\text{当 } m < n \text{ 或 } m > 2n),$$

并且

$$f^{(m)}(0) = \frac{m!}{n!} c_m \quad (\text{当 } n \leqslant m \leqslant 2n).$$

因此 $f(x)$ 及其各阶导数在 $x = 0$ 都取整数值.同样,由式(2.5.1)可得

$$f(1) = 0, \quad f^{(m)}(1) = 0 \quad (\text{当 } m < n \text{ 或 } m > 2n);$$

并且若将式(2.5.1)改写为

$$f(x) = \frac{(1 - (1-x))^n (1-x)^n}{n!},$$

则有

$$f(x) = \frac{1}{n!}(d_n (1-x)^n + d_{n+1}(1-x)^{n+1} + \cdots + d_{2n}(1-x)^{2n}),$$

其中系数 d_j 是整数.那么可类似地推出 $f(x)$ 及其各阶导数在 $x = 1$ 也都取整数值.

其次,应用 $f(x)$ 作辅助函数

$$F_n(x) = h^{2n} f(x) - h^{2n-1} f'(x) + \cdots - h f^{(2n-1)}(x) + f^{(2n)}(x).$$

因为 $f^{(m)}(0)$ 和 $f^{(m)}(1)$ 都是整数,所以 $F_n(0)$ 和 $F_n(1)$ 也都是整数.注意 $f^{(2n+1)}(x) = 0$,可以算出

$$(\mathrm{e}^{hx} F_n(x))' = h^{2n+1} \mathrm{e}^{hx} f(x),$$

于是,一方面有

$$b \int_0^1 h^{2n+1} \mathrm{e}^{hx} f(x) \mathrm{d}x = b \cdot (\mathrm{e}^{hx} F_n(x)) \Big|_{x=0}^{x=1}$$

$$= a F_n(1) - b F_n(0). \qquad (2.5.4)$$

另一方面,由式(2.5.3)可知

$$0 < h^{2n+1} \mathrm{e}^{hx} f(x) < \frac{1}{n!} h^{2n+1} \mathrm{e}^{hx} \quad (0 < x < 1).$$

因此,当 n 充分大时

$$0 < b \int_0^1 h^{2n+1} \mathrm{e}^{hx} f(x) \mathrm{d}x < b \int_0^1 \frac{1}{n!} h^{2n+1} \mathrm{e}^{hx} \mathrm{d}x$$

$$= \frac{b}{n!} h^{2n+1} \cdot \frac{1}{h} \cdot \mathrm{e}^{hx} \Big|_{x=0}^{x=1} < \frac{1}{n!} b h^{2n} \mathrm{e}^{h} < 1.$$

因为式(2.5.4)是一个整数,所以我们得到矛盾. □

考虑 e^r 的反函数,显然定理 2.5 有下面的推论:

推论 2.2 若 $r > 0$ 为有理数,则自然对数 $\log r$ 是无理数.

上面定理的证法是后人根据 C. Hermite 于 1873 年提出的一种方法给出的.它还可用来证明:

定理 2.6 π 是无理数.

证 如果 π 是有理数,那么 π^2 也是有理数,于是只需证明 π^2 是无理数.设不然,令 $\pi^2 = a/b$,其中 a, b 是正整数,我们将得到矛盾.

设 $f(x)$ 由式(2.5.1)定义,作辅助函数

$$G_n(x) = b^n (\pi^{2n} f(x) - \pi^{2n-2} f''(x) + \pi^{2n-4} f^{(4)}(x)$$
$$- \cdots + (-1)^n f^{(2n)}(x)),$$

那么 $G_n(0)$ 和 $G_n(1)$ 都是整数.因为 $(G_n'(x) \sin \pi x - \pi G_n(x) \cos \pi x)' = (G_n''(x) + \pi^2 G_n(x)) \sin \pi x$,以及 $G_n''(x) + \pi^2 G_n(x) = b^n \pi^{2n+2} f(x)$,所以

$$(G_n'(x) \sin \pi x - \pi G_n(x) \cos \pi x)' = b^n \left(\frac{a}{b}\right)^{2n+2} f(x) \sin \pi x$$

$$= \pi^2 a^n (\sin \pi x) f(x),$$

于是

$$\pi^2 \int_0^1 a^n (\sin \pi x) f(x) \mathrm{d}x$$

$$= (G_n'(x) \sin \pi x - \pi G_n(x) \cos \pi x) \Big|_{x=0}^{x=1}$$

$$= \pi (G_n(1) + G_n(0)).$$

另外,由式(2.5.3)易得

$$0 < \pi^2 \int_0^1 a^n (\sin \pi x) f(x) \mathrm{d}x < \frac{\pi^2 a^n}{n!},$$

从而

$$0 < G_n(1) + G_n(0) < \frac{\pi a^n}{n!}.$$

但 $G_n(1) + G_n(0)$ 是整数,易知,当 n 足够大时这不可能. □

上述方法的变体可用来证明三角函数在有理点上的值的无理性.

例 2.5.2　对于每个非零有理数 r,$\cos r$ 是无理数.

证　因为 $\cos(-r) = \cos r$,故可设 $r = a/b$,其中 a,b 是正整数.

首先考虑多项式

$$\begin{aligned}
f(x) &= \frac{x^{p-1}(a - bx)^{2p}(2a - bx)^{p-1}}{(p-1)!} \\
&= \frac{(r - x)^{2p}(r^2 - (r - x)^2)^{p-1}b^{3p-1}}{(p-1)!},
\end{aligned}$$

其中 p 是一个充分大的(奇)素数(将在后文取定),那么易见

$$0 < f(x) < \frac{r^{2p}(r^2)^{p-1}b^{3p-1}}{(p-1)!} = \frac{r^{4p-2}b^{3p-1}}{(p-1)!} \quad (0 < x < r). \quad (2.5.5)$$

并且经直接计算,可知 $f^{(j)}(0)$($j \geqslant 0$)都是整数(包括取值 0);当 $j \neq p-1$ 时,$f^{(j)}(0)$ 都是 p 的倍数,而当 $j = p-1$ 时

$$f^{(p-1)}(0) = a^{2p}(2a)^{p-1} = 2^{p-1}a^{3p-1}. \quad (2.5.6)$$

还要注意

$$\begin{aligned}
f_1(x) &= f(r - x) = \frac{x^{2p}(r^2 - x^2)^{p-1}b^{3p-1}}{(p-1)!} \\
&= \frac{x^{2p}(a^2 - b^2x^2)^{p-1}b^{p+1}}{(p-1)!},
\end{aligned}$$

由此可以推出,对于每个 $j \geqslant 0$,$f^{(j)}(r) = (-1)^j f_1^{(j)}(0)$ 都是 p 的倍数.

其次,作辅助函数

$$F(x) = f(x) - f^{(2)}(x) + f^{(4)}(x) - f^{(6)}(x) + \cdots - f^{(4p-2)}(x).$$

因为 $f(x)$ 是 $(x - r)^2$ 的多项式,所以

$$F'(r) = 0, \quad (2.5.7)$$

且依上述 $f(x)$ 的性质,可知

$$p \mid F(r). \quad (2.5.8)$$

现在取 $p > a$,并注意式(2.5.6),除 $f^{(p-1)}(0)$ 外,$F(0)$ 的各项都是 p 的倍数,从而

$$p \nmid F(0) \quad (\text{当 } p > a). \quad (2.5.9)$$

另外,注意 $f^{(4p)}(x) = 0$,可以算出

$$(F'(x)\sin x - F(x)\cos x)' = F''(x)\sin x + F(x)\sin x$$
$$= f(x)\sin x,$$

所以(注意式(2.5.7))

$$\int_0^r f(x)\sin x\,\mathrm{d}x = F'(r)\sin r - F(r)\cos r + F(0)$$
$$= -F(r)\cos r + F(0).$$

最后,设 $\cos r = u/v$(u, v 是整数,$v > 0$)是一个有理数,由上式得

$$v\int_0^r f(x)\sin x\,\mathrm{d}x = -uF(r) + vF(0). \qquad (2.5.10)$$

取 $p > \max\{a, v\}$,则 $p \nmid v$,于是由式(2.5.8)和(2.5.9)知,式(2.5.10)的右边是一个非零整数.但依式(2.5.5),当 p 充分大时,式(2.5.10)左边式子的绝对值

$$\left| v\int_0^r f(x)\sin x\,\mathrm{d}x \right| < vr\,\frac{r^{4p-2}b^{3p-1}}{(p-1)!} = \frac{(vr^3 b^2)(r^4 b^3)^{p-1}}{(p-1)!} < 1,$$

于是得到矛盾,从而 $\cos r$ 的确是一个无理数.

由例 2.5.2,并应用公式

$$\sin^2 r = \frac{1 - \cos 2r}{2}, \quad \cos 2r = \frac{1 - \tan^2 r}{1 + \tan^2 r},$$

即可推出 $\sin^2 r, \tan^2 r$($r \in \mathbb{Q}, r \neq 0$)都是无理数.由此不难得到:

定理 2.7 所有三角函数在非零有理数上的值都是无理数.

我们由此可以推导出关于反三角函数在有理点上的值的无理性结果(参见[189]等).

2.6 杂 例

例 2.6.1 证明 $\sin(\pi/9)$(即 $\sin 20°$)是无理数.

证 在三倍角公式

$$\sin 3\theta = 3\sin\theta - 4\sin^3\theta$$

中,取 $\theta = \pi/9$,可知 $\sin(\pi/9)$ 是方程

$$4x^3 - 3x = -\frac{\sqrt{3}}{2}$$

的根.如果 $\sin(\pi/9)$ 是有理数,那么 $\sqrt{3}/2$ 也是有理数,这不可能.因此结论成立.

例 2.6.2　证明 $\sin 1°$(即 $\sin(\pi/180)$)是无理数.

证　设 $\sin 1°$ 是有理数,那么由

$$\cos 2° = 1 - 2\sin^2 1°, \quad \cos 4° = 2\cos^2 2° - 1,$$
$$\cos 8° = 2\cos^2 4° - 1, \quad \cos 16° = 2\cos^2 8° - 1,$$

可知上面这些等式左边的数也是有理数.易知

$$\cos 30° = \cos(32° - 2°)$$
$$= \cos 32°\cos 2° + \sin 32°\sin 2°$$
$$= (2\cos^2 16° - 1)\cos 2° + 16\cos 16°\cos 8°\cos 4°\cos 2°\sin^2 2°$$
$$= (2\cos^2 16° - 1)\cos 2° + 16\cos 16°\cos 8°\cos 4°\cos 2°(1 - \cos^2 2°),$$

因而 $\cos 30°$ 也是有理数,但 $\cos 30° = \sqrt{3}/2$,于是得到矛盾,所以 $\sin 1°$ 是无理数.

例 2.6.3　设无限十进小数 $\theta = 0.a_1 a_2 \cdots a_n \cdots$ 的构成法则是:当 n 是素数时,$a_n = 1$,否则,$a_n = 0$,即 $\theta = 0.011\,010\,100\,010\,1\cdots$,则 θ 是无理数.

证　设 θ 是有理数,它的无限十进小数的周期是 s,那么数字 1 出现的位置(即下标 n 的值)将是 $r, r + s, r + 2s, \cdots$,其中 $r > 1$ 是某个整数.这表明当 $n = 0, 1, 2, \cdots$ 时,函数 $f(n) = r + sn$ 总表示素数.但对于任何正整数 l,$f(r^l)$ 都是合数,于是得到矛盾,因而 θ 是无理数.

注 2.6.1　依据解析数论中 A. E. Rankin 的一个结果(见[119]A8),存在无穷集合 $\mathcal{N} \subset \mathbb{N}$,使得相邻两个素数之差 $p_{n+1} - p_n \to \infty$($n \to \infty, n \in \mathcal{N}$),因此 θ 的十进表示中含有任意长的全由数字 0 组成的数字段,故它不可能是周期的,从而 θ 是无理数.

例 2.6.4　设无穷数列 a_n, b_n($n = 1, 2, \cdots$)分别由下列递推公式定义:

$$a_0 = 0, \quad a_1 = 1, \quad a_n = 2a_{n-1} + a_{n-2}(n \geqslant 2);$$
$$b_0 = 1, \quad b_1 = 1, \quad b_n = 2b_{n-1} + b_{n-2}(n \geqslant 2).$$

令 $P_n(z) = a_n^2 z^2 - b_n^2$($n \geqslant 0$),那么 $|P_n(\sqrt{2})| = 1$($n \geqslant 0$),并由此证明 $\sqrt{2}$ 是无理数.

证 由递推关系式可得

$$2a_{n+1}^2 - b_{n+1}^2 = 4(2a_n^2 - b_n^2) + 4(2a_{n-1}a_n - b_{n-1}b_n) + (2a_{n-1}^2 - b_{n-1}^2),$$

$$2a_n a_{n+1} - b_n b_{n+1} = 2(2a_n^2 - b_n^2) + (2a_{n-1}a_n - b_{n-1}b_n).$$

因此用数学归纳法容易证明

$$2a_n^2 - b_n^2 = (-1)^{n+1} \quad (n \geqslant 0),$$

$$2a_{n-1}a_n - b_{n-1}b_n = (-1)^n \quad (n \geqslant 1).$$

由此可知 $|P_n(\sqrt{2})| = 1 (n \geqslant 0)$. 若 $\sqrt{2} = r/s$, 其中 r, s 是互素正整数, 那么有

$$1 = |P_n(\sqrt{2})| = |(a_n \sqrt{2} - b_n)(a_n \sqrt{2} + b_n)|$$

$$= \left| \left(a_n \frac{r}{s} - b_n\right) \left(a_n \frac{r}{s} + b_n\right) \right|$$

$$= |a_n r - b_n s| \frac{a_n r + b_n s}{s^2}.$$

于是 $a_n r - b_n s$ 是非零整数, 并且

$$0 < |a_n r - b_n s| = \frac{s^2}{a_n r + b_n s}.$$

因为无穷正整数列 a_n, b_n 严格递增, 所以存在下标 $\bar{n}$, 使得 $s^2/(a_{\bar{n}} r + b_{\bar{n}} s) < 1$, 从而 $0 < |a_{\bar{n}} r - b_{\bar{n}} s| < 1$. 但 $a_{\bar{n}} r - b_{\bar{n}} s$ 是非零整数, 故得到矛盾. 因此 $\sqrt{2}$ 是无理数.

例 2.6.5 设 a, b, c 是正有理数. 若 $\sqrt{a} + \sqrt{b} + \sqrt{c}$ 是有理数, 则 $\sqrt{a}$, $\sqrt{b}, \sqrt{c}$ 也是有理数.

证 不妨设 $\sqrt{c}$ 是无理数, 那么依假设, $\sqrt{a} + \sqrt{b} = r - \sqrt{c}$, 其中 $r > 0$ 是有理数. 因为

$$(\sqrt{a} + \sqrt{b})^2 = (r - \sqrt{c})^2 = r^2 + c - 2r\sqrt{c},$$

$$(\sqrt{a} + \sqrt{b})^2 = a + b + 2\sqrt{a}\sqrt{b},$$

所以 $\sqrt{a}\sqrt{b} = (r^2 + c - a - b - 2r\sqrt{c})/2 = t - r\sqrt{c}$, 其中 t 是有理数. 于是 $\sqrt{a}$ 和 $\sqrt{b}$ 是二次方程 $x^2 - (r - \sqrt{c})x + (t - r\sqrt{c}) = 0$ 的两个根. 解这个方程, 得到

$$\sqrt{a}, \sqrt{b} = \frac{1}{2}\left((r - \sqrt{c}) \pm \sqrt{(r - \sqrt{c})^2 - 4(t - r\sqrt{c})}\right).$$

因而
$$a, b = \frac{1}{4}\left((r - \sqrt{c}) \pm \sqrt{(r - \sqrt{c})^2 - 4(t - r\sqrt{c})}\right)^2.$$

由此可以推出 a, b 不是有理数,从而得到矛盾.

例 2.6.6 对于每个奇数 $n \geqslant 3$,实数
$$\theta_n = \frac{1}{\pi}\arccos\frac{1}{\sqrt{n}}$$

是无理数.

证 记 $\varphi_n = \arccos(1/\sqrt{n})$,于是 $0 \leqslant \varphi_n \leqslant \pi$,$\cos \varphi_n = 1/\sqrt{n}$. 由公式
$$\cos \alpha + \cos \beta = 2\cos\frac{\alpha + \beta}{2}\cos\frac{\alpha - \beta}{2},$$

可得
$$\cos(k + 1)\varphi = 2\cos\varphi\cos k\varphi - \cos(k - 1)\varphi. \tag{2.6.1}$$

我们来证明:对于奇整数 $n \geqslant 3$,有
$$\cos k\varphi_n = \frac{A_k}{(\sqrt{n})^k} \quad (k \geqslant 0 \text{ 是整数}), \tag{2.6.2}$$

其中 A_k 是一个不被 n 整除的整数. 当 $k = 0, 1$ 时,显然 $A_0 = A_1 = 1$. 若式(2.6.2)对某个 $k \geqslant 1$ 成立,那么由式(2.6.1)得
$$\cos(k + 1)\varphi_n = 2\frac{1}{\sqrt{n}}\frac{A_k}{(\sqrt{n})^k} - \frac{A_{k-1}}{(\sqrt{n})^{k-1}} = \frac{2A_k - nA_{k-1}}{(\sqrt{n})^{k+1}},$$

因而 $A_{k+1} = 2A_k - nA_{k-1}$ 是一个不被(大于 3 的奇整数)n 整除的整数. 于是式(2.6.2)得证.

现在设 $\theta_n = \varphi_n/\pi = p/q$,其中 p, q 是正整数,那么 $q\varphi_n = p\pi$,从而
$$\pm 1 = \cos p\pi = \cos q\varphi_n = \frac{A_q}{(\sqrt{n})^q}.$$

由此推出 $(\sqrt{n})^q = \pm A_q$ 是一个整数,并且 $q \geqslant 2$,特别有 $n \mid (\sqrt{n})^q$,即 $n \mid A_q$,故得到矛盾. 于是 θ_n 是无理数.

注 2.6.2 易知 $\theta_1 = 0, \theta_2 = 1/4, \theta_4 = 1/3$,可以证明:仅当 $n \in \{1, 2, 4\}$ 时,θ_n 是有理数. 另外,θ_n 的无理性等价于:对于每个奇整数 $n \geqslant 3$,若在单位圆上从某个点开始连续截取长度为 $\pi\theta_n$ 的弧,那么将永远不会回到起点. 另外,本例中 $n = 3$ 和 $n = 9$ 的情形被应用于 Hilbert 第 3 问题(关于多面体的剖分)的解中.

例 2.6.7 若 $m=3$ 或 $m>4$ 且 $m\in\mathbb{Z}$,则 $\tan(\pi/m)$ 是无理数.

证 $m=3$,时结论显然成立.对于一般情形,首先设 m 是奇数.记 $t=\tan\alpha$.由 de Moivre 公式 $\cos m\alpha+\mathrm{i}\sin m\alpha=(\cos\alpha+\mathrm{i}\sin\alpha)^m(\mathrm{i}=\sqrt{-1})$,可得

$$\tan m\alpha=\frac{\dbinom{m}{1}t-\dbinom{m}{3}t^3+\dbinom{m}{5}t^5-\cdots}{1-\dbinom{m}{2}t^2+\dbinom{m}{4}t^4-\cdots},$$

其中分子和分母都是 t 的多项式.下面用数学归纳法证明:当 m 为奇数时,它可以写成

$$\tan m\alpha=\frac{\pm\,t^m+P_m(t)}{1+Q_m(t)},\tag{2.6.3}$$

其中 $P_m(t),Q_m(t)$ 是 t 的次数小于 m 的整系数多项式(也可能是零多项式),而且 $Q_m(t)$ 的常数项为零.

事实上,当 $m=1$ 时,$\tan\alpha=t$,$P_1(t)=Q_1(t)=0$.设当 $m=k\geqslant1$(k 为奇数)时上述结论成立,那么

$$\tan(k+2)\alpha=\frac{\tan k\alpha+\tan 2\alpha}{1-\tan k\alpha\tan 2\alpha}$$

$$=\frac{(\pm\,t^k+P_k(t))/(1+Q_k(t))+2t/(1-t^2)}{1-2t(\pm\,t^k+P_k(t))/(1-t^2)(1+Q_k(t))}.$$

它可化简为

$$\frac{\mp\,t^{k+2}\pm\,t^k+(1-t^2)P_k(t)+2t(1+Q_k(t))}{1+Q_k(t)-t(t(1+Q_k(t))+2(\pm\,t^k+P_k(t)))}.$$

由此易知,上述结论对 $m=k+2$ 也成立.

令 $\alpha=\pi/m$,那么 $\tan m\alpha=\tan\pi=0$,这表明 $t=\tan(\pi/m)$ 是式(2.6.3)分子中的多项式的根.这个多项式具有定理 2.3 所说的特点.另外,由 $1<\tan(\pi/3)=\sqrt{3}<2$,以及当 $m>4$ 时 $0<\tan\alpha<\tan(\pi/4)=1$,可知 $\tan(\pi/m)$ 不是整数,因而它是无理数.

其次设 m 是偶数,那么 $m=2^k n$($k\geqslant1$,n 是奇数).用反证法,设 $\tan(\pi/m)$ 是有理数.于是,当 $n>1$ 时,由倍角公式

$$\tan 2\alpha=\frac{2\tan\alpha}{1-\tan^2\alpha},$$

可知 $\tan(\pi/(m/2))=\tan(2\cdot(\pi/m))$ 也是有理数.重复这个过程 k 次,可

知 $\tan(\pi/n)$ 也是有理数. 但注意 $n > 1$ 为奇数, 这与上面所证得的结论矛盾. 类似地, 当 $n = 1$ 时, 由 $m > 4$ 得知 $k \geqslant 3$, 重复上述过程 $k - 3$ 次, 可推出 $\tan(\pi/8)$ 是有理数. 但 $\tan(\pi/8) = \sqrt{2} - 1$, 也得到矛盾, 于是完成证明.

例 2.6.8　设 $x_n, y_n \, (n \geqslant 1)$ 是两个无穷正整数列, 当 $n \geqslant n_0$ 时

$$x_n < x_{n+1}, \qquad \frac{y_n}{x_n} \leqslant \frac{y_{n+1}}{x_{n+1}}, \tag{2.6.4}$$

$$\frac{y_{n+2} - y_{n+1}}{x_{n+2} - x_{n+1}} \leqslant \frac{y_{n+1} - y_n}{x_{n+1} - x_n}. \tag{2.6.5}$$

证明: 若 $\lim\limits_{n \to \infty} y_n/x_n = l$ 存在且为有理数, 则当 $n \geqslant n_1 (\geqslant n_0)$ 时, 式 (2.6.5) 中的等号成立.

证　由式 (2.6.4) 容易推出, 当 $n \geqslant n_0$ 时

$$\frac{y_{n+1}x_n - y_n x_n - y_n x_{n+1} + y_n x_n}{x_n (x_{n+1} - x_n)} \geqslant 0,$$

因此

$$\frac{y_{n+1} - y_n}{x_{n+1} - x_n} \geqslant \frac{y_n}{x_n} \qquad (n \geqslant n_0). \tag{2.6.6}$$

由 $\lim\limits_{n \to \infty} y_n/x_n$ 的存在性, 可知 $y_n/x_n \leqslant l \; (n \geqslant n_0)$. 由式 (2.6.5) 和 (2.6.6) 推出, 数列 $(y_{n+1} - y_n)/(x_{n+1} - x_n) \, (n \geqslant n_0)$ 单调非增且有下界, 从而收敛于某个极限 l', 并且由式 (2.6.6) 得 $l' \geqslant l$. 因为 l 是有理数, 故将它记为 q/p $(p, q \in \mathbb{N}$ 且互素$)$, 那么当 n 充分大时

$$\frac{y_{n+1} - y_n}{x_{n+1} - x_n} \geqslant \frac{q}{p},$$

于是 $qx_n - py_n \geqslant qx_{n+1} - py_{n+1} \geqslant 0$. 注意 n 充分大时, $qx_n - py_n$ 形成单调非增正整数列. 因而当 $n \geqslant n_1 (\geqslant n_0)$ 时, $qx_n - py_n = qx_{n+1} - py_{n+1}$, 即 $(y_{n+1} - y_n)/(x_{n+1} - x_n) = q/p$. 故结论成立.

注 2.6.3　本题是由 V. Brun[47] 于 1910 年提出的一个命题, 它还有下面的表述形式 (通常称为 Brun 无理性判别法则): 设 $x_n, y_n \, (n \geqslant 1)$ 是两个无穷正整数列, 当 $n \geqslant n_0$ 时

$$x_n < x_{n+1}, \qquad \frac{y_n}{x_n} < \frac{y_{n+1}}{x_{n+1}}, \qquad \frac{y_{n+2} - y_{n+1}}{x_{n+2} - x_{n+1}} < \frac{y_{n+1} - y_n}{x_{n+1} - x_n},$$

那么, 若 $\lim\limits_{n \to \infty} y_n/x_n = l \in \mathbb{R}$ 存在, 则 l 是无理数.

例 2.6.9　设 $n_1 < n_2 < \cdots < n_k < \cdots$ 是一个严格递增的无穷正整数列,

并且

$$\frac{n_k}{n_1 n_2 \cdots n_{k-1}} \to \infty \quad (k \to \infty),$$

则级数 $\theta = \sum_{k=1}^{\infty} n_k^{-1}$ 是无理数.

证 设 $\theta = \sum_{k=1}^{\infty} n_k^{-1} = p/q$，其中 p, q 是正整数. 由题设，可取 l_0，使当 $l > l_0$ 时

$$\frac{n_l}{n_1 n_2 \cdots n_{l-1}} > 3q. \quad (2.6.7)$$

因而当 $k \geqslant l\ (> l_0)$ 时

$$n_{k+1} > 3q n_1 n_2 \cdots n_k > 3n_k. \quad (2.6.8)$$

于是对于任意固定的 $l > l_0$，有

$$p n_1 n_2 \cdots n_{l-1} = q n_1 n_2 \cdots n_{l-1} \theta = q n_1 n_2 \cdots n_{l-1} \sum_{k=1}^{\infty} \frac{1}{n_k}$$

$$= \sum_{k=1}^{l-1} \frac{q n_1 n_2 \cdots n_{l-1}}{n_k} + \sum_{k=l}^{\infty} \frac{q n_1 n_2 \cdots n_{l-1}}{n_k}. \quad (2.6.9)$$

由式(2.6.7)和(2.6.8)可知，当 $k \geqslant l$ 时

$$\frac{q n_1 n_2 \cdots n_{l-1}}{n_k} = \frac{q n_1 n_2 \cdots n_{l-1}}{n_l} \cdot \frac{n_l}{n_{l+1}} \cdots \frac{n_{k-1}}{n_k} < \left(\frac{1}{3} \right)^{k-l+1},$$

因此式(2.6.9)右边的第 2 项小于 $\sum_{k=1}^{\infty} 3^{-1} = 1/2$，因而是区间(0,1)中的一个实数. 但式(2.6.9)中等号的左右两边其他项都是整数，所以得到矛盾. 于是本题得证.

例 2.6.10 设 $p_n, q_n\ (n = 1, 2, \cdots)$ 是正整数，满足不等式

$$\frac{p_n}{q_n(q_n - 1)} \geqslant \frac{p_{n+1}}{q_{n+1} - 1} \quad (n = 1, 2, \cdots), \quad (2.6.10)$$

并且 $\xi = \sum_{n=1}^{\infty} p_n / q_n$ 收敛. 用 S 表示使式(2.6.10)是严格不等式的下标 n 的集合，那么 ξ 是无理数当且仅当 S 是无限集.

证 式(2.6.10)等价于

$$\frac{p_n}{q_n - 1} - \frac{p_{n+1}}{q_{n+1} - 1} \geqslant \frac{p_n}{q_n} \quad (n = 1, 2, \cdots). \quad (2.6.11)$$

由级数 $\sum_{n=1}^{\infty} p_n / q_n$ 的收敛性可知，当 $n \to \infty$ 时，$p_n / q_n \to 0$，因而 $(q_n - 1)/p_n$

$\rightarrow\infty$,所以

$$\frac{p_n}{q_n - 1} \rightarrow 0 \quad (n \rightarrow \infty). \tag{2.6.12}$$

注意,对于任何整数 $s \geqslant n \geqslant 1$,有

$$\frac{p_n}{q_n - 1} = \sum_{j=n}^{s} \left(\frac{p_j}{q_j - 1} - \frac{p_{j+1}}{q_{j+1} - 1} \right) + \frac{p_{s+1}}{q_{s+1} - 1}.$$

令 $s \rightarrow \infty$,应用式(2.6.11)和(2.6.12),可推出

$$\frac{p_n}{q_n - 1} \geqslant \sum_{j=n}^{\infty} \frac{p_j}{q_j} \quad (n \geqslant 1). \tag{2.6.13}$$

因为 S 是有限集等价于,存在 n_0 使当 $n \geqslant n_0$ 时上式中的等号成立,所以若 S 不是无限集,则当 $n = n_0$ 时式(2.6.13)中的等号成立,从而

$$\xi = \sum_{j=1}^{n_0 - 1} \frac{p_j}{q_j} + \sum_{j=n_0}^{\infty} \frac{p_j}{q_j} = \sum_{j=1}^{n_0 - 1} \frac{p_j}{q_j} + \frac{p_{n_0}}{q_{n_0} - 1},$$

这是一个有理数.反之,设 $\xi = a/b$ 是有理数,其中 a, b 是互素整数,$b > 0$.令

$$r_n = \frac{a}{b} - \sum_{j=1}^{n} \frac{p_j}{q_j} = \sum_{j=n+1}^{\infty} \frac{p_j}{q_j},$$

$$Q_n = bq_1 \cdots q_n \quad (n \geqslant 1),$$

那么由式(2.6.13)可知

$$r_n \leqslant \frac{p_{n+1}}{q_{n+1} - 1} \quad (n \geqslant 1). \tag{2.6.14}$$

注意 $Q_{n+1} = Q_n q_{n+1}$,$r_{n+1} = r_n - p_{n+1}/q_{n+1}$,则有

$$Q_{n+1} r_{n+1} = Q_n q_{n+1} \left(r_n - \frac{p_{n+1}}{q_{n+1}} \right)$$

$$= Q_n r_n q_{n+1} - Q_n q_{n+1} \cdot \frac{p_{n+1}}{q_{n+1}}$$

$$= Q_n r_n q_{n+1} - Q_n p_{n+1}.$$

由此并应用式(2.6.14),可得到

$$Q_{n+1} r_{n+1} \leqslant Q_n r_n q_{n+1} - Q_n r_n (q_{n+1} - 1)$$

$$= Q_n r_n \quad (n \geqslant 1). \tag{2.6.15}$$

这表明 $Q_n r_n (n \geqslant 1)$ 是一个递减的无穷正整数列,所以存在 n_1,使当 $n \geqslant n_1$ 时 $Q_n r_n (n \geqslant 1)$ 全相等.特别地,当 $n \geqslant n_1$ 时式(2.6.15)中的等号成立,即此时式(2.6.14)中的等号成立,从而当 $n \geqslant n_1 + 1$ 时式(2.6.13)中的等号

成立. 于是当 $n \geqslant n_1 + 1$ 时

$$\frac{p_n}{q_n} = \sum_{j=n}^{\infty} \frac{p_j}{q_j} - \sum_{j=n+1}^{\infty} \frac{p_j}{q_j} = \frac{p_n}{q_n - 1} - \frac{p_{n+1}}{q_{n+1} - 1},$$

即式(2.6.11)中的等号成立,因此 S 是有限集.从而本例得证.

例 2.6.11 设 $P_n(x)(n \geqslant 1)$ 是一个整系数多项式的无穷序列, ξ 是一个实数, $P_n(\xi) \neq 0 (n \geqslant 1)$,用 $d(P)$ 表示多项式 P 的次数.如果下列条件之一成立:

(a) 所有 P_n 具有相同的次数,当 n 充分大时

$$\left| \frac{P_{n+1}(\xi)}{P_n(\xi)} \right| \leqslant 1, \tag{2.6.16}$$

并且它对无穷多个 n 是严格不等式;

(b) 当 n 充分大时, $d(P_{n+1}) > d(P_n)$,并且

$$\lim_{n \to \infty} \left| \frac{P_{n+1}(\xi)}{P_n(\xi)} \right|^{1/(d(P_{n+1}) - d(P_n))} = 0. \tag{2.6.17}$$

那么 ξ 是一个无理数.

证 设 $\xi = p/q$ 是一个有理数,其中 $q > 0$ 和 p 是整数,那么 $|P_n(\xi)| = a_n / q^{d(P_n)}$,其中 a_n 是正整数.

如果所有 P_n 具有相同的次数,则由式(2.6.16)推出,当 n 充分大时, $a_{n+1} \leqslant a_n$,即 $a_n (n \geqslant n_0)$ 是一个递减的无穷正整数列,于是当 n 充分大时, a_n 都相等,从而式(2.6.16)取等号,这与假设矛盾.因此 ξ 是无理数.

如果当 n 充分大时, $d(P_{n+1}) > d(P_n)$,则由式(2.6.17)得

$$\left| \frac{P_{n+1}(\xi)}{P_n(\xi)} \right|^{1/(d(P_{n+1}) - d(P_n))} = \frac{1}{q} \left(\frac{a_{n+1}}{a_n} \right)^{1/(d(P_{n+1}) - d(P_n))} \to 0 \quad (n \to \infty).$$

因为 $d(P_{n+1}) - d(P_n) \geqslant 1$,所以 $a_{n+1}/a_n \to 0 (n \to \infty)$,于是 n 充分大时, $a_{n+1} < a_n$,因而 $a_n (n \geqslant n_1)$ 是一个严格递减的无穷正整数列,这不可能,因此结论成立.证毕.

例 2.6.12 设 $\tau_n (n \geqslant 1)$ 是一个无界的无穷实数列,数列 $\{\lg \tau_n\}(n \geqslant 1)$ 以 0 为其一个聚点.在小数点后依次写出非负整数 $[\tau_1], [\tau_2], [\tau_3], \cdots$,得到无限十进小数

$$\phi = 0.[\tau_1][\tau_2][\tau_3] \cdots [\tau_n] \cdots,$$

那么 ϕ 是无理数.

证 设 $k \geqslant 1$ 是一个给定的整数.由题设条件可知,存在无穷多个下标

n_j,使得$\{\lg \tau_{n_j}\} = |\{\lg \tau_{n_j}\} - 0| < \lg(1 + 10^{-k})$. 因为 τ_{n_j} 无界,所以其中存在一个 $\tau_t = \tau_t(k)$,使得

$$\{\lg \tau_t\} < \lg(1 + 10^{-k}), \quad \tau_t \geqslant 10^k. \tag{2.6.18}$$

于是 $\lg \tau_t \geqslant k$. 记 $[\lg \tau_t] = m + k$,其中 $m \geqslant 0$ 是某个整数. 注意$\{\lg \tau_t\} = \lg \tau_t - [\lg \tau_t]$,由式(2.6.18)得

$$0 \leqslant \lg \tau_t - m - k \leqslant \lg(1 + 10^{-k}),$$

因此

$$10^{m+k} \leqslant \tau_t < 10^{m+k}(1 + 10^{-k}) = 10^{m+k} + 10^m.$$

这表明正整数$[\tau_t]$的十进表示中,最高数位的数字是 1,其后紧接 k 个 0. 因为 k 可以任意大,所以 ϕ 的十进表示中含有任意长的全由 0 组成的数字段,从而 ϕ 不可能是周期的,即它是无理数.

注 2.6.4 例 2.6.12 按文献[187]改写,原文设 τ_n 是正整数,并考虑 h($\geqslant 2$)进制.

例 2.6.13 设 $\xi > 1$ 是给定的实数,在小数点后依次写出正整数 $[\xi], [\xi^2], [\xi^3], \cdots$,得到无限十进小数

$$\eta = 0.[\xi][\xi^2][\xi^3]\cdots[\xi^n]\cdots,$$

那么 η 是无理数.

证 先设 $\lg \xi = a/b$ 是有理数,此处 a, b 是互素正整数,那么 $\xi = 10^{a/b}, \xi^b = 10^a, \xi^{lb} = 10^{la}$($l$ 是正整数),因此

$$[\xi^{lb}] = [10^{la}] = 10^{la} = 10\cdots0 \quad (la \text{ 个 } 0).$$

因为 l 可以任意大,所以 η 的十进表示中含有任意长的全由 0 组成的数字段,从而 η 是无理数.

次设 $\lg \xi$ 是无理数. 对此情形我们给出三个证明.

证明 1 在例 2.6.12 中,取 $\tau_n = \xi^n$,那么依 Kronecker 逼近定理(定理 1.7),数列$\{n\lg \xi\}$($n = 1, 2, \cdots$)在$[0, 1]$中稠密,因而 0 是它的一个聚点,于是所要的结论成立.

证明 2 应用定理 1.9. 设 $k > 1$ 是一个取定的整数,记 $b = 10^k$. 在上述定理中,取 $\theta = \lg \xi, \alpha = (\lg(b+1) + \lg b)/2, N > 6/(\lg(b+1) - \lg b)$,那么存在正整数 $n = n(k)$ 及整数 $\beta = \beta(k)$,满足

$$\left| n\lg \xi - \beta - \frac{\lg(b+1) + \lg b}{2} \right| < \frac{\lg(b+1) - \lg b}{2}.$$

设 N 足够大,可以认为 $\beta>0$(见注 1.2.4).由上式可得

$$10^{k+\beta}<\xi^n<10^{k+\beta}+10^\beta,\quad 10^{k+\beta}\leqslant[\xi^n]<10^{k+\beta}+10^\beta.$$

由此可知,$[\xi^n]$ 的十进表示中最高数位的数字是 1,其后紧接 k 个 0.因为 k 可以任意大,所以 η 是无理数.

若还设 $\xi>1$ 是整数,则我们可给出:

证明 3 设 $\varepsilon_j(j=1,2,\cdots)$ 是一个无穷实数列,$0<\varepsilon_j<1(j\geqslant1)$,且单调下降趋于 0.还设 k 是给定的正整数,$t=10^{2k}$.依定理 1.7,数列 $\{n\lg\xi\}$ $(n\geqslant1)$ 在 $[0,1]$ 中稠密,因而对于每个 j,存在正整数 $n_j=n_j(k)$,满足不等式

$$\left|\{n_j\lg\xi\}-\left\{\frac{\lg(t+1)+\lg t}{2}\right\}\right|<\varepsilon_j\frac{\lg(t+1)-\lg t}{2}.$$

令 $j\to\infty$,得到集合 $\mathscr{A}=\{n_j(k)\mid j=1,2,\cdots\}$.下面区分两种情形:

情形 1 $\mathscr{A}$ 中存在无穷多个不同的正整数 $n_l=n_l(k)(l\in\mathscr{N},\mathscr{N}$ 是 $\mathbb{N}$ 的无穷子集),满足不等式

$$\left|\{n_l\lg\xi\}-\left\{\frac{\lg(t+1)+\lg t}{2}\right\}\right|<\varepsilon_l\frac{\lg(t+1)-\lg t}{2}.$$

注意 $0<\varepsilon_l<1$,则有

$$\left|n_l\lg\xi-m_l-\frac{\lg(t+1)+\lg t}{2}\right|<\frac{\lg(t+1)-\lg t}{2}\quad(l\in\mathscr{N}),$$

其中

$$m_l=m_l(k)=[n_l\lg\xi]-\left[\frac{\lg(t+1)+\lg t}{2}\right].$$

因为 k 固定,所以可以选取 n_l,使对应的 $m_l>0$,将此 n_l 记为 $\bar{n}=\bar{n}(k)$,而对应的 $m_l>0$ 记为 $\bar{m}=\bar{m}(k)$.于是

$$10^{\bar{m}+2k}<\xi^{\bar{n}}<10^{\bar{m}+2k}+10^{\bar{m}},$$

$$10^{\bar{m}+2k}\leqslant[\xi^{\bar{n}}]<10^{\bar{m}+2k}+10^{\bar{m}}.$$

因此 $[\xi^{\bar{n}}]$ 的十进表示中,最高数位的数字是 1,其后紧接 $2k$ 个 0.

情形 2 $\mathscr{A}$ 中只出现有限多个不同的正整数值.于是存在一个正整数 $\tilde{n}=\tilde{n}(k)$,使对无穷多个 j,满足不等式

$$\left|\{\tilde{n}\lg\xi\}-\left\{\frac{\lg(t+1)+\lg t}{2}\right\}\right|<\varepsilon_j\frac{\lg(t+1)-\lg t}{2}.$$

因此

$$\{\tilde{n}\lg \xi\} - \left\{\frac{\lg(t+1) + \lg t}{2}\right\} = 0,$$

即

$$\tilde{n}\lg \xi = [\tilde{n}\lg \xi] - \left[\frac{\lg(t+1) + \lg t}{2}\right] + \frac{\lg(t+1) + \lg t}{2}.$$

记 $r = [\tilde{n}\lg \xi]$，$s = [(\lg(t+1) + \lg t)/2]$，由此可得

$$\xi^{2\tilde{n}} = 10^{2r-2s+2k}(10^{2k} + 1).$$

因为 $(\lg(t+1) + \lg t)/2 = 2k + \lg(1 + 10^{-2k})/2$，所以 $s = 2k$，从而

$$\xi^{2\tilde{n}} = 10^{2(r-k)}(10^{2k} + 1).$$

上面已设 ξ 是正整数，所以 $r - k \geqslant 0$。若 $r - k = 0$，则得

$$(\xi^{\tilde{n}})^2 = (10^k)^2 + 1^2.$$

由不定方程 $x^2 + y^2 = z^2$ 的正整数解的通解公式[5]，知这不可能，因此 $r - k > 0$。于是对于任何正整数 l，$\xi^{2\tilde{n}l} = 10^{2(r-k)l}(10^{2k} + 1)^l$ 的十进表示中，尾部出现连续 $2(r-k)l$ 个 0，而 l 可取任意大。

如果对于某个 k 出现情形 2，我们已完成证明；如果对于任何 k 始终出现情形 1，那么类似于前文也可推出 η 的无理性。

注 2.6.5　例 2.6.13 及其中的证明 2 由文献[227]改写，原文设 $\xi > 1$ 是正整数，并考虑 $h\ (\geqslant 2)$ 进制。

2.7　补充与评注

1° 实数的无理性的判定具有明显的分析特征，但同时也表现出它与数论的不可分割的联系，整除性的应用是一个重要方面，另一个重要方面是有时它可归结为解某个不定方程。第 1 章 1.1 节中在介绍古希腊人对 $\sqrt{2}$ 的无理性的探索时就已提到这点。对此还可参见[132]。这种类型的例子可见文献[31,220,228]等。

2° 对数函数在有理数上的值的无理性的判定有若干不同的叙述方式，本章定理 2.2 及其推论是借助于对数的底和真数的素因子集合来表述的，

应用中可能要方便些.

3° 定理 2.3 和 2.4 是将整除性方法应用于整系数多项式而得到的,可用于判定代数无理数.Gauss 定理中多项式的最高项系数必须为 1,这是一个重要条件,由此得到的无理数是代数整数.关于整系数多项式,还有一个重要结果:对于整系数多项式 $f(x) = c_n x^n + c_{n-1} x^{n-1} + \cdots + c_0 (c_n \neq 0)$,若存在素数 p,满足 $p \nmid c_n, p \mid c_i (i = 0, 1, \cdots, n-1), p^2 \nmid c_0$,则 $f(x)$ 不可约,即不能表示为两个非常数的整系数多项式之积的形式.这称为 Eisenstein 定理(见文献 [5] 定理 1.13.3).它有时也可用来证明某些数(例如 $\sqrt[m]{p_1 p_2 \cdots p_s}$,其中 $m > 1$,p_i 是互异素数)的无理性.

4° 两个量 a 和 b 称为可公度的,如果存在量 λ,使 a, b 都可表示为 λ 的整数倍,而 λ 则称为它们的一个公度;否则称 a 和 b 是不可公度的.例如,12 和 18 是可公度的,1,2,3,6 等都是它们的公度,6 是最大公度;$2\sqrt{2}$ 和 $3\sqrt{2}$ 也是可公度的;$\sqrt{2}$ 是它们的一个公度.但 2 和 $\sqrt{2}$ 是不可公度的.

无理性的几何证明传统上使用"公度"语言(见 [104] 等).本书没有采用这种方式,但不难看出本章 2.3 和 2.4 节中使用的方法和传统方法本质上是相通的,亦可收到异曲同工之效.

5° $\sqrt{2}$ 是人类最早发现的无理数之一,文献中有多种关于它的无理性的证明,本书介绍了其中一些.近年来(2009),文献 [105] 又给出一个证明,并且包含一些其他不同证明的信息.

6° 本章 2.5 节给出的方法在无理数理论中是经典的.对这种方法的分析,可参见 [189](第二章).文献 [59](2.1~2.5 节)对比地讨论了 e 和 e^r(r 是非零有理数)的无理性的经典分析证法.

7° 2008 年,J. Sondow[235] 给出了 e 的无理性的一个几何证明.归纳地定义一个闭区间的无穷序列:令区间 $I_1 = [2, 3]$,然后将 I_1 二等分,取其中(由左向右数)第 2 个等份所形成的闭区间作为 I_2,即 $I_2 = [5/2!, 6/2!]$;同样地,将 I_2 三等分,取其第 2 个等份形成的区间 $I_3 = [16/3!, 17/3!]$;类似地得到 $I_4 = [65/4!, 66/4!]$.一般地,若 $I_{n-1} (n \geqslant 2)$ 已被构造,则将它 n 等分,取其第 2 个等份来形成闭区间 I_n.于是

$$\bigcap_{n=1}^{\infty} I_n = \{e\}, \tag{2.7.1}$$

其中

$$e = 1 + \lim_{N \to \infty} \sum_{n=1}^{N} \frac{1}{n!} = \sum_{n=0}^{\infty} \frac{1}{n!}.$$

当 $n > 1$ 时,区间 I_{n+1} 严格地落在 I_n 的两个端点 $a/n!$ 和 $(a+1)/n!$ 之间,其中 $a = a(n)$ 是某个正整数.因为点 $a/n!$ 和 $(a+1)/n!$ 之间不可能含有任何形如 $t/n!$(t 为某个正整数)的点,所以"交点"(2.7.1)不可能是分母为 $n!$ 的分数(此处 $n \geq 1$ 是任意整数).因为任何一个有理数 p/q($q > 0$)可以写成

$$\frac{p}{q} = \frac{p \cdot (q-1)!}{q!}$$

的形式,所以 e 不可能是有理数.

8° 例 2.6.11 取自[178],其中的主要技巧是使用单调正整数列的性质(例 2.6.8 和 2.6.10 中也用到了),这在 2.3 和 2.4 节中已经使用过,在第 4 章中还将多次用到.

9° 例 2.6.12 和 2.6.13 的证明都是基于无理数的十进(或一般的 h 进)表达式的非周期性的.这是常用的方法,在例 1.1.1 及注 2.6.1 中就已用过.

第 3 章　$\zeta(3)$ 的无理性

本章研究级数

$$\zeta(3) = \sum_{n=1}^{\infty} \frac{1}{n^3}$$

的无理性以及与它相关的一些问题. $\zeta(3)$ 的无理性是由法国数学家 R. Apéry 于 1978 年首先证明的,其后出现了多种不同的证明.我们将首先给出 Apéry 的原始证明以及 F. Beukers 的一个证明.$\zeta(3)$ 的无理性的各种证明,都是基于 $\zeta(3)$ 的有理逼近(应用第 2 章 2.2 节定理 1.5 或其推论)得到的.建立足够精密的对于 $\zeta(3)$ 的有理逼近是保证方法成功的关键.为此, Apéry 应用了 $\zeta(3)$ 的一般连分数展开(或由此产生的递推关系),而 F. Beukers 在他的一个证明(即本章给出的证明)中使用了含有 Legendre 多项式的定积分(它产生 1, $\zeta(3)$ 的整系数线性型).在"补充与评注"中,我们概略地介绍现有文献中另外几种不同的证法,并给出 Padé 逼近和多对数函数的一般性概念;还涉及由 $\zeta(3)$ 的无理性研究推动的某些其他的研究课题,例如 q -ζ 值的无理性、Catalan 常数和 γ 常数的无理性等.本章的其余部分给出近些年来 T. Rivoal 和 V. V. Zudilin 等关于 $\zeta(2l+1)(l>1)$ 的无理性的新结果.大体上它们可归结为确定 1, $\zeta(2l+1)(l=1,\cdots,n)$ 在 $\mathbb{Q}$ 上张成的线性空间的维数 d_n (即 ζ 值的线性无关性的研究).作为这种研究的一个重要工具,我们首先证明 Nesterenko 关于数的线性无关性的判别法则.据此应用某些特殊函数构造足够精密的 ζ 值的整系数线性型,从而得到 $d_n \to \infty (n \to \infty)$,即 $\zeta(2l+1)(l \geqslant 1)$ 中存在无穷多个无理值.但对于具体的有限多个值 $\zeta(2l+1)$ 确定的相应的维数,目前取得的结果尚不够理想,

最佳的记录是 ζ(5)，ζ(7)，ζ(9)，ζ(11) 中至少有一个无理数. 正如一些文献进行分析所指出的, 现有 ζ(3) 的无理性的证明方法难以直接扩充到 ζ(2l + 1)(l > 1) 的情形. 而要应用 Nesterenko 数的线性无关性判别法则, 就必须构造达到一定精密程度的相应的 ζ 值的整系数线性型才能奏效, 这正是问题的关键所在. 因而对一些情形, 仍然只能基于 ζ(3) 的无理性证明的经典推理(第 2 章 2.2 节定理 1.5 的推论 1.3)得出较弱的结果; 当然, 对这些情形构造合适的整系数线性型远远要比 ζ(3) 的情形复杂得多. 另外, 我们还简要地介绍最近(2010)某些更新的进展, 即 Nesterenko 数的线性无关性判别法则的精细形式及对于 ζ 值无理性问题的应用.

3.1　Euler“错过”的证明

设 $m > 1$ 是一个正整数, 记

$$\zeta(m) = \sum_{n=1}^{\infty} \frac{1}{n^m},$$

这是一个收敛级数(注意, $m = 1$ 时级数发散). 一般地, 设 $z = x + yi$ ($i = \sqrt{-1}$)是一个复数, $x > 1$, 令

$$\zeta(z) = \sum_{n=1}^{\infty} \frac{1}{n^z},$$

它称为 Riemann ζ 函数. 1859 年, 它首先被 G. F. B. Riemann 应用于解决某些解析数论问题, 其后, 一直在数论研究中起着重要作用.

对于 ζ 函数自变量取偶数时的值, 有下面的公式:

$$\zeta(2k) = \frac{(-1)^{k-1}(2\pi)^{2k}}{2(2k)!} B_{2k} \quad (k \geqslant 1), \tag{3.1.1}$$

其中 B_n 称为 Bernoulli 数, 它们都是有理数:

$$B_0 = 1, \quad B_1 = -\frac{1}{2}, \quad B_2 = \frac{1}{6}, \quad B_4 = -\frac{1}{30}, \quad B_6 = \frac{1}{42},$$

等等, 并且

$$B_{2n+1} = 0 \quad (n > 0).$$

如果把函数 $x/(e^x - 1)$ 表示成无穷级数的形式,则有

$$\frac{x}{e^x - 1} = \sum_{k=0}^{\infty} B_k \frac{x^k}{k!}.$$

因此,$\zeta(2k)$($k \geqslant 1$)都是无理数(而且实际上都是超越数),例如

$$\zeta(2) = \frac{\pi^2}{6}, \quad \zeta(4) = \frac{\pi^4}{90}, \quad \zeta(6) = \frac{\pi^6}{945},$$

等等.但对于 ζ 函数在奇数上的值,我们就没有这种明显的公式,甚至长期以来也不知道它们是不是无理数.例如,人们虽然算出近似值

$$\zeta(3) = 1.202\ 056\ 903\ 1\cdots,$$

但难以确定 $\zeta(3)$ 的无理性.作为超越数论的一个研究对象,人们感兴趣的比这更多.例如,有人猜测:对任何 $n \geqslant 2$,数 $1, \zeta(2), \zeta(3), \cdots, \zeta(n)$ 在 $\mathbb{Q}$ 上线性无关,并且 $\zeta(2k+1)$($k \geqslant 1$)都是超越数[104].近年来,有人(见[62],还可参见[253,254])甚至提出:

猜想 $\pi, \zeta(3), \zeta(5), \cdots, \zeta(2n+1), \cdots$ 代数无关.

这就是说,对于任何 $n \geqslant 0$,以及任何非零整系数多项式 $P(x_0, x_1, \cdots, x_n)$,总有 $P(\pi, \zeta(3), \zeta(5), \cdots, \zeta(2n+1)) \neq 0$.(因此,$\zeta(3), \zeta(5), \cdots, \zeta(2n+1), \cdots$ 都是超越数(当然也是无理数).)

关于 ζ 函数在奇数上的值的无理性的第 1 个进展是在 1978 年出现的.那年,R. Apéry[25] 证明了 $\zeta(3)$ 是无理数(因而文献中 $\zeta(3)$ 也称为 Apéry 数),并且直接证明了(即不应用公式(3.1.1))$\zeta(2)$ 的无理性.Apéry 的工作引起了国际数学界的轰动.在 1978 年赫尔辛基国际数学家大会上,有人在听了有关报告后不无醋意地评论道:"这是法国佬的胜利!"美国数学家 N. Katz 则反驳说:"不,不,这不可思议! 这是 Euler 就应该做的事……"看来,$\zeta(3)$ 无理性的证明似乎被 Euler "错过"了! 但实际上,虽然 Apéry 的证明用到了 Euler 时代就已知道的一些结果,但也应用了 Euler 那时并不知道(或尚未出现)的知识.当然,Apéry 的工作得到了人们的确认,并激起了人们对有关问题的兴趣.其后,出现了不少关于 $\zeta(3)$ 的无理性的新证明,其中以次年 F. Beukers[37] 发表的一个证明最值得称道.他以二重积分取代了 Apéry 证明中许多令人眼花缭乱的恒等变换,显得直观而机巧.

Apéry 的工作还使人们期待用他的方法也能解决 $\zeta(2k+1)$($k \geqslant 2$)的无理性问题.但我们将会看到,这难以做到.实际上,$\zeta(2k+1)$($k \geqslant 2$)的无理性问题至今仍未解决.直到 2001 年,V. V. Zudilin 才证明了一个较弱的

结果: $\zeta(5), \zeta(7), \zeta(9), \zeta(11)$ 中至少有一个无理数. 我们有理由相信, 上面提到的那个猜想即使正确, 给出其证明也很可能是相当遥远的事.

为了领略 Apéry 方法的特点, 现在给出他对公式

$$\zeta(3) = \frac{5}{2} \sum_{n=1}^{\infty} \frac{(-1)^{n-1}}{n^3 \binom{2n}{n}} \tag{3.1.2}$$

的证明, 其中 $\binom{m}{n}$ 表示组合数, 并规定当 $n<0$ 及 $n>m$ 时, $\binom{m}{n} = 0$. 当然,

$\binom{m}{0} = 1$.

证明的起点是初等恒等式

$$\sum_{k=1}^{N} \frac{a_1 a_2 \cdots a_{k-1}}{(x+a_1) \cdots (x+a_k)} = \frac{1}{x} - \frac{a_1 a_2 \cdots a_N}{x(x+a_1) \cdots (x+a_N)}, \tag{3.1.3}$$

其中 $x \neq 0, -a_1, \cdots, -a_N$, 并约定当 $k=1$ 时, $a_1 \cdots a_{k-1} = 1$. 这个恒等式的证明如下: 令

$$A_0 = \frac{1}{x}, \quad A_k = \frac{a_1 a_2 \cdots a_k}{x(x+a_1) \cdots (x+a_k)} \quad (k \geqslant 1),$$

那么易算出

$$A_{k-1} - A_k = \frac{a_1 a_2 \cdots a_{k-1}}{(x+a_1) \cdots (x+a_k)} \quad (k \geqslant 1).$$

于是式 (3.1.3) 的右边可表示为

$$\sum_{k=1}^{N} (A_{k-1} - A_k) = (A_0 - A_1) + (A_1 - A_2) + \cdots + (A_{N-1} - A_N)$$
$$= A_0 - A_N,$$

从而得到式 (3.1.3).

在式 (3.1.3) 中, 令 $x = n^2, a_k = -k^2$, 并设 $k = 1, 2, \cdots, n-1$, 可得

$$\sum_{k=1}^{n-1} \frac{(-1)^{k-1}((k-1)!)^2}{(n^2-1^2) \cdots (n^2-k^2)} = \frac{1}{n^2} - \frac{2(-1)^{n-1}}{n^2 \binom{2n}{n}}. \tag{3.1.4}$$

记

$$u_{n,k} = \frac{1}{2} \cdot \frac{(k!)^2 (n-k)!}{k^3 (n+k)!} \quad (n \geqslant 1, k \geqslant 1),$$

那么当 $n \geqslant 2, k \geqslant 1$ 时

$$u_{n,k} - u_{n-1,k} = \frac{1}{2} \left(\frac{(k!)^2 (n-k)!}{k^3 (n+k)!} - \frac{(k!)^2 (n-1-k)!}{k^3 (n-1+k)!} \right)$$

$$= \frac{(k!)^2}{2} \cdot \frac{(n-k-1)!(n-k-(n+k))}{k^3(n+k)!}$$

$$= -\frac{(k!)^2(n-k-1)!}{k^2(n+k)!} = -\frac{((k-1)!)^2}{(n+k)(n+k-1)\cdots(n-k)}$$

$$= -\frac{((k-1)!)^2}{(n^2-1^2)\cdots(n^2-k^2)n}.$$

于是由式(3.1.4)得到

$$\sum_{k=1}^{n-1}(-1)^k(u_{n,k}-u_{n-1,k}) = \frac{1}{n^3} - \frac{2 \cdot (-1)^{n-1}}{n^3\binom{2n}{n}},$$

因此

$$\sum_{n=2}^{N}\sum_{k=1}^{n-1}(-1)^k(u_{n,k}-u_{n-1,k}) = \sum_{n=2}^{N}\frac{1}{n^3} - 2\sum_{n=2}^{N}\frac{(-1)^{n-1}}{n^3\binom{2n}{n}}.$$

注意,当 $n=1$ 时

$$\frac{(-1)^{n-1}}{n^3\binom{2n}{n}} = \frac{1}{2}, \quad \frac{1}{n^3} = 1,$$

所以

$$\sum_{n=2}^{N}\sum_{k=1}^{n-1}(-1)^k(u_{n,k}-u_{n-1,k}) = \sum_{n=1}^{N}\frac{1}{n^3} - 2\sum_{n=1}^{N}\frac{(-1)^{n-1}}{n^3\binom{2n}{n}}. \quad (3.1.5)$$

另外,经直接计算可得

$$\sum_{n=2}^{N}\sum_{k=1}^{n-1}(-1)^k(u_{n,k}-u_{n-1,k})$$

$$= \sum_{k=1}^{N-1}\sum_{n=k+1}^{N}(-1)^k(u_{n,k}-u_{n-1,k})$$

$$= \sum_{k=1}^{N-1}(-1)^k(u_{N,k}-u_{k,k})$$

$$= \sum_{k=1}^{N-1}(-1)^k u_{N,k} - \sum_{k=1}^{N-1}(-1)^k u_{k,k}$$

$$= \sum_{k=1}^{N-1}\frac{(-1)^k}{2k^3\binom{N+k}{k}\binom{N}{k}} + \frac{1}{2}\sum_{k=1}^{N-1}\frac{(-1)^{k-1}}{k^3\binom{2k}{k}}. \quad (3.1.6)$$

由式(3.1.5)和(3.1.6)得

$$\sum_{n=1}^{N} \frac{1}{n^3} - 2\sum_{n=1}^{N} \frac{(-1)^{n-1}}{n^3 \binom{2n}{n}} = \sum_{k=1}^{N-1} \frac{(-1)^k}{2k^3 \binom{N+k}{k}\binom{N}{k}} + \frac{1}{2}\sum_{k=1}^{N-1} \frac{(-1)^{k-1}}{k^3 \binom{2k}{k}}.$$

$$(3.1.7)$$

因为

$$\left| \sum_{k=1}^{N-1} \frac{(-1)^k}{2k^3 \binom{N+k}{k}\binom{N}{k}} \right| \leqslant \frac{c_1}{N},$$

其中 $c_1 > 0$ 是常数,所以在式(3.1.7)中,令 $N \to \infty$,即得式(3.1.2).

注 3.1.1　还可类似地证明[208,248]

$$\zeta(2) = 3\sum_{n=1}^{\infty} \frac{1}{n^2 \binom{2n}{n}}. \tag{3.1.8}$$

另外,还有[74]

$$\zeta(4) = \frac{36}{17}\sum_{n=1}^{\infty} \frac{1}{n^4 \binom{2n}{n}}.$$

因此,人们猜测存在有理数 c_m,使得对任何整数 $m \geqslant 2$,有

$$\zeta(m) = c_m \sum_{n=1}^{\infty} \frac{1}{n^m \binom{2n}{n}} \quad \text{或} \quad c_m \sum_{n=1}^{\infty} \frac{(-1)^{m-1}}{n^m \binom{2n}{n}}.$$

对此可参见文献[46,138,247]等.

注 3.1.2　式(3.1.2)(实际上还有式(3.1.8))的证明是相当初等的. 不过,后来人们发现早在 20 世纪 50 年代,公式(3.1.2)和(3.1.8)就已由解析方法推出过[249]. Apéry[25] 指出推导这两个公式曾是他研究的出发点,虽然在 $\zeta(3)$ 的无理性证明中并未用到它们.

3.2　$\zeta(3)$ 的无理性的 Apéry 证明

我们首先证明下面的 Apéry 定理:

定理 3.1(Apéry 定理)　$\zeta(3)$ 是无理数,并且对任何 $\varepsilon > 0$,存在可计算

的常数 $c(\varepsilon)>0$,使得对充分大的整数 p 和 q $(q>0)$,有

$$\left| \zeta(3) - \frac{p}{q} \right| > \frac{c(\varepsilon)}{q^{\theta+\varepsilon}}, \qquad (3.2.1)$$

其中

$$\theta = \frac{8\log(1+\sqrt{2})}{4\log(1+\sqrt{2})-3},$$

即 $\zeta(3)$ 的无理性指数

$$\mu(\zeta(3)) \leqslant \theta = 13.417\,820\,2\cdots. \qquad (3.2.2)$$

下面先给出几个辅助结果.

引理 3.1 对于 $n \geqslant 0$,令

$$a_n = \sum_{k=0}^{n} \binom{n}{k}^2 \binom{n+k}{k}^2, \quad b_n = \sum_{k=0}^{n} \binom{n}{k}^2 \binom{n+k}{k}^2 c_{n,k},$$

其中

$$c_{n,k} = \sum_{m=1}^{n} \frac{1}{m^3} + \sum_{m=1}^{k} \frac{(-1)^{m-1}}{2m^3 \binom{n}{m}\binom{n+m}{m}},$$

那么 a_n 和 b_n 满足递推关系

$$(n+1)^3 u_{n+1} - P(n)u_n + n^3 u_{n-1} = 0, \qquad (3.2.3)$$

其中 $P(n) = 34n^3 + 51n^2 + 27n + 5$.

证 注意 $\binom{n}{k} = 0$(当 $k<0$ 及 $k>n$)及 $P(n-1) = -P(-n)$.令

$$\lambda_{n,k} = \binom{n}{k}^2 \binom{n+k}{k}^2 = \frac{((n+k)!)^2}{(k!)^4((n-k)!)^2},$$

那么

$$a_n = \sum_{k=0}^{n} \lambda_{n,k}, \qquad (3.2.4)$$

$$b_n = \sum_{k=0}^{n} \lambda_{n,k} c_{n,k}. \qquad (3.2.5)$$

还通过

$$A_{n,k} - A_{n,k-1} = (n+1)^3 \lambda_{n+1,k} - P(n)\lambda_{n,k} + n^3 \lambda_{n-1,k} \qquad (3.2.6)$$

来定义 $A_{n,k}$.我们验证:当 $1 \leqslant k \leqslant n$ 时

$$A_{n,k} = 4(2n+1)(2k^2 + k - (2n+1)^2)\lambda_{n,k}.$$

等价地,将此式代入式(3.2.6),并且两边除以 $\lambda_{n,k}$,下面验证

$$4(2n + 1)(2k^2 + k - (2n + 1)^2)$$

$$- 4(2n + 1)(2(k - 1)^2 + (k - 1) - (2n + 1)^2)\frac{\lambda_{n,k-1}}{\lambda_{n,k}}$$

$$= (n + 1)^3 \frac{\lambda_{n+1,k}}{\lambda_{n,k}} - P(n) + n^3 \frac{\lambda_{n-1,k}}{\lambda_{n,k}}.$$

因为

$$\frac{\lambda_{n,k-1}}{\lambda_{n,k}} = \frac{k^4}{(n + k)^2(n + 1 - k)^2},$$

$$\frac{\lambda_{n+1,k}}{\lambda_{n,k}} = \frac{(n + 1 + k)^2}{(n + 1 - k)^2}, \quad \frac{\lambda_{n-1,k}}{\lambda_{n,k}} = \frac{(n - k)^2}{(n + k)^2},$$

所以只需验证

$$4(2n + 1)(2k^2 + k - (2n + 1)^2)$$

$$- 4(2n + 1)(2(k - 1)^2 + (k - 1) - (2n + 1)^2)\frac{k^4}{(n + k)^2(n + 1 - k)^2}$$

$$= (n + 1)^3 \frac{(n + 1 + k)^2}{(n + 1 - k)^2} - P(n) + n^3 \frac{(n - k)^2}{(n + k)^2}.$$

用 $(n + k)^2(n + 1 - k)^2$ 乘上式两边, 等价地, 我们应验证

$$4(2n + 1)(2k^2 + k - (2n + 1)^2)(n + k)^2(n + 1 - k)^2$$

$$- 4(2n + 1)(2(k - 1)^2 + (k - 1) - (2n + 1)^2)k^4$$

$$= (n + 1)^3(n + 1 + k)^2(n + k)^2 - P(n)$$

$$+ n^3(n - k)^2(n + 1 - k)^2.$$

将上式两边乘开, 作为 n 和 k 的多项式, 比较两边同次幂的系数, 即可证明此式成立. 于是式 (3.2.6) 确实定义了 $A_{n,k}(1 \leqslant k \leqslant n)$. 另外, 因为当 $n < k$ 或 $k < 0$ 时, $\binom{n}{k} = 0$, 所以

$$\lambda_{n,n+1} = \lambda_{n-1,n+1} = \lambda_{n-1,n} = \lambda_{n,-1} = 0,$$

从而 $A_{n,n+1} = A_{n,-1} = 0$. 于是由式 (3.2.4) 和 (3.2.6) 得

$$(n + 1)^3 a_{n+1} - P(n)a_n + n^3 a_{n-1}$$

$$= (n + 1)^3 \sum_{k=0}^{n+1} \lambda_{n+1,k} - P(n) \sum_{k=0}^{n} \lambda_{n,k} + n^3 \sum_{k=0}^{n-1} \lambda_{n-1,k}$$

$$= \sum_{k=0}^{n+1} (A_{n,k} - A_{n,k-1}) = A_{n,n+1} - A_{n,-1} = 0.$$

因此 a_n 满足式 (3.2.3).

其次,记

$$S_{n,k} = (n+1)^3 \lambda_{n+1,k} c_{n+1,k} - P(n) \lambda_{n,k} c_{n,k} + n^3 \lambda_{n-1,k} c_{n-1,k}. \quad (3.2.7)$$

因为可以直接验证

$$
\begin{aligned}
c_{n,k} - c_{n-1,k} &= \frac{1}{n^3} + \sum_{m=1}^{k} (-1)^m \frac{((m-1)!)^2 (n-m-1)!}{(n+m)!} \\
&= \frac{1}{n^3} + \sum_{m=1}^{k} \left(\frac{(-1)^m (m!)^2 (n-m-1)!}{n^2 (n+m)!} \right. \\
&\quad \left. - \frac{(-1)^{m-1} ((m-1)!)^2 (n-m)!}{n^2 (n+m-1)!} \right) \\
&= \frac{(-1)^k (k!)^2 (n-k-1)!}{n^2 (n+k)!}, \quad (3.2.8)
\end{aligned}
$$

所以由式(3.2.6)～(3.2.8)得

$$
\begin{aligned}
S_{n,k} &= (n+1)^3 \lambda_{n+1,k} (c_{n,k} + (c_{n+1,k} - c_{n,k})) \\
&\quad - P(n) \lambda_{n,k} c_{n,k} + n^3 \lambda_{n-1,k} c_{n-1,k} \\
&= (n+1)^3 \lambda_{n+1,k} c_{n,k} + (n+1)^3 \lambda_{n+1,k} (c_{n+1,k} - c_{n,k}) \\
&\quad - P(n) \lambda_{n,k} c_{n,k} + n^3 \lambda_{n-1,k} c_{n-1,k} \\
&= ((A_{n,k} - A_{n,k-1}) + P(n) \lambda_{n,k} - n^3 \lambda_{n-1,k}) c_{n,k} \\
&\quad + (n+1)^3 \lambda_{n+1,k} (c_{n+1,k} - c_{n,k}) - P(n) \lambda_{n,k} c_{n,k} + n^3 \lambda_{n-1,k} c_{n-1,k} \\
&= (A_{n,k} - A_{n,k-1}) c_{n,k} + (n+1)^3 \lambda_{n+1,k} (c_{n+1,k} - c_{n,k}) \\
&\quad - n^3 \lambda_{n-1,k} (c_{n,k} - c_{n-1,k}) \\
&= (A_{n,k} - A_{n,k-1}) c_{n,k} + (-1)^k (k!)^2 \Big((n+1)^3 \lambda_{n+1,k} \\
&\quad \cdot \frac{(n-k)!}{(n+1)^2 (n+1+k)!} - n^3 \lambda_{n-1,k} \frac{(n-k-1)!}{n^2 (n+k)!} \Big). \quad (3.2.9)
\end{aligned}
$$

另外,如果令

$$B_{n,k} = A_{n,k} c_{n,k} + \frac{5(-1)^{k-1} k}{n(n+1)} \binom{n}{k} \binom{n+k}{k} (2n+1),$$

则有

$$
\begin{aligned}
B_{n,k} - B_{n,k-1} &= (A_{n,k} - A_{n,k-1}) c_{n,k} + A_{n,k-1} (c_{n,k} - c_{n,k-1}) \\
&\quad + (2n+1) \Big(\frac{5(-1)^{k-1} k}{n(n+1)} \binom{n}{k} \binom{n+k}{k} \\
&\quad - \frac{5(-1)^k (k-1)}{n(n+1)} \binom{n}{k-1} \binom{n+k-1}{k-1} \Big). \quad (3.2.10)
\end{aligned}
$$

注意

$$c_{n,k} - c_{n,k-1} = \frac{(-1)^{k-1}}{2k^3 \binom{n}{k}\binom{n+k}{k}}, \tag{3.2.11}$$

将它代入式 (3.2.10)，并应用式 (3.2.9)，经计算可得

$$S_{n,k} = B_{n,k} - B_{n,k-1}. \tag{3.2.12}$$

于是类似于前文，由式 (3.2.5)，(3.2.7) 及 (3.2.12) 得到

$$(n+1)^3 b_{n+1} - P(n) b_n + n^3 b_{n-1} = \sum_{k=0}^{n+1} (B_{n,k} - B_{n,k-1})$$
$$= B_{n,n+1} - B_{n,-1} = 0.$$

因此 b_n 也满足式 (3.2.3).　　　　　　　　　　　　　　□

引理 3.2　设 $a_n, b_n\,(n \geqslant 0)$ 同引理 3.1 中的，则

$$\zeta(3) = \lim_{n \to \infty} \frac{b_n}{a_n}.$$

证　沿用引理 3.1 中的记号. 因为当 $m \leqslant n$ 时

$$\binom{n}{m}\binom{n+m}{m} \geqslant \binom{n}{1}\binom{n+1}{1} \geqslant n(n+1) > n^2,$$

所以，由 $c_{n,k}$ 的定义可知

$$|c_{n,k} - \zeta(3)| < \sum_{m=n+1}^{\infty} \frac{1}{m^3} + \frac{1}{2n^2} \sum_{m=1}^{k} \frac{1}{m^3} < \sum_{m=n+1}^{\infty} \frac{1}{m^3} + \frac{1}{2n^2} \zeta(3).$$

因为

$$\frac{1}{m^3} < \int_{m-1}^{m} \frac{\mathrm{d}u}{u^3} < \frac{1}{(m-1)^2} \quad (m \geqslant 2),$$

所以

$$\sum_{m=n+1}^{\infty} \frac{1}{m^3} < \int_{n}^{\infty} \frac{\mathrm{d}u}{u^3} = \frac{1}{2n^2}.$$

还要注意 $\zeta(3) = 1.29\cdots < 1.3$，最终得到

$$|c_{n,k} - \zeta(3)| < \frac{2}{n^2}, \tag{3.2.13}$$

并且它关于 k 一致地成立. 另外，因为当 n 充分大时

$$\min_{0 \leqslant k \leqslant n} c_{n,k} \leqslant \frac{b_n}{a_n} = \frac{\displaystyle\sum_{k=0}^{n} \lambda_{n,k} c_{n,k}}{\displaystyle\sum_{k=0}^{n} \lambda_{n,k}} \leqslant \max_{0 \leqslant k \leqslant n} c_{n,k},$$

所以由式(3.2.13)即可得到所要的结论. □

引理 3.3　设 $d_n = \text{lcm}(1,2,\cdots,n)$（整数 $1,2,\cdots,n$ 的最小公倍数），那么

$$\log d_n \sim n \quad (n \to \infty). \tag{3.2.14}$$

证　我们用 $\pi(n) = s$ 表示不超过 n 的素数的个数，并记这些素数为 $p_1,\cdots,p_s$，那么

$$d_n = p_1^{e_1} \cdots p_s^{e_s},$$

其中 $e_j = \max\limits_{1 \leqslant m \leqslant n} \text{Ord}_{p_j}(m)$. 设 $p_j^{e_j}$ 是某个整数 $m \leqslant n$ 的因子，则有 $p_j^{e_j} \leqslant m \leqslant n$，于是

$$d_n \leqslant \prod_{j=1}^{s} n = n^{\pi(n)}.$$

由素数定理[5]，$\pi(n) \sim n/\log n\,(n \to \infty)$，因而

$$\log d_n \leqslant \pi(n)\log n \sim n \quad (n \to \infty).$$

另外，显然有 $d_n \geqslant p_1 \cdots p_s$. 记 $\vartheta(n) = \sum\limits_{j=1}^{s} \log p_j$，则得

$$\log d_n \geqslant \vartheta(n).$$

注意 $\vartheta(n) \sim n\,(n \to \infty)^{[5]}$，从而得到式(3.2.14). □

注 3.2.1　如果令 $\psi(x) = \sum\limits_{p^m \leqslant x} \log x$，那么素数定理等价于 $\psi(x) \sim x\,(x \to \infty)^{[5]}$. 因为 $\psi(n) = \log d_n$，所以式(3.2.14)是素数定理的直接推论. 另外，文献[22]给出了引理 3.3 的一个推广形式（其中 $1,\cdots,n$ 代以某个由正整数组成的等差数列）；J. B. Rosser 和 L. Schoenfeld[217]还证明了：对于所有整数 $n \geqslant 1$，有 $d_n \leqslant \mathrm{e}^{1.038\,83n}$.

引理 3.4　设 $u_n\,(n \geqslant 0)$ 满足变系数线性递推关系

$$u_{n+1} + c_1(n)u_n + c_0(n-1)u_{n-1} = 0.$$

如果

$$c_0(n-1) \neq 0 \quad (n = 1,2,\cdots),$$

$$\lim_{n \to \infty} c_k(n) = \sigma_k \quad (k = 0,1),$$

并且"极限"特征方程 $x^2 + \sigma_1 x + \sigma_0 = 0$ 的两个根的绝对值互异，那么

$$\log|u_n| \sim n\log|r| \quad (n \to \infty),$$

其中 r 是特征方程的某个根.

证　由 Perron 定理[175,177]，在引理的假设条件下，有

$$\lim_{n \to \infty} \frac{u_{n+1}}{u_n} = r.$$

因为,若当 $n \to \infty$ 时数列 $a_n(n \geqslant 0)$ 以 a 为极限,则数列 $(a_0 + \cdots + a_{n-1})/n$ 亦以 a 为极限[2]52,所以上述结果蕴涵

$$\lim_{n \to \infty} \frac{\sum_{k=0}^{n-1} \log |u_{k+1}/u_k|}{n} = \log |r|,$$

因此

$$\lim_{n \to \infty} \sqrt[n]{|u_n|} = |r|.$$

从而引理中的结论成立.　　　　　　　　　　　　　　　　　　　　□

注 3.2.2　在实际应用这个引理时,可根据 u_n 的具体情形选择合适的根 r.另外,与上述引理类似的结果还可见[21－22],更一般的结果见[72]226.

引理 3.5　设 a_n, b_n, d_n 同前,则 $a_n, 2d_n^3 b_n (n \geqslant 1)$ 都是非零整数.

证　显然 a_n 是非零整数.因为 $2d_n^3 b_n = \sum_{k=0}^n 2d_n^3 \binom{n}{k}^2 \binom{n+k}{k}^2 c_{n,k}$,

所以只需证明 $2d_n^3 \binom{n+k}{k} c_{n,k}$ 是非零整数.由于

$$c_{n,k} = \sum_{m=1}^n \frac{1}{m^3} + \sum_{m=1}^k \frac{(-1)^{m-1}}{2m^3 \binom{n}{m}\binom{n+m}{m}},$$

而且对于每个 $m \leqslant n$,有 $m^3 | d_n^3$,所以要证明级数

$$\sum_{m=1}^k \frac{(-1)^{m-1} d_n^3 \binom{n+k}{k}}{m^3 \binom{n}{m}\binom{n+m}{m}} \tag{3.2.15}$$

中的每一项都是整数.对于素数 p,简记 $O_p(N) = \mathrm{Ord}_p(N)$.因为

$$\binom{n+k}{k} \Big/ \binom{n+m}{m} = \binom{n+k}{k-m} \Big/ \binom{k}{m},$$

所以对于任何素数 p,有

$$E = O_p\left(d_n^3 \binom{n+k}{k} \Big/ \left(m^3 \binom{n}{m}\binom{n+m}{m}\right)\right)$$

$$= 3O_p(d_n) - 3O_p(m) - O_p\left(\binom{n}{m}\right) + O_p\left(\binom{n+k}{k-m} \Big/ \binom{k}{m}\right)$$

$$\geqslant 3O_p(d_n) - 3O_p(m) - O_p\left(\binom{n}{m}\right) - O_p\left(\binom{k}{m}\right).$$

但由 $\binom{n}{k}$ 的定义, $O_p\left(\binom{n}{k}\right) \leqslant O_p(d_n) - O_p(k)$,并且 $m \leqslant n$,$k \leqslant n$,所以

$$E \geqslant 3O_p(d_n) - 3O_p(m) - O_p(d_n) + O_p(m) - O_p(d_k) + O_p(m)$$
$$\geqslant (O_p(d_n) - O_p(m)) + (O_p(d_n) - O_p(d_k)) \geqslant 0.$$

因此式(3.2.15)确实是一个整数.于是引理得证. □

定理 3.1 之证 首先,容易算出 $a_0 = 1$,$a_1 = 1 + 1 \cdot 2^2 = 5$,以及 $c_{0,0} = 0$,$c_{1,0} = 1$,$c_{1,1} = 1 + 1/(2 \cdot 1 \cdot 1 \cdot 2) = 5/4$.从而 $b_0 = 0$,$b_1 = 1 + 1 \cdot 2^2 \cdot (5/4) = 6$.(其后续几个值是:当 $n = 2,3,4,5$ 时,$a_n = 73,1\,445,33\,001,819\,005$; $b_n = 351/4,62\,531/36,11\,424\,695/288$.)由引理 3.1 得

$$n^3 a_n - P(n-1)a_{n-1} + (n-1)^3 a_{n-2} = 0,$$
$$n^3 b_n - P(n-1)b_{n-1} + (n-1)^3 b_{n-2} = 0.$$

将上面第 1 式乘以 b_{n-1},第 2 式乘以 a_{n-1},然后相减,可得

$$n^3(a_{n-1}b_n - b_{n-1}a_n) = (n-1)^3(a_{n-2}b_{n-1} - b_{n-2}a_{n-1}),$$

或者

$$a_{n-1}b_n - b_{n-1}a_n = \frac{(n-1)^3}{n^3}(a_{n-2}b_{n-1} - b_{n-2}a_{n-1}).$$

在其中把 n 换为 $n-1$,可得

$$a_{n-2}b_{n-1} - b_{n-2}a_{n-1} = \frac{(n-2)^3}{(n-1)^3}(a_{n-3}b_{n-2} - b_{n-3}a_{n-2}).$$

反复迭代,并注意 $a_0 b_1 - b_0 a_1 = 6$,可知当 $n \geqslant 1$ 时

$$a_{n-1}b_n - b_{n-1}a_n = \frac{(n-1)^3}{n^3} \cdot \frac{(n-2)^3}{(n-1)^3} \cdots \frac{1^3}{2^3} \cdot (a_0 b_1 - b_0 a_1)$$
$$= \frac{6}{n^3},$$

因此

$$\frac{b_n}{a_n} - \frac{b_{n-1}}{a_{n-1}} = \frac{6}{n^3 a_n a_{n-1}} \quad (n \geqslant 1). \tag{3.2.16}$$

设 $n \geqslant 0$,$N > n$,则由式(3.2.16)得

$$\zeta(3) - \frac{b_n}{a_n} = \sum_{k=n+1}^{N}\left(\frac{b_k}{a_k} - \frac{b_{k-1}}{a_{k-1}}\right) + \left(\zeta(3) - \frac{b_N}{a_N}\right)$$
$$= \sum_{k=n+1}^{N} \frac{6}{k^3 a_k a_{k-1}} + \left(\zeta(3) - \frac{b_N}{a_N}\right).$$

在此式中,令 $N \to \infty$,并应用引理 3.2,即得

$$\zeta(3) - \frac{b_n}{a_n} = \sum_{k=n+1}^{\infty} \frac{6}{k^3 a_k a_{k-1}}. \qquad \text{(3.2.17)}$$

特别地,因为 $b_0/a_0 = 0$,所以

$$\zeta(3) = 6 \sum_{k=1}^{\infty} \frac{1}{k^3 a_k a_{k-1}},$$

并且由式(3.2.17)得到估值

$$0 < \left| \zeta(3) - \frac{b_n}{a_n} \right| \leqslant C_1 a_n^{-2}, \qquad \text{(3.2.18)}$$

其中 C_1(及下文中的 C_2 等)是与 n 无关的正常数.

由引理 3.1,并注意 $P(n-1) = -P(-n)$,可知 $n^3 a_n + P(-n) a_{n-1} + (n-1)^3 a_{n-2} = 0$. 用 n^{-3} 乘此式两边,即得

$$a_n - (34 - 51n^{-1} + 27n^{-2} - 5n^{-3}) a_{n-1} + (1 - 3n^{-1} + 3n^{-2} - n^{-3}) a_{n-2}$$
$$= 0,$$

或者,采用 O 记号,即

$$a_n - (34 + O(n^{-1})) a_{n-1} + (1 + O(n^{-1})) a_{n-2} = 0.$$

这个递推的"极限"特征方程 $x^2 - 34x + 1 = 0$ 有根 $(1 \pm \sqrt{2})^4$,并且 a_n 递增,$(1+\sqrt{2})^4 > 1$. 因此,由引理 3.4 得

$$\frac{\log a_n}{n} \sim \log \alpha \quad (n \to \infty), \qquad \text{(3.2.19)}$$

其中 $\alpha = (1+\sqrt{2})^4$. 还设 d_n 同引理 3.3 中的,那么

$$\frac{\log d_n}{n} \sim 1 \quad (n \to \infty). \qquad \text{(3.2.20)}$$

而由引理 3.5 知,$p_n = 2d_n^3 b_n$ 和 $q_n = 2d_n^3 a_n$ 都是非零整数.取

$$\delta = \frac{\log \alpha - 3}{\log \alpha + 3 + \varepsilon},$$

其中 $\varepsilon > 0$ 任意小. 因此 $0 < \delta < 1$,并且当 $\varepsilon \to 0$ 时,$\delta \to 0.080\,529\cdots$. 因为

$$\frac{a_n^{-2}}{q_n^{-(1+\delta)}} = C_2 a_n^{-1+\delta} d_n^{3(1+\delta)}$$

$$= C_2 \exp\left(n\left(-(1-\delta)\frac{\log a_n}{n} + 3(1+\delta)\frac{\log d_n}{n} \right) \right),$$

而由式(3.2.19)和(3.2.20)可知

$$\lim_{n \to \infty} \left(-(1-\delta)\frac{\log a_n}{n} + 3(1+\delta)\frac{\log d_n}{n} \right)$$

$$= -(1 - \delta)\log \alpha + 3(1 + \delta) = -\varepsilon\delta < 0,$$

所以当 n 充分大时

$$C_1 a_n^{-2} < q_n^{-(1+\delta)}.$$

于是由式(3.2.18)得,对充分大的 n,有

$$0 < \left| \zeta(3) - \frac{p_n}{q_n} \right| < \frac{1}{q_n^{1+\delta}}.$$

由第 1 章 1.2 节推论 1.1 可知,$\zeta(3)$ 是无理数.

最后,由式(3.2.19)和(3.2.20)可知,对于任意 $\sigma > 0$,有 $q_n < q_{n-1}^{1+\sigma}$,于是由第 1 章 1.4 节引理 1.15 得

$$\mu(\zeta(3)) \leqslant 1 + \frac{1}{\delta} = \frac{2\log\alpha + \varepsilon}{\log\alpha - 3}.$$

注意 ε 可以任意接近于 0,所以式(3.2.2)成立.于是定理得证. □

注 3.2.3 $\mu(\zeta(3))$ 被多次改进,目前最佳记录是

$$\mu(\zeta(3)) \leqslant 5.513\,891\cdots \quad (\text{G. Rhin 和 C. Viola}^{[211]}).$$

注 3.2.4 如果令 $a_n = n^{-3/2}U_n (n \geqslant 1)$,那么式(3.2.3)可改写为

$$U_{n+1} - (34 + O(n^{-2}))U_n + (1 + O(n^{-2}))U_{n-1} = 0.$$

于是,由引理 3.4 得到 $a_n = An^{-3/2}(1 + \sqrt{2})^{4n(1+o(1))} (n \to \infty)$($A$ 为常数).另外,H. Cohen 证明了更精密的渐近公式[249]

$$a_n = \frac{(1 + \sqrt{2})^{4n+2}}{(2\sqrt{2}\pi n)^{3/2}} \left(1 - \frac{48 - 15\sqrt{2}}{64n} + O(n^{-2}) \right),$$

对此还可参见[43][70].

注 3.2.5 保持引理 3.1 中的记号,由式(3.2.8)和(3.2.11)可知

$$c_{n,n} - c_{n-1,n-1} = (c_{n,n} - c_{n,n-1}) - (c_{n,n-1} - c_{n-1,n-1})$$

$$= \frac{(-1)^{n-1}}{2n^3 \binom{2n}{n}} + \frac{(-1)^{n-1}((n-1)!)^2}{n^2(2n-1)!}$$

$$= \frac{5}{2} \frac{(-1)^{n-1}}{n^3 \binom{2n}{n}}.$$

注意 $c_{0,0} = 0$,从而由式(3.2.13)推出

$$\zeta(3) = \lim_{N \to \infty} c_{N,N} = \lim_{N \to \infty} \sum_{n=1}^{N} (c_{n,n} - c_{n-1,n-1}) = \frac{5}{2} \sum_{n=1}^{\infty} \frac{(-1)^{n-1}}{n^3 \binom{2n}{n}}.$$

我们再次得到公式 (3.1.2).

注 3.2.6　因为 a_n, b_n 满足式 (3.2.3),所以由引理 3.1 和 3.2 以及引理 1.12(在其中取 $A_n = (n+1)^3, B_n = P(n), C_n = n^3$),可推出 ζ(3) 的一般连分式展开为

$$\zeta(3) = \frac{6\,|}{|\,5} - \frac{1^6\,|}{|\,117} - \frac{2^6\,|}{|\,535} - \frac{3^6\,|}{|\,1\,463} - \frac{4^6\,|}{|\,3\,105}$$

$$- \frac{5^6\,|}{|\,5\,665} - \cdots - \frac{n^6\,|}{|\,P(n)} - \cdots.$$

Apéry 的这个连分式展开收敛速度较快,保证了上述证明中 $\delta > 0$.但对于 ζ(5) 等难以做到这点,因而上述方法不能直接用来解决 ζ(5) 等的相应问题.对此情形的分析还可参见 [249] 等.

最后,我们简略地介绍 Apéry 关于 ζ(2) 的无理性的直接证明.其出发点是连分式展开

$$\zeta(2) = \frac{5\,|}{|\,3} + \frac{1^4\,|}{|\,25} + \frac{2^4\,|}{|\,69} + \frac{3^4\,|}{|\,135} - \frac{4^4\,|}{|\,223} + \frac{5^4\,|}{|\,333}$$

$$+ \cdots + \frac{n^4\,|}{|\,Q(n)} + \cdots,$$

其中 $Q(n) = 11n^2 + 11n + 3$(注意 $Q(n-1) = -Q(-n)$).首先令

$$a'_n = \sum_{k=0}^{n} \binom{n}{k}^2 \binom{n+k}{k}, \quad b'_n = \sum_{k=0}^{n} \binom{n}{k}^2 \binom{n+k}{k} c'_{n,k},$$

其中

$$c'_{n,k} = 2\sum_{m=1}^{n} \frac{(-1)^{m-1}}{m^2} + \sum_{m=1}^{k} \frac{(-1)^{n+m-1}}{m^2 \binom{n}{m}\binom{n+m}{m}},$$

而 $a'_0 = 1, a'_1 = 3, b'_0 = 0, b'_1 = 5$.可证明它们满足递推关系

$$(n+1)^2 u_{n+1} - Q(n) u_n - n^2 u_{n-1} = 0 \quad (n \geqslant 1).$$

由此推出 $\lim_{n \to \infty} b'_n / a'_n = \zeta(2)$,以及

$$\zeta(2) = 5\sum_{n=1}^{\infty} \frac{(-1)^{n-1}}{n^2 a'_n a'_{n-1}}.$$

基于此式,可知丢番图不等式

$$0 < \left| \zeta(2) - \frac{p'_n}{q'_n} \right| < \frac{1}{(q'_n)^{1+\delta'}}$$

有无穷多个有理解 p'_n / q'_n,其中 $p'_n = d_n^2 b'_n, q'_n = d_n^2 a'_n$,以及

$$\delta' = \frac{5\log \alpha' - 2}{5\log \alpha' + 2} = 0.092\,15\cdots > 0 \quad \left(\alpha' = \frac{\sqrt{5} + 1}{2}\right).$$

于是 $\zeta(2)$ 是无理数,并且

$$\mu(\zeta(2)) \leqslant \frac{10\log \dfrac{\sqrt{5} + 1}{2}}{5\log \dfrac{\sqrt{5} + 1}{2} - 2} = 11.850\,782\cdots. \tag{3.2.21}$$

注 3.2.7 上面证明中推导式 (3.2.19) 的论证也适用于 b_n,因此

$$\lim_{n \to \infty} a_n^{1/n} = \lim_{n \to \infty} b_n^{1/n} = (1 + \sqrt{2})^4.$$

又因为 $a_n\zeta(3) - b_n$ 也是式 (3.2.3) 的解,而由式 (3.2.18) 知 $a_n\zeta(3) - b_n$ $\to 0\,(n \to \infty)$,并注意 $(1 - \sqrt{2})^4 < 1$,所以还有

$$\lim_{n \to \infty} |a_n\zeta(3) - b_n|^{1/n} = (1 - \sqrt{2})^4.$$

在推论 1.5 中,如果取 $u_n = 2d_n^3 a_n$,$v_n = 2d_n^3 b_n$,那么 $\alpha = e^3(1 - \sqrt{2})^4 = e^3(1 + \sqrt{2})^{-4} < 1$,$\beta = e^3(1 + \sqrt{2})^4 > 1$,由此也可得到式 (3.2.2).

类似地

$$\lim_{n \to \infty} (a'_n)^{1/n} = \lim_{n \to \infty} (b'_n)^{1/n} = \left(\frac{\sqrt{5} + 1}{2}\right)^5,$$

$$\lim_{n \to \infty} |a'_n\zeta(2) - b'_n|^{1/n} = \left(\frac{\sqrt{5} - 1}{2}\right)^5.$$

并且由推论 1.5 可推出式 (3.2.21).

3.3 $\zeta(3)$ 的无理性的 Beukers 证明

现在给出 F. Beukers[37] 关于 $\zeta(3)$(以及 $\zeta(2)$)的无理性的证明.

引理 3.6 我们有

$$\zeta(2) = \sum_{k=1}^{r} \frac{1}{k^2} + \int_0^1\int_0^1 \frac{(xy)^r}{1 - xy}\mathrm{d}x\mathrm{d}y, \tag{3.3.1}$$

$$\zeta(3) = \sum_{k=1}^{r} \frac{1}{k^3} - \frac{1}{2}\int_0^1\int_0^1 \frac{\log(xy)}{1 - xy}(xy)^r\mathrm{d}x\mathrm{d}y. \tag{3.3.2}$$

注 3.3.1 约定:当 $r = 0$ 时,"空和"为零,特别地

$$\zeta(2) = \int_0^1 \int_0^1 \frac{1}{1 - xy} \mathrm{d}x\mathrm{d}y, \quad \zeta(3) = -\frac{1}{2}\int_0^1 \int_0^1 \frac{\log(xy)}{1 - xy}\mathrm{d}x\mathrm{d}y.$$

证 设 r, s 是非负整数,σ 是非负实数,那么将 $(1 - xy)^{-1}$ 展开为幂级数,可推出

$$\int_0^1 \int_0^1 \frac{x^{r+\sigma}y^{s+\sigma}}{1 - xy}\mathrm{d}x\mathrm{d}y = \sum_{k=0}^{\infty} \frac{1}{(k + r + \sigma + 1)(k + s + \sigma + 1)}. \quad (3.3.3)$$

取 $r = s, \sigma = 0$,可得式(3.3.1).若关于 σ 对式(3.3.3)微分,然后令 $s = r, \sigma = 0$,则得

$$\int_0^1 \int_0^1 \frac{\log(xy)}{1 - xy}(xy)^r\mathrm{d}x\mathrm{d}y = \sum_{k=0}^{\infty} \frac{-2}{(k + r + 1)^3}$$

$$= -2\left(\zeta(3) - \sum_{k=1}^{r} \frac{1}{k^3}\right),$$

从而得到式(3.3.2). □

引理 3.7 设 r, s 是非负整数,且 $r \neq s$,那么积分

$$\int_0^1 \int_0^1 \frac{x^r y^s}{1 - xy}\mathrm{d}x\mathrm{d}y, \quad \int_0^1 \int_0^1 \frac{\log(xy)}{1 - xy}x^r y^s\mathrm{d}x\mathrm{d}y$$

的值都是有理数,而且它们的分母分别是 d_r^2 和 d_r^3(当 $r > s$)或 d_s^2 和 d_s^3(当 $s > r$)的因子,此处 $d_n = \mathrm{lcm}(1, 2, \cdots, n)$.

证 因为被积函数关于 x, y 对称,所以只需考虑 $r > s$ 的情形.此时式(3.3.3)的右边可化简为

$$\sum_{k=0}^{\infty} \frac{1}{r - s}\left(\frac{1}{k + s + \sigma + 1} - \frac{1}{k + r + \sigma + 1}\right) = \frac{1}{r - s}\sum_{k=s+1}^{r} \frac{1}{k + \sigma},$$

于是

$$\int_0^1 \int_0^1 \frac{x^{r+\sigma}y^{s+\sigma}}{1 - xy}\mathrm{d}x\mathrm{d}y = \frac{1}{r - s}\sum_{k=s+1}^{r} \frac{1}{k + \sigma} \quad (r > s).$$

在其中令 $\sigma = 0$,即得关于第 1 个积分的结论.对上式关于 σ 微分,然后令 $\sigma = 0$,则可得

$$\int_0^1 \int_0^1 \frac{\log(xy)}{1 - xy}x^r y^s\mathrm{d}x\mathrm{d}y = -\frac{1}{r - s}\sum_{k=s+1}^{r} \frac{1}{k^2} \quad (r > s),$$

由此即可得关于另一个积分的结论. □

现在定义区间 $[0, 1]$ 上的函数

$$\mathrm{P}_n(x) = \frac{1}{n!}\left(\frac{\mathrm{d}}{\mathrm{d}x}\right)^n (x^n(1 - x)^n). \quad (3.3.4)$$

易见 $P_n(0) = 1, P_n(1) = (-1)^n$, 并且

$$P_n(x) = \sum_{k=0}^{n} \binom{n}{k} \binom{n+k}{k} (-x)^k .\qquad(3.3.5)$$

因此这是一个整系数 n 次多项式, 它称为 Legendre 多项式.

引理 3.8 对 $n \geqslant 1$, 有

$$\int_0^1 \int_0^1 \int_0^1 \frac{x^n(1-x)^n y^n(1-y)^n z^n(1-z)^n}{(1-(1-xy)z)^{n+1}} \mathrm{d}x\mathrm{d}y\mathrm{d}z$$

$$= (A_n \zeta(3) + B_n) d_n^{-3} ,\qquad(3.3.6)$$

其中 A_n, B_n 是整数.

证 令

$$I = \int_0^1 \int_0^1 \frac{-\log(xy)}{1-xy} P_n(x) P_n(y) \mathrm{d}x\mathrm{d}y .$$

一方面, 由式(3.3.5)知

$$P_n(x) P_n(y) = 1 + \sum_{\substack{r \neq s \\ r,s \leqslant n}} c_{r,s} x^r y^s + \sum_{r=1}^{n} c_{r,r}(xy)^r ,$$

其中 $c_{r,s}, c_{r,r} \in \mathbb{Z}$. 因此, 由引理 3.7 和注 3.3.1 推出

$$I = (A_n \zeta(3) + B_n) d_n^{-3} .\qquad(3.3.7)$$

另一方面, 由恒等式

$$\int_0^1 \frac{1}{1-(1-xy)w} \mathrm{d}w = \frac{-\log(xy)}{1-xy} ,$$

立即可得

$$I = \int_0^1 \int_0^1 \int_0^1 \frac{P_n(x)}{1-(1-xy)w} P_n(y) \mathrm{d}x\mathrm{d}y\mathrm{d}w .$$

应用式(3.3.4), 将此积分关于 x 分部积分 n 次, 可得到

$$I = \int_0^1 \int_0^1 \int_0^1 \frac{(xyw)^n(1-x)^n}{(1-(1-xy)w)^{n+1}} P_n(y) \mathrm{d}x\mathrm{d}y\mathrm{d}w .$$

在其中作代换

$$z = \frac{1-w}{1-(1-xy)w} ,$$

那么

$$w = \frac{1-z}{1-(1-xy)z}, \quad \mathrm{d}w = -\frac{xy}{(1-(1-xy)z)^2} \mathrm{d}z ,$$

$$1-w = \frac{xyz}{1-(1-xy)z}, \quad 1-(1-xy)w = \frac{1-w}{z} = \frac{xy}{1-(1-xy)z} ,$$

从而把上述积分化为

$$I = \int_0^1 \int_0^1 \int_0^1 \frac{(1-x)^n(1-z)^n}{1-(1-xy)z} P_n(y) \mathrm{d}x\mathrm{d}y\mathrm{d}z.$$

最后,再次应用式(3.3.4),将上面的积分关于 y 分部积分 n 次,即可化为式(3.3.6)左边的形式.由此及式(3.3.7)即得式(3.3.6).　　　　□

引理 3.9　当 $0 \leqslant x \leqslant 1, 0 \leqslant y \leqslant 1, 0 \leqslant z \leqslant 1$ 时

$$0 \leqslant \frac{x(1-x)y(1-y)z(1-z)}{1-(1-xy)z} \leqslant (\sqrt{2}-1)^4.$$

证　只需证明

$$F(x,y,z) = x(1-x)y(1-y)z(1-z)/(1-(1-xy)z)$$

在所给区域上的最大值是 $(\sqrt{2}-1)^4$.因为函数 $F(x,y,z)$ 在边界上为 0,所以最大值不可能在边界上达到.而由

$$\frac{\partial F}{\partial x} = \frac{yz(1-y)(1-z)(1-2x-z+2xz-x^2yz)}{(1-z+xyz)^2} = 0,$$

$$\frac{\partial F}{\partial y} = \frac{xz(1-x)(1-z)(1-2y-z+2yz-xy^2z)}{(1-z+xyz)^2} = 0,$$

$$\frac{\partial F}{\partial z} = \frac{xy(1-x)(1-y)(1-2z+z^2-xyz^2)}{(1-z+xyz)^2} = 0,$$

可以求出函数的唯一极值点(也是最大值点)是 $(\sqrt{2}-1, \sqrt{2}-1, \sqrt{2}/2)$.由此不难算出函数的最大值是 $(\sqrt{2}-1)^4$.　　　　□

现在由引理 3.8 和 3.9,并注意注 3.3.1,以及 $1-(1-xy)z > 0$(当 $0 < x, y, z < 1$),即可得到

$$0 < |A_n\zeta(3) + B_n| d_n^{-3}$$

$$= \left| \int_0^1 \int_0^1 \int_0^1 \frac{x^n(1-x)^n y^n(1-y)^n z^n(1-z)^n}{(1-(1-xy)z)^{n+1}} \mathrm{d}x\mathrm{d}y\mathrm{d}z \right|$$

$$\leqslant (\sqrt{2}-1)^{4n} \int_0^1 \int_0^1 \int_0^1 \frac{\mathrm{d}x\mathrm{d}y\mathrm{d}z}{1-(1-xy)z}$$

$$= (\sqrt{2}-1)^{4n} \int_0^1 \int_0^1 \frac{-\log(xy)}{1-xy} \mathrm{d}x\mathrm{d}y = 2\zeta(3)(\sqrt{2}-1)^{4n}.$$

另外,由引理 3.3 知 $d_n \leqslant 3^n$,因此,当 n 充分大时

$$0 < |A_n\zeta(3) + B_n| \leqslant 2 \cdot 3^{3n}(\sqrt{2}-1)^{4n}\zeta(3) < \left(\frac{4}{5}\right)^n. \quad (3.3.8)$$

由于当 n 趋于无穷时,上式的右边趋于零,所以依第 1 章 1.2 节定理 1.5 或

推论 1.2,可推出 $\zeta(3)$ 是无理数.

对于 $\zeta(2)$,可以类似地证明其无理性,而且要简单些.

首先,由引理 3.6 和 3.7,以及注 3.3.1 和式(3.3.5)得

$$\int_0^1\int_0^1 \frac{(1-y)^n}{1-xy}P_n(x)\mathrm{d}x\mathrm{d}y = (A_n'\zeta(2) + B_n')d_n^{-2},$$

其中 A_n', B_n' 是整数.应用式(3.3.4),将上式的左边关于 x 分部积分 n 次,就得到:对于 $n \geqslant 1$,有

$$(-1)^n\int_0^1\int_0^1 \frac{x^n y^n(1-x)^n(1-y)^n}{(1-xy)^{n+1}}\mathrm{d}x\mathrm{d}y = (A_n'\zeta(2) + B_n')d_n^{-2}.$$

$$(3.3.9)$$

其次,考察函数 $H(x,y) = x(1-x)y(1-y)/(1-xy)$ 在区域 $0 \leqslant x \leqslant 1, 0 \leqslant y \leqslant 1$ 上的最大值.与引理 3.9 的证明类似,因为函数 $H(x,y)$ 在边界上为 0,所以最大值不可能在边界上达到.于是由

$$\frac{\partial H}{\partial x} = \frac{y(1-y)(1-2x+x^2 y)}{(1-xy)^2} = 0,$$

$$\frac{\partial H}{\partial y} = \frac{x(1-x)(1-2y+x^2 y)}{(1-xy)^2} = 0,$$

可求出函数的唯一极值点(也是最大值点)(τ,τ),其中 $\tau = (\sqrt{5}-1)/2$.注意 $\tau^2 + \tau - 1 = 0$,容易算出函数的最大值是

$$F(\tau,\tau) = \frac{\tau^2(1-\tau)^2}{1-\tau^2} = \frac{\tau^2 \cdot (\tau^2)^2}{\tau} = \tau^5.$$

于是得到:当 $0 \leqslant x \leqslant 1, 0 \leqslant y \leqslant 1$ 时

$$0 \leqslant \frac{x(1-x)y(1-y)}{1-xy} \leqslant \left(\frac{\sqrt{5}-1}{2}\right)^5.$$

最后,由式(3.3.9),并注意注 3.3.1,以及 $1-xy > 0$(当 $0 < x < 1, 0 < y < 1$),我们得到

$$0 < |A_n'\zeta(2) + B_n'|d_n^{-2} = \left|\int_0^1\int_0^1 \frac{x^n y^n(1-x)^n(1-y)^n}{(1-xy)^{n+1}}\mathrm{d}x\mathrm{d}y\right|$$

$$\leqslant \left(\frac{\sqrt{5}-1}{2}\right)^{5n}\int_0^1\int_0^1 \frac{\mathrm{d}x\mathrm{d}y}{1-xy} = \left(\frac{\sqrt{5}-1}{2}\right)^{5n}\zeta(2).$$

仍然由引理 3.3($d_n \leqslant 3^n$)推出:当 n 充分大时

$$0 < |A_n'\zeta(2) + B_n'| \leqslant 3^{2n}\left(\frac{\sqrt{5}-1}{2}\right)^{5n}\zeta(2) < \left(\frac{5}{6}\right)^n.$$

由此可得 ζ(2)的无理性.

注 3.3.2　因为当 $0 \leqslant x, y, z \leqslant 1$ 时，$1 - (1 - xy)z = 1 - z + xyz \leqslant 2$，所以

$$\frac{1}{2} \int_0^1 \int_0^1 \int_0^1 \frac{x^n(1-x)^n y^n(1-y)^n z^n(1-z)^n}{(1-(1-xy)z)^n} \mathrm{d}x \mathrm{d}y \mathrm{d}z$$

$$\leqslant \int_0^1 \int_0^1 \int_0^1 \frac{x^n(1-x)^n y^n(1-y)^n z^n(1-z)^n}{(1-(1-xy)z)^{n+1}} \mathrm{d}x \mathrm{d}y \mathrm{d}z$$

$$\leqslant \max_{0 \leqslant x, y, z \leqslant 1} \frac{x^n(1-x)^n y^n(1-y)^n z^n(1-z)^n}{(1-(1-xy)z)^n}$$

$$\cdot \int_0^1 \int_0^1 \int_0^1 \frac{1}{1-(1-xy)z} \mathrm{d}x \mathrm{d}y \mathrm{d}z. \tag{3.3.10}$$

注意，对于 $[0,1]^3$ 上的非负连续函数 $f(x,y,z)$，有

$$\lim_{n \to \infty} \left(\int_0^1 \int_0^1 \int_0^1 f^n(x,y,z) \mathrm{d}x \mathrm{d}y \mathrm{d}z \right)^{1/n} = \max_{0 \leqslant x, y, z \leqslant 1} f(x,y,z)$$

（见[18]引理 6.1），因此，从引理 3.8 和 3.9 以及式(3.3.10)推出

$$\lim_{n \to \infty} |a_n \zeta(3) - b_n|^{1/n} = (1 - \sqrt{2})^4,$$

其中 $a_n = A_n d_n^{-3}, b_n = -B_n d_n^{-3}$. 类似可以得到

$$\lim_{n \to \infty} |a_n' \zeta(2) - b_n'|^{1/n} = \left(\frac{\sqrt{5} - 1}{2} \right)^5,$$

其中 $a_n' = A_n' d_n^{-2}, b_n' = -B_n' d_n^{-2}$（以上结果还可参见注 3.2.7）.

注 3.3.3　本节所述方法的关键是通过引理 3.6 中那种类型的积分建立 ζ(3)的形如式(3.3.8)的有理逼近，但对于 ζ(5)等，我们得不到足够精密的有理逼近，所以方法失效. 对此可参见文献[3]594 及[141]等.

3.4　Nesterenko 线性无关性判别法则

我们首先回顾线性代数中的一些概念和结果. 设 E 是 $\mathbb{R}$ 上的 m 维线性空间，定义 E 中任意两个向量 $\boldsymbol{x} = (x_1, \cdots, x_m)$ 和 $\boldsymbol{y} = (y_1, \cdots, y_m)$ 的内积为 $(\boldsymbol{x}, \boldsymbol{y}) = x_1 y_1 + \cdots + x_m y_m$，以及 $\boldsymbol{x}$ 的模 $\| \boldsymbol{x} \| = \sqrt{(\boldsymbol{x}, \boldsymbol{x})} = \sqrt{x_1^2 + \cdots + x_m^2}$.

设 $a_1, \cdots, a_r$ 是 E 中 r 个向量. 如果不存在不全为零的实数(或有理数) $c_1, \cdots, c_r$, 使线性组合 $c_1 a_1 + \cdots + c_r a_r = \mathbf{0}$(此处 $\mathbf{0} = (0, \cdots, 0)$ 表示零向量),那么称 $a_1, \cdots, a_r$ 在 $\mathbb{R}$(或 $\mathbb{Q}$)上线性无关;不然,称它们在 $\mathbb{R}$(或 $\mathbb{Q}$)上线性相关. $a_1, \cdots, a_r$ 在 $\mathbb{R}$ 上线性无关的充要条件是

$$\Delta_r = |\det((a_i, a_j))| > 0.$$

记

$$V(a_1, \cdots, a_r) = \sqrt{\Delta_r}, \qquad (3.4.1)$$

它的几何意义是 $a_1, \cdots, a_r$ 所张成的平行体的体积.

对于 E 的任何两个线性子空间 L_1 和 L_2,它们的维数满足不等式

$$\dim(L_1 \bigcap L_2) \geqslant \dim L_1 + \dim L_2 - m \qquad (3.4.2)$$

(这个结果易由[8][52]定理 1 推出).

设 $L \subseteq E$ 是 E 的线性子空间,$L^\perp$ 是它的直交补,那么每个 $a \in E$ 可以唯一地表示成 $a = a_1 + a_2$,其中 $a_1 = \mathrm{Pr}_L(a) \in L$,$a_2 = \mathrm{Pr}_{L^\perp}(a) \in L^\perp$,分别是 a 在 L 和 $L^\perp$ 上的投影,并且 $\|a\|^2 = \|a_1\|^2 + \|a_2\|^2$.特别地,$\|a_1\| \leqslant \|a\|$,$\|a_2\| \leqslant \|a\|$.我们还记

$$d(a, L) = \|\mathrm{Pr}_{L^\perp}(a)\|, \qquad (3.4.3)$$

它给出了点 a 与线性子空间 L 间的距离. 如果 $a_1, \cdots, a_r$ 是线性子空间 L 的基底,那么对于所有 $a \in E$,有

$$V(a, a_1, \cdots, a_r) = d(a, L) V(a_1, \cdots, a_r) \qquad (3.4.4)$$

(参见[4][250]).

引理 3.10 设 L_1, L_2 是 E 的两个线性子空间. 若 $L_2 \subseteq L_1, a \in E$,则

$$d(a, L_2) \geqslant d(a, L_1).$$

证 1 设 $e_1, \cdots, e_p, e_{p+1}, \cdots, e_m$ 是 E 的单位正交基底. 因为 $L_2 \subseteq L_1$,所以不妨认为其中向量组 $e_1, \cdots, e_p$ 以及 $e_1, \cdots, e_q (q \leqslant p)$ 分别形成 L_1 和 L_2 的基底,那么由式(3.4.3)知,对于 $a = \sum_{i=1}^{m} a_i e_i \ (a_i = (a, e_i))$,有

$$d(a, L_2) = \sqrt{a_{q+1}^2 + \cdots + a_m^2} \geqslant \sqrt{a_{p+1}^2 + \cdots + a_m^2} = d(a, L_1),$$

于是引理得证. □

证 2 保持 e_j 的意义如上. 因为

$$V(a, e_1, \cdots, e_p) \leqslant V(a, e_1, \cdots, e_q) V(e_{q+1}, \cdots, e_p)$$

(见[4][254]式(32)),注意 $V(e_{q+1}, \cdots, e_p) = 1$,所以

$$V(a, e_1, \cdots, e_p) \leqslant V(a, e_1, \cdots, e_q).$$

而由式(3.4.4)有

$$d(a, L_1) V(e_1, \cdots, e_p) \leqslant d(a, L_2) V(e_1, \cdots, e_q),$$

于是由 $V(e_1, \cdots, e_p) = V(e_1, \cdots, e_q) = 1$ 得到结论. □

如果 L 由齐次线性方程组 $l_j(x) = 0 \ (j = 1, \cdots, s)$ 定义,其中

$$l_j(x) = \sum_{k=1}^{m} c_{jk} x_k = (c_j, x),$$

而 $c_j = (c_{j1}, \cdots, c_{jm}) \ (c_{jk} \in \mathbb{Q})$,那么 L 是 E 的线性子空间,称为有理子空间. 设其维数 $\dim L = m - r$,那么所有在 L 上值为零的有理系数线性型的集合 $\mathscr{L} = \mathscr{L}(L)$ 形成一个 $\mathbb{Q}$ 上的 r 维线性空间,而其中所有整系数线性型则形成 $\mathscr{L}$ 中的一个格 $\Lambda(L)$,即 $\mathscr{L}$ 中任何两个整系数线性型的整系数线性组合仍然是 $\mathscr{L}$ 中的整系数线性型. 我们用 $V(L)$ 表示这个格的基本平行体的体积,这就是说,若 $(c_j^*, x) \ (j = 1, \cdots, r)$ 是格 $\Lambda(L)$ 的基底,则

$$V(L) = V(c_1^*, \cdots, c_r^*). \tag{3.4.5}$$

显然,这是一个整数,所以 $V(L) \geqslant 1$.

引理 3.11 设整系数线性型 $l(x) = (c, x)$,其中 $\gcd(c_1, \cdots, c_m) = 1$. 用 L_1 表示 E 的由方程 $l(x) = 0$ 定义的超平面(即维数为 $m - 1$ 的有理子空间),那么格 $\Lambda(L_1)$ 的基本平行体的体积

$$V(L_1) = \| c \|, \tag{3.4.6}$$

并且对任何 $a \in E$,有

$$d(a, L_1) = \frac{| l(a) |}{V(L_1)}. \tag{3.4.7}$$

证 首先,因为 $\dim \mathscr{L}(L) = 1$,所以由假设条件知,$l(x) = (c, x)$ 构成格 $\Lambda(L_1)$ 的基底,从而由式(3.4.5)得到式(3.4.6).

其次,因为 $\dim L_1^{\perp} = 1, l(c) = (c, c) \neq 0$,所以 $c \notin L_1$,从而 $e = c / \| c \|$ 构成子空间 $L_1^{\perp}$ 的基底,因而 $\mathrm{Pr}_{L_1^{\perp}}(a) = (a, e)e$. 由此可得

$$d(a, L_1) = \| (a, e)e \| = | (a, e) |$$

$$= \left| \left(a, \frac{c}{\| c \|} \right) \right| = \frac{| (c, a) |}{\| c \|} = \frac{| l(a) |}{\| c \|},$$

于是式(3.4.7)得证. □

引理 3.12 设 L 和 L_1 是 E 的两个有理子空间,$\dim L_1 = m - 1, L \nsubseteq L_1$,那么:

(a) $V(L \bigcap L_1) \leqslant V(L)V(L_1)$;

(b) 对任何 $a \in E$,有

$$V(L \bigcap L_1)d(a, L \bigcap L_1) \leqslant V(L)V(L_1)(d(a, L) + d(a, L_1)).$$

$$(3.4.8)$$

证 (a) 设$(c_1, x), \cdots, (c_r, x)$及$(b, x)$分别是格$\Lambda$和$\Lambda(L_1)$的基底,又不妨设 $c_j(j = 1, \cdots, r)$及b的坐标的最大公约数都为1,那么由式(3.4.5)和(3.4.6)得

$$V(L) = V(c_1, \cdots, c_r), \quad V(L_1) = V(b) = \|b\|. \quad (3.4.9)$$

注意,因为 $\dim L = m - r$,$c_j \notin L$,所以 $c_1, \cdots, c_r$ 构成$L^\perp$的基底.若将$c_1, \cdots, c_r$张成的线性空间记为L',则$L' = L^\perp$,因而$L'^\perp = L$.我们记$M = L \bigcap L_1$,那么格$\Lambda(M)$的基底是$(c_j, x)(j = 1, \cdots, r)$且是$(b, x)$的子集,因而由定义式(3.4.1),以及式(3.4.3)和(3.4.4)推出

$$V(M) \leqslant V(b, c_1, \cdots, c_r) = \|\mathrm{Pr}_L(b)\|V(c_1, \cdots, c_r)$$
$$\leqslant \|b\|V(c_1, \cdots, c_r).$$

于是由式(3.4.9)即得结论.

(b) 首先,因为在(a)中已证得 $V(M) \leqslant \|\mathrm{Pr}_L(b)\|V(c_1, \cdots, c_r) = \|\mathrm{Pr}_L(b)\|V(L)$,所以,若能证明

$$\|\mathrm{Pr}_L(b)\|V(L)d(a, M) \leqslant V(L)V(L_1)(d(a, L) + d(a, L_1)),$$

即可得到式(3.4.8).注意 $V(L_1) = \|b\|$,我们只需证明

$$\|\mathrm{Pr}_L(b)\|d(a, M) \leqslant \|b\|(d(a, L) + d(a, L_1)). \quad (3.4.10)$$

其次,记 $\tau = \mathrm{Pr}_{M^\perp}(a)$,则 $\tau \in M^\perp$,$a - \tau = \mathrm{Pr}_M(a) \in M = L \bigcap L_1$,于是$\mathrm{Pr}_{M^\perp}(a - \tau) = 0$,$\mathrm{Pr}_{M^\perp}(a) = \mathrm{Pr}_{M^\perp}(\tau)$,因而

$$d(a, M) = \|\mathrm{Pr}_{M^\perp}(a)\| = \|\mathrm{Pr}_{M^\perp}(\tau)\| = d(\tau, M).$$

类似地,由 $a - \tau \in M = L \bigcap L_1$ 知,$a - \tau \in L$ 及 $a - \tau \in L_1$,从而推出$\mathrm{Pr}_{L^\perp}(a - \tau) = 0$ 及 $\mathrm{Pr}_{L_1^\perp}(a - \tau) = 0$,所以

$$d(a, L) = d(\tau, L), \quad d(a, L_1) = d(\tau, L_1).$$

因此,式(3.4.10)可等价地换为

$$\|\mathrm{Pr}_L(b)\|d(\tau, M) \leqslant \|b\|(d(\tau, L) + d(\tau, L_1)).$$

换言之,我们可以在 $a \in M^\perp$ 的假设下证明式(3.4.10).

还有,对于任何子空间 S,有

$$d\left(\frac{a}{\|a\|}, S\right) = \frac{1}{\|a\|} d(a, S),$$

以及

$$\left\| \mathrm{Pr}_L\left(\frac{b}{\|b\|}\right) \right\| = \frac{\|\mathrm{Pr}_L(b)\|}{\|b\|},$$

因此,若用 $\|a\| \|b\|$ 除式(3.4.10)的两边,即可认为 a 和 b 都是单位向量.又因 $a \in M^\perp$,可知此时 $d(a, M) = \|a\| = 1$.

综上所述,我们需证明:若 a 和 b 是单位向量,且 $a \in M^\perp$,则

$$\|\mathrm{Pr}_L(b)\| \leqslant \|\mathrm{Pr}_{L^\perp}(a)\| + \|\mathrm{Pr}_{L_1^\perp}(a)\|. \qquad (3.4.11)$$

式(3.4.11)的证明分下列三步进行:

1° 注意 $L \subsetneqq L_1$,$M = L \bigcap L_1$,由式(3.4.2)得

$$\dim(L \bigcap M^\perp) \geqslant \dim L + \dim M^\perp - m$$
$$= \dim L - (m - \dim M^\perp)$$
$$= \dim L - \dim M \geqslant 1,$$

同时还有

$$0 = \dim(L \bigcap L_1 \bigcap M^\perp)$$
$$\geqslant \dim L_1 + \dim(L \bigcap M^\perp) - m$$
$$= \dim(L \bigcap M^\perp) - (m - \dim L_1)$$
$$= \dim(L \bigcap M^\perp) - (m - (m-1))$$
$$= \dim(L \bigcap M^\perp) - 1.$$

于是得到

$$\dim(L \bigcap M^\perp) = 1. \qquad (3.4.12)$$

2° 注意 $L \supseteq M$ 蕴涵 $L^\perp \subseteq M^\perp$,因而,由 $a \in M^\perp$ 可得到 $\mathrm{Pr}_{L^\perp}(a) \in L^\perp \subseteq M^\perp$,从而有 $\mathrm{Pr}_L(a) = a - \mathrm{Pr}_{L^\perp}(a) \in M^\perp$;同时,显然 $\mathrm{Pr}_L(a) \in L$,于是

$$\mathrm{Pr}_L(a) \in L \bigcap M^\perp.$$

又由于 (b, x) 是 $\Lambda(L_1)$ 的基底,所以可推出 $b \in L_1^\perp \subseteq M^\perp$,因而类似得到

$$\mathrm{Pr}_L(b) \in L \bigcap M^\perp.$$

但由式(3.4.12),以及 $\mathrm{Pr}_L(a)$ 与 $\mathrm{Pr}_L(b)$ 互相平行,可得

$$\|\mathrm{Pr}_L(a)\| \|\mathrm{Pr}_L(b)\| = |(\mathrm{Pr}_L(a), \mathrm{Pr}_L(b)|.$$

注意 $(\mathrm{Pr}_L(a), \mathrm{Pr}_{L^\perp}(b)) = 0$,$b = \mathrm{Pr}_L(b) + \mathrm{Pr}_{L^\perp}(b)$,所以上式的右边等于

$$|(\mathrm{Pr}_L(a), b)| = |(a - \mathrm{Pr}_{L^\perp}(a), b)| = |(a, b) - (\mathrm{Pr}_{L^\perp}(a), b)|$$

$$\leqslant |(\boldsymbol{a},\boldsymbol{b})| + |(\mathrm{Pr}_{L^{\perp}}(\boldsymbol{a}),\boldsymbol{b})|.$$

于是我们得到

$$\|\mathrm{Pr}_L(\boldsymbol{a})\| \ \|\mathrm{Pr}_L(\boldsymbol{b})\| \leqslant |(\boldsymbol{a},\boldsymbol{b})| + |(\mathrm{Pr}_{L^{\perp}}(\boldsymbol{a}),\boldsymbol{b})|. \quad (3.4.13)$$

类似地,注意 $(\mathrm{Pr}_L(\boldsymbol{b}),\mathrm{Pr}_{L^{\perp}}(\boldsymbol{a})) = 0$, $\boldsymbol{b} = \mathrm{Pr}_L(\boldsymbol{b}) + \mathrm{Pr}_{L^{\perp}}(\boldsymbol{b})$,则可得

$$|(\mathrm{Pr}_{L^{\perp}}(\boldsymbol{a}),\boldsymbol{b})| = |(\mathrm{Pr}_{L^{\perp}}(\boldsymbol{a}),\mathrm{Pr}_{L^{\perp}}(\boldsymbol{b}))|$$
$$\leqslant \|\mathrm{Pr}_{L^{\perp}}(\boldsymbol{a})\| \ \|\mathrm{Pr}_{L^{\perp}}(\boldsymbol{b})\|. \quad (3.4.14)$$

此外,因为 $\dim L_1 = m - 1$,所以 $\dim L_1^{\perp} = 1$,而 $\boldsymbol{b}$ 是单位向量,从而 $\mathrm{Pr}_{L_1^{\perp}}(\boldsymbol{a}) = (\boldsymbol{a},\boldsymbol{b})\boldsymbol{b}$,于是还有

$$|(\boldsymbol{a},\boldsymbol{b})| = \|\mathrm{Pr}_{L_1^{\perp}}(\boldsymbol{a})\|. \quad (3.4.15)$$

3° 现在,由 $1 = \|\boldsymbol{a}\|^2 = \|\mathrm{Pr}_L(\boldsymbol{a})\|^2 + \|\mathrm{Pr}_{L^{\perp}}(\boldsymbol{a})\|^2$ 可得

$$\|\mathrm{Pr}_L(\boldsymbol{b})\|^2 = (\|\mathrm{Pr}_L(\boldsymbol{a})\| \ \|\mathrm{Pr}_L(\boldsymbol{b})\|)^2 + (\|\mathrm{Pr}_{L^{\perp}}(\boldsymbol{a})\| \ \|\mathrm{Pr}_L(\boldsymbol{b})\|)^2. \quad (3.4.16)$$

但由式(3.4.13)~(3.4.15)有

$$\|\mathrm{Pr}_L(\boldsymbol{a})\| \ \|\mathrm{Pr}_L(\boldsymbol{b})\| \leqslant \|\mathrm{Pr}_{L_1^{\perp}}(\boldsymbol{a})\| + \|\mathrm{Pr}_{L^{\perp}}(\boldsymbol{a})\| \ \|\mathrm{Pr}_{L^{\perp}}(\boldsymbol{b})\|.$$

因此根据式(3.4.16),得到

$$\|\mathrm{Pr}_L(\boldsymbol{b})\|^2 \leqslant \|\mathrm{Pr}_{L_1^{\perp}}(\boldsymbol{a})\|^2 + 2\|\mathrm{Pr}_{L_1^{\perp}}(\boldsymbol{a})\| \ \|\mathrm{Pr}_{L^{\perp}}(\boldsymbol{a})\| \ \|\mathrm{Pr}_{L^{\perp}}(\boldsymbol{b})\|$$
$$+ \|\mathrm{Pr}_{L^{\perp}}(\boldsymbol{a})\|^2 \|\mathrm{Pr}_{L^{\perp}}(\boldsymbol{b})\|^2 + \|\mathrm{Pr}_{L^{\perp}}(\boldsymbol{a})\|^2 \|\mathrm{Pr}_L(\boldsymbol{b})\|^2$$
$$= \|\mathrm{Pr}_{L_1^{\perp}}(\boldsymbol{a})\|^2 + 2\|\mathrm{Pr}_{L_1^{\perp}}(\boldsymbol{a})\| \ \|\mathrm{Pr}_{L^{\perp}}(\boldsymbol{a})\| \ \|\mathrm{Pr}_{L^{\perp}}(\boldsymbol{b})\|$$
$$+ \|\mathrm{Pr}_{L^{\perp}}(\boldsymbol{a})\|^2 (\|\mathrm{Pr}_{L^{\perp}}(\boldsymbol{b})\|^2 + \|\mathrm{Pr}_L(\boldsymbol{b})\|^2),$$

注意 $\|\mathrm{Pr}_{L^{\perp}}(\boldsymbol{b})\|^2 + \|\mathrm{Pr}_L(\boldsymbol{b})\|^2 = \|\boldsymbol{b}\|^2 = 1$, $\|\mathrm{Pr}_{L^{\perp}}(\boldsymbol{b})\| < \|\boldsymbol{b}\| = 1$,因此上式最后一个表达式不超过

$$\|\mathrm{Pr}_{L_1^{\perp}}(\boldsymbol{a})\|^2 + 2\|\mathrm{Pr}_{L_1^{\perp}}(\boldsymbol{a})\| \ \|\mathrm{Pr}_{L^{\perp}}(\boldsymbol{a})\| + \|\mathrm{Pr}_{L^{\perp}}(\boldsymbol{a})\|^2$$
$$= (\|\mathrm{Pr}_{L_1^{\perp}}(\boldsymbol{a})\| + \|\mathrm{Pr}_{L^{\perp}}(\boldsymbol{a})\|)^2.$$

于是最终得到

$$\|\mathrm{Pr}_L(\boldsymbol{b})\|^2 \leqslant (\|\mathrm{Pr}_{L_1^{\perp}}(\boldsymbol{a})\| + \|\mathrm{Pr}_{L^{\perp}}(\boldsymbol{a})\|)^2.$$

从而式(3.4.11)得证,即结论(b)成立. □

现在来叙述并证明 Yu. V. Nesterenko[185] 的线性无关性判别法则. 在下文中,对于整系数线性型

$$l(\boldsymbol{x}) = (\boldsymbol{c},\boldsymbol{x}) = c_1 x_1 + \cdots + c_m x_m,$$

我们总是假设其系数的最大公约数为1,并记 $\|l\| = \|\boldsymbol{c}\|$,称它为线性型

$l(x)$ 的模(参见式(3.4.6)).

定理 3.2　设 δ,τ_1,τ_2 及 n_0,c_1,c_2 是一些正数,且满足 $0\leqslant\tau_1-\tau_2<\delta$.还设函数 $\sigma(t)$ 当 $t\geqslant n_0$ 时单调递增,且满足

$$\lim_{t\to+\infty}\sigma(t)=+\infty,\tag{3.4.17}$$

$$\varlimsup_{t\to+\infty}\frac{\sigma(t+1)}{\sigma(t)}=1.\tag{3.4.18}$$

如果 $\boldsymbol{\theta}=(\theta_1,\cdots,\theta_m)\in\mathbb{R}^m,\boldsymbol{\theta}\neq\boldsymbol{0}$,并且对于每个正整数 $n\geqslant n_0$,存在整系数线性型 $l_n(\boldsymbol{x})$,满足条件

$$\log\|l_n\|\leqslant\sigma(n),\tag{3.4.19}$$

$$c_1\exp(-\tau_1\sigma(n))\leqslant|l_n(\boldsymbol{\theta})|\leqslant c_2\exp(-\tau_2\sigma(n)),\tag{3.4.20}$$

那么:

(a) 对于任何整数 $r\ (0\leqslant r<(1+\tau_1)/(1+\delta))$,存在常数 $\gamma=\gamma(r)>0$,使得对 $\mathbb{R}^m$ 的每个 r 维有理子空间 L,有

$$d(\boldsymbol{\theta},L)\geqslant\gamma V(L)^{-(1+\tau_1)/(1+\tau_1-r(1+\delta))};\tag{3.4.21}$$

(b) 数 $\theta_1,\cdots,\theta_m$ 中至少有 $(1+\tau_1)/(1+\tau_1-\tau_2)$ 个在 $\mathbb{Q}$ 上线性无关,特别地,若

$$\tau_2>\frac{m-2}{m-1}(1+\tau_1),$$

则数 $\theta_1,\cdots,\theta_m$ 在 $\mathbb{Q}$ 上线性无关.

证　(a) 对 r 用归纳法.当 $r=0$ 时,存在唯一的 0 维有理子空间 $L=\{\boldsymbol{0}\}\subset\mathbb{R}^m$,于是 $\dim\mathscr{L}(L)=m$.由于格 $\Lambda(L)$ 的基底是线性型 $(e_j,\boldsymbol{x})$ (e_j 是单位向量),所以 $V(L)=1$,且

$$d(\boldsymbol{\theta},L)=\|\mathrm{Pr}_{L^\perp}(\boldsymbol{\theta})\|=\|\mathrm{Pr}_{\mathbb{R}^m}(\boldsymbol{\theta})\|=\|\boldsymbol{\theta}\|.$$

因此,取 $\gamma(0)=\|\boldsymbol{\theta}\|$,即可使式(3.4.21)成立.

设整数 r 满足 $1\leqslant r<(1+\tau_1)/(1+\delta)$,并且对 $\mathbb{R}^m$ 的所有 $r-1$ 维有理子空间,不等式(3.4.21)均成立,我们证明它对任何 r 维有理子空间也成立.这个证明按下列三步进行:

1° 取 $\varepsilon>0$ 充分小,那么存在 $n_1=n_1(\varepsilon)$(可认为 $n_1>n_0$),使得当 $t\geqslant n_1$ 时

$$\sigma(t+1)\leqslant(1+\varepsilon)\sigma(t).\tag{3.4.22}$$

对于每个正整数 $k\leqslant r$,记

$$\lambda_k = \frac{1 + \tau_1}{1 + \tau_1 - k(1 + \delta)},$$

那么 $\lambda_k > 0 (1 \leqslant k \leqslant r)$；还逐次定义正参数 $\mu, \gamma(r)$ 如下：

$$\mu e^{\tau_1 \sigma(n_1)} \| l_{n_1} \| < 1, \tag{3.4.23}$$

$$2c_2 \mu^{\lambda_{r-1}/\lambda_r} < \gamma(r-1), \quad \gamma(r) < c_1 \mu. \tag{3.4.24}$$

2° 设 $L \subset \mathbb{R}^m$ 是 r 维有理子空间，则有

$$d(\boldsymbol{\theta}, L) < \gamma(r) V(L)^{-\lambda_r}. \tag{3.4.25}$$

令 N 是满足不等式

$$V(L)^{\lambda_r} \geqslant \mu e^{\tau_1 \sigma(n)} \| l_n \| \tag{3.4.26}$$

的正整数 n 的最大值. 由式 (3.4.23) 及 $V(L) \geqslant 1$，可知 n_1 满足上式，而且依 $\sigma(t)$ 的性质，满足不等式 (3.4.26) 的整数 n 的个数有限，因此整数 N 确实存在，并且 $N \geqslant n_1$.

用 L_1 表示由 $l_N(\boldsymbol{x}) = 0$ 定义的线性子空间，那么由式 (3.4.7) 和 (3.4.20) 得

$$d(\boldsymbol{\theta}, L_1) = \frac{| l_N(\boldsymbol{\theta}) |}{\| l_N \|} \geqslant c_1 e^{-\tau_1 \sigma(N)} \| l_N \|^{-1};$$

而由 N 的定义知，当 $n = N$ 时不等式 (3.4.26) 成立，并注意式 (3.4.24)，可见上式右边大于或等于

$$c_1 \mu V(L)^{-\lambda_r} > \gamma(r) V(L)^{-\lambda_r};$$

再由式 (3.4.25) 推出上式右边大于 $d(\boldsymbol{\theta}, L)$. 于是得到

$$d(\boldsymbol{\theta}, L_1) > d(\boldsymbol{\theta}, L). \tag{3.4.27}$$

由此并依引理 3.10 得 $L \nsubseteq L_1$.

记 $M = L \cap L_1$，那么由式 (3.4.2) 可知，$\dim M \geqslant \dim L + \dim L_1 - m = r + (m-1) - m = r - 1$；另外，因为 $M \subset L, L \nsubseteq L_1$，所以 $\dim M < \dim L = r$. 于是 $\dim M = r - 1$.

3° 将归纳假设应用于子空间 M，可得

$$\gamma(r-1) \leqslant d(\boldsymbol{\theta}, M) V(M)^{\lambda_{r-1}}. \tag{3.4.28}$$

由引理 3.12(a) 有

$$V(M) \leqslant V(L) \| l_N \|;$$

由引理 3.12(b)，并注意式 (3.4.7) 和 (3.4.27)，还有

$$d(\boldsymbol{\theta}, M) \leqslant V(M)^{-1} \cdot V(L) V(L_1) \cdot 2d(\boldsymbol{\theta}, L_1)$$

$$= 2V(L) \mid l_N(\boldsymbol{\theta}) \mid V(M)^{-1}.$$

于是由式(3.4.28)推出

$$\gamma(r-1) \leqslant (2V(L) \mid l_N(\boldsymbol{\theta}) \mid V(M)^{-1}) V(M)^{\lambda_{r-1}}$$

$$= 2V(L) V(M)^{\lambda_{r-1}-1} \mid l_N(\boldsymbol{\theta}) \mid$$

$$\leqslant 2V(L) (V(L) \parallel l_N \parallel)^{\lambda_{r-1}-1} \mid l_N(\boldsymbol{\theta}) \mid$$

$$= 2V(L)^{\lambda_{r-1}} \parallel l_N \parallel^{\lambda_{r-1}-1} \mid l_N(\boldsymbol{\theta}) \mid . \qquad (3.4.29)$$

由 N 的定义可知 $N+1$ 不满足式(3.4.26).应用式(3.4.19)和(3.4.22),我们有

$$V(L)^{\lambda_r} < \mu e^{\tau_1 \sigma(N+1)} \parallel l_{N+1} \parallel \leqslant \mu e^{(1+\tau_1)\sigma(N+1)} \leqslant \mu e^{(1+\tau_1)(1+\varepsilon)\sigma(N)},$$

从而

$$V(L)^{\lambda_{r-1}} \leqslant \mu^{\lambda_{r-1}/\lambda_r} e^{(1+\tau_1)(1+\varepsilon)\sigma(N)\lambda_{r-1}/\lambda_r}.$$

另外,由式(3.4.19)和(3.4.20)还可知

$$\parallel l_N \parallel^{\lambda_{r-1}-1} \leqslant e^{(\lambda_{r-1}-1)\sigma(N)}, \qquad \mid l_N(\boldsymbol{\theta}) \mid \leqslant c_2 e^{-\tau_2 \sigma(N)}.$$

于是,由式(3.4.29)及上述诸式推出

$$\gamma(r-1) \leqslant 2c_2 \mu^{\lambda_{r-1}/\lambda_r}$$

$$\cdot \exp\left(\left(\frac{1+\tau_1}{\lambda_r}(1+\varepsilon) + 1 - \frac{1+\tau_2}{\lambda_{r-1}} \right) \lambda_{r-1} \sigma(N) \right). \quad (3.4.30)$$

注意,当 $\varepsilon \to 0$ 时

$$\frac{1+\tau_1}{\lambda_r}(1+\varepsilon) + 1 - \frac{1+\tau_2}{\lambda_{r-1}}$$

单调下降并趋于

$$\frac{1+\tau_1}{\lambda_r} + 1 - \frac{1+\tau_2}{\lambda_{r-1}}$$

$$= 1 + \tau_1 - r(1+\delta) + 1 - \frac{1+\tau_2}{1+\tau_1}(1+\tau_1 - (r-1)(1+\delta))$$

$$= 1 + \tau_1 + 1 - (1+\tau_2) - (1+\delta)\frac{1+\tau_2+(\tau_1-\tau_2)r}{1+\tau_1}$$

$$= (\tau_1 - \tau_2 + 1) - (1+\delta)\frac{1+\tau_2+(\tau_1-\tau_2)r}{1+\tau_1}.$$

因为 $r \geqslant 1$,所以 $(1+\tau_2+(\tau_1-\tau_2)r)/(1+\tau_1) \geqslant 1$,因而上面最后一式小于或等于

$$(\tau_1 - \tau_2 + 1) - (1+\delta) = -(\delta - (\tau_1 - \tau_2)) < 0.$$

于是,当 $\varepsilon > 0$ 足够小时,由式(3.4.30)得

$$\gamma(r - 1) \leqslant 2c_2 \mu^{\lambda_{r-1}/\lambda_r}.$$

这与式(3.4.24)矛盾.因此结论(a)得证.

(b) 设 r_0 是 $\{\theta_1, \cdots, \theta_m\}$ 中在 $\mathbb{Q}$ 上线性无关的数的最大个数,那么它们之间存在 $m - r_0$ 个线性关系,于是有 $m - r_0$ 个在 $\mathbb{Q}$ 上线性无关的整系数线性型 $M_j(\boldsymbol{x})$,使得

$$M_j(\boldsymbol{\theta}) = 0 \quad (j = 1, \cdots, m - r_0).$$

用 L 表示由 $M_j(\boldsymbol{x}) = 0 (j = 1, \cdots, m - r_0)$ 定义的有理子空间,那么 $\dim L = r_0, \boldsymbol{\theta} \in L$,从而 $d(\boldsymbol{\theta}, L) = 0$.如果 $r_0 < (1 + \tau_1)/(1 + \delta)$,那么依结论(a),将有 $d(\boldsymbol{\theta}, L) > 0$,得到矛盾.于是

$$r_0 \geqslant \frac{1 + \tau_1}{1 + \delta}.$$

注意结论(a)对于任何大于 $\tau_1 - \tau_2$ 的 δ 都成立,而且 r_0 是非负整数,所以

$$r_0 \geqslant \frac{1 + \tau_1}{1 + \tau_1 - \tau_2}.$$

最后,若 $\tau_2 > (m - 2)(1 + \tau_1)/(m - 1)$,则上式的右边大于 $m - 1$,从而 $r_0 = m$.于是 $\theta_1, \cdots, \theta_m$ 在 $\mathbb{Q}$ 上线性无关.定理至此证毕. $\qquad\Box$

推论 3.1 设 $N \geqslant 2, \theta_1, \cdots, \theta_N$ 以及 α, β 是给定的实数,且 $0 < \alpha < 1$, $\beta > 1$.如果存在 N 个无穷整数列 $p_{l,n}(n \geqslant 0; l = 1, \cdots, N)$,满足下列条件:

$$\lim_{n \to \infty} \left| \sum_{l=1}^{N} p_{l,n} \theta_l \right|^{1/n} = \alpha,$$

$$\varlimsup_{n \to \infty} | p_{l,n} |^{1/n} \leqslant \beta \quad (l = 1, \cdots, N),$$

那么 $\theta_1, \cdots, \theta_N$ 在 $\mathbb{Q}$ 上生成的向量空间的维数

$$d_N \geqslant \max\left\{2, 1 - \frac{\log \alpha}{\log \beta}\right\}.$$

证 在定理 3.2 中,取线性型 $l_n(\boldsymbol{x}) = \sum_{k=1}^{N} p_{k,n} x_k (n = 1, 2, \cdots)$.对于任意给定的 $\varepsilon > 0$,当 $n \geqslant n_0$ 时

$$(\alpha - \varepsilon)^n \leqslant | l_n(\boldsymbol{\theta}) | \leqslant (\alpha + \varepsilon)^n, \quad \| l_n \| \leqslant \sqrt{N}\beta^n.$$

在定理 3.2 中,取

$$\sigma(n) = n\log \beta + \log \sqrt{N}, \quad \tau_1 = -\frac{\log(\alpha - \varepsilon)}{\log \beta}, \quad \tau_2 = -\frac{\log(\alpha + \varepsilon)}{\log \beta},$$

$$c_1 = \exp\left(-\frac{\log(\alpha - \varepsilon)}{\log \beta}\log \sqrt{N}\right), \quad c_2 = \exp\left(-\frac{\log(\alpha + \varepsilon)}{\log \beta}\log \sqrt{N}\right).$$

容易验证定理 3.2 的所有条件在此都满足,于是,由定理 3.2(b)得到

$$d_N \geqslant \frac{\log \beta - \log(\alpha - \varepsilon)}{\log \beta + \log(\alpha + \varepsilon) - \log(\alpha - \varepsilon)}.$$

因为 ε 任意接近于 0,所以

$$d_N \geqslant 1 - \frac{\log \alpha}{\log \beta}.$$

又因为 $-\log \alpha / \log \beta = \log \alpha^{-1} / \log \beta > 0$,而 d_N 是一个非负整数,所以,由 $1 - \log \alpha / \log \beta > 1$ 推出 $d_N \geqslant 2$. ☐

推论 3.2   如果在推论 3.1 中,还设 $\alpha\beta < 1$,那么

$$d_N \geqslant \max\left\{3, 1 - \frac{\log \alpha}{\log \beta}\right\}.$$

证   因为此时 $\alpha^{-1} > \beta$,所以 $1 - \log \alpha / \log \beta > 1 + 1 = 2$,从而由此推出所要的结论. ☐

注 3.4.1   与定理 3.2 有关的一些近期进展,可见本章 3.6 节的 10°.

3.5 T. Rivoal 和 V. V. Zudilin 的进展

如前所述,除 ζ(3)外,ζ(m) 在奇数上的值是否为无理数,至今没有解决.1978 年以来关于 ζ 值的无理性研究的引人注目的进展,大体上是在 2000 年后主要由数论新秀 T. Rivoal(法国)和 V. V. Zudilin(俄罗斯)取得的.他们的主要结果如下:

1° 在 ζ(3),ζ(5),…,ζ(2n + 1),… 中存在无穷多个无理数.更详细地说,T. Rivoal 及 K. M. Ball[30,213] 证明了:

定理 3.3   设 $a \geqslant 3$ 是一个奇数,$d(a)$ 表示 $1, \zeta(3), \zeta(5), \cdots, \zeta(a)$ 在 $\mathbb{Q}$ 上生成的线性空间的维数,那么

$$d(a) > \frac{1}{3}\log a.$$

此外,对任意 $\varepsilon > 0$,存在 $a_0 = a_0(\varepsilon)$,使得当 $a \geqslant a_0$ 时

$$d(a) > \frac{1 - \varepsilon}{1 + \log 2}\log a.$$

V. V. Zudilin[264-265]给出了比定理 3.3 稍强些的结果,他得到了绝对估值:对于每个 $a \geqslant 3$,有

$$d(a) > 0.395\log a > \frac{2}{3} \cdot \frac{\log a}{1 + \log 2}.$$

2° K. M. Ball 和 T. Rivoal[30]证明了:

定理 3.4 存在一个奇数 j ($5 \leqslant j \leqslant 169$),使得数 $1, \zeta(3), \zeta(j)$ 在 $\mathbb{Q}$ 上线性无关.

推论 3.3 存在一个奇数 j ($5 \leqslant j \leqslant 169$),使得 $\zeta(j)$ 是无理数.

其后,C. Krattenthaler 和 T. Rivoal[151]将 j 的范围改进为 $5 \leqslant j \leqslant 165$;而 V. V. Zudilin[265]证明了:存在奇数 $j_1 \leqslant 145$ 及 $j_2 \leqslant 1\,971$,使得数 $1, \zeta(3), \zeta(j_1), \zeta(j_2)$ 在 $\mathbb{Q}$ 上线性无关;最近(2010 年),S. Fischler 和 W. Zudilin[110]将此改进为 $j_1 \leqslant 139, j_2 \leqslant 1961$,从而进一步将定理 3.4 中 j 的范围改进为 $5 \leqslant j \leqslant 139$;因而存在一个奇数 $j \in [5, 139]$,使得 $\zeta(j)$ 为无理数.

3° T. Rivoal[215]和 V. V. Zudilin[265]证明了:

定理 3.5 在 $\zeta(5), \zeta(7), \cdots, \zeta(21)$ 中至少有一个无理数.

实际上,V. V. Zudilin[265]证明了更多的结果,即下列三个数集中分别至少存在一个无理数:

$$\{\zeta(5), \zeta(7), \zeta(9), \cdots, \zeta(21)\},$$
$$\{\zeta(7), \zeta(9), \zeta(11), \cdots, \zeta(37)\},$$
$$\{\zeta(9), \zeta(11), \zeta(13), \cdots, \zeta(53)\}.$$

还证明了:对于任何奇数 $a \geqslant 1$,在数 $\zeta(a+2), \zeta(a+4), \cdots, \zeta(8a-3)$,$\zeta(8a-1)$ 中至少有一个无理数.

另外,V. V. Zudilin[262]以及 C. Krattenthaler 和 T. Rivoal[151]先后进一步给出:八个数 $\zeta(5), \zeta(7), \zeta(9), \cdots, \zeta(19)$ 中至少有一个无理数.

4° 迄今最佳的结果是 V. V. Zudilin[263,270]得到的:

定理 3.6 在数 $\zeta(5), \zeta(7), \zeta(9), \zeta(11)$ 中至少有一个无理数.

我们现在来证明定理 3.3 和 3.4.为此首先给出一些辅助结果.我们引进级数

$$S_{n,a,r}(z)$$
$$= (n!)^{a-2r} \sum_{k=0}^{\infty} \frac{k \cdots (k-rn+1)(k+n+2) \cdots (k+(r+1)n+1)}{(k+1)^a (k+2)^a \cdots (k+n+1)^a} z^{-k},$$

其中 n,r,a 是一些整数,满足条件 $1 \leqslant r < a/2, n \in \mathbb{N}$. 因此,对于所有模 $|z| \geqslant 1$ 的 $z \in \mathbb{C}$,级数 $S_{n,a,r}(z)$ 收敛. 下文中我们将它简记为

$$S_n(z) = (n!)^{a-2r} \sum_{k=0}^{\infty} \frac{(k-rn+1)_{rn}(k+n+2)_{rn}}{(k+1)_{n+1}^a} z^{-k},$$

此处 $(\alpha)_0 = 1, (\alpha)_k = \alpha(\alpha+1)\cdots(\alpha+k-1)(k=1,2,\cdots)$(称 Pochammer 积). 注意, $S_n(z)$ 是一个广义超几何函数,即

$$S_n(z) = z^{-rn-1}(n!)^{a-2r} \frac{\Gamma(rn+1)^{a+1}\Gamma((2r+1)n+2)}{\Gamma((r+1)n+2)^{a+1}}$$

$$\cdot {}_{a+2}F_{a+1}\left(\begin{matrix} rn+1,\cdots,rn+1,(2r+1)n+2 \\ (r+1)n+2,\cdots,(r+1)n+2 \end{matrix} \middle| z^{-1}\right),$$

其中 $\Gamma(z)$ 表示伽马函数. 令

$$D_\lambda = \frac{1}{\lambda!} \frac{\mathrm{d}^\lambda}{\mathrm{d}t^\lambda} \quad (\lambda \in \mathbb{N}_0),$$

以及

$$R_n(t) = (n!)^{a-2r} \frac{(t-rn+1)_{rn}(t+n+2)_{rn}}{(t+1)_{n+1}^a}.$$

于是

$$S_n(z) = \sum_{k=0}^{\infty} R_n(k) z^{-k}.$$

对于 $l \in \{1,\cdots,a\}$ 及 $j \in \{0,\cdots,n\}$,令

$$c_{l,j,n} = D_{a-l}(R_n(t)(t+j+1)^a)\big|_{t=-j-1} \in \mathbb{Q},$$

$$P_{l,n}(z) = \sum_{j=0}^{n} c_{l,j,n} z^j. \tag{3.5.1}$$

还定义

$$P_{0,n}(z) = -\sum_{l=1}^{a} \sum_{j=1}^{n} c_{l,j,n} \sum_{k=0}^{j-1} (k+1)^{-l} z^{j-k}. \tag{3.5.2}$$

注意 $P_{l,n}(z)(0 \leqslant l \leqslant a)$ 是有理系数多项式.

引理 3.13 我们有

$$S_n(1) = P_{0,n}(1) + \sum_{l=2}^{a} P_{l,n}(1)\zeta(l), \tag{3.5.3}$$

并且若 $(n+1)a+l$ 是奇数,则

$$P_{l,n}(1) = 0. \tag{3.5.4}$$

特别地,若 n 是偶数,而 $a \geqslant 3$ 是奇数,则对于所有偶数 $l \in \{2,\cdots,a\}$,有 $P_{l,n}(1)=0$;此时 $S_n(1)$ 可以唯一地表示为 ζ 函数在奇数上的值的线性

组合

$$S_n(1) = P_{0,n}(1) + \sum_{l=1}^{(a-1)/2} P_{2l+1,n}(1) \zeta(2l+1). \tag{3.5.5}$$

证 将 $R_n(t)$ 分解为部分分式

$$R_n(t) = \sum_{l=1}^{a} \sum_{j=0}^{n} \frac{c_{l,j,n}}{(t+j+1)^l}.$$

设 $|z|>1$，则

$$S_n(z) = \sum_{l=1}^{a} \sum_{j=0}^{n} c_{l,j,n} \sum_{k=0}^{\infty} \frac{1}{z^k} \frac{1}{(k+j+1)^l}$$

$$= \sum_{l=1}^{a} \sum_{j=0}^{n} c_{l,j,n} z^j \left(\sum_{k=0}^{\infty} \frac{1}{z^k} \frac{1}{(k+1)^l} - \sum_{k=0}^{j-1} \frac{1}{z^k} \frac{1}{(k+1)^l} \right)$$

$$= \sum_{l=1}^{a} \widetilde{L}_l \left(\frac{1}{z} \right) \sum_{j=0}^{n} c_{l,j,n} z^j - \sum_{l=1}^{a} \sum_{j=1}^{n} c_{l,j,n} \sum_{k=0}^{j-1} \frac{1}{(k+1)^l} z^{j-k},$$

其中 $\widetilde{L}$ 由下式定义：

$$\widetilde{L}_s(z) = \sum_{k=0}^{\infty} \frac{z^k}{(k+1)^s} \quad (s=1,2,\cdots)$$

（当 $s=1$ 时，$|z|<1$；当 $s>1$ 时，$|z|\leqslant 1$）. 通常将 $z\widetilde{L}_s(z) = L_s(z)$ 称为多对数函数. 特别地，$\widetilde{L}_l(1) = \zeta(l)$. 于是我们得到

$$S_n(z) = \sum_{l=1}^{a} P_{l,n}(z) \widetilde{L}_l \left(\frac{1}{z} \right) + P_{0,n}(z). \tag{3.5.6}$$

因为 $2r<a$，所以 $R_n(t)$ 的分母的次数 $\geqslant 2$，从而

$$P_{1,n}(1) = \sum_{j=0}^{n} \mathrm{Res}_{t=-j}(R_n(t)) = 0,$$

$$\lim_{\substack{z\to 1 \\ |z|>1}} \left(P_{1,n}(z) \widetilde{L}_1 \left(\frac{1}{z} \right) \right) = 0,$$

此处 Res 表示留数，因此由式(3.5.6)得式(3.5.3).

为证式(3.5.4)，将式(3.5.1)改写为

$$c_{l,j,n} = (-1)^{a-l} D_{a-l}(\Phi_{n,l}(x)) \big|_{x=j},$$

其中

$$\Phi_{n,l}(x) = R_n(-x-1)(j-x)^a$$

$$= (n!)^{a-2r} \frac{(-x-rn)_{rn}(-x+n+1)_{rn}}{(-x)_{n+1}^a} (j-x)^a.$$

我们有

$$\Phi_{n,n-j}(n-x) = (n!)^{a-2r} \frac{(x-(r+1)n)_m (x+1)_m}{(x-n)^a_{n+1}} (x-j)^a. \quad (3.5.7)$$

将恒等式 $(\alpha)_l = (-1)^l (-\alpha - l + 1)_l$ 应用于式(3.5.7)中的 Pochammer 积,得

$$\Phi_{n,n-j}(n-x)$$

$$= (n!)^{a-2r} \frac{(-1)^m (-x+n+1)_m (-1)^m (-x-rn)_m}{(-1)^{(n+1)a}(-x)^a_{n+1}} (-1)^a (x-j)^a$$

$$= (-1)^{na}\Phi_{n,j}(x).$$

因此,对于所有 $k \geqslant 0$,有

$$\Phi^{(k)}_{n,n-j}(n-x) = (-1)^k (-1)^{na}\Phi^{(k)}_{n,j}(x).$$

特别取 $k = a - l, x = j$,可知

$$c_{l,n-j,n} = (-1)^{a-l}(-1)^{na}c_{l,j,n}.$$

这蕴涵

$$P_{l,n}(1) = (-1)^{(n+1)a+l}P_{l,n}(1).$$

由此推出:如果 $(n+1)a + l$ 是奇数,那么 $P_{l,n}(1) = 0$. $\qquad\square$

现在定义积分

$$I_n(z) = \int_{[0,1]^{a+1}} \left[\frac{\prod\limits_{l=1}^{a+1} x_l^r (1-x_l)}{(z - x_1 x_2 \cdots x_{a+1})^{2r+1}} \right]^n \frac{\mathrm{d}x_1 \mathrm{d}x_2 \cdots \mathrm{d}x_{a+1}}{(z - x_1 x_2 \cdots x_{a+1})^2},$$

当 $z \in \mathbb{C}, |z| > 1$ 时,此积分收敛.

引理 3.14 当 $|z| \geqslant 1$ 时,级数 $S_n(z)$ 有积分表示

$$S_n(z) = \frac{((2r+1)n+1)!}{(n!)^{2r+1}} z^{(r+1)n+2} I_n(z). \quad (3.5.8)$$

证 级数 $S_n(z)$ 是一个广义超几何函数,依其参数值,当 $|z| > 1$ 时它具有积分表达式(3.5.8)(见 [232][108]). 我们仅需证明当 $|z| = 1$ 时式(3.5.8)也成立.

令 $E = \{z \mid z \in \mathbb{C}, |z| \geqslant 1\}$,并定义函数

$$F(\boldsymbol{x},z) = \begin{cases} \dfrac{\prod\limits_{l=1}^{a+1} x_l^r (1-x_l)}{(z - x_1 \cdots x_{a+1})^{2r+1}}, & \text{当}(\boldsymbol{x},z) \in [0,1]^{a+1} \times E, \\ & \text{且}(\boldsymbol{x},z) \neq (1,\cdots,1), \\ 0, & \text{当}(\boldsymbol{x},z) = (1,\cdots,1), \end{cases}$$

其中 $\boldsymbol{x} = (x_1,\cdots,x_{a+1})$. 函数 $F(\boldsymbol{x},z)$ 在 $[0,1]^{a+1} \times E$ 上连续. 事实上,易见

当 $x \in [0,1]^{a+1}$ 时,对所有 $l \in \{1, \cdots, a+1\}$,有 $1 - x_1 \cdots x_{a+1} \geq 1 - x_l$,因此

$$(1 - x_1 \cdots x_{a+1})^{a+1} \geq \prod_{l=1}^{a+1} (1 - x_l).$$

于是,若 $(\boldsymbol{x}, z) \in [0,1]^{a+1} \times E$ 且 $(\boldsymbol{x}, z) \neq (1, \cdots, 1)$,则 $|z - x_1 \cdots x_{a+1}| \geq |z| - x_1 \cdots x_{a+1} \geq 1 - x_1 \cdots x_{a+1} > 0$,从而

$$| F(\boldsymbol{x}, z) | \leq F(\boldsymbol{x}, 1) \leq \prod_{l=1}^{a+1} (x_l^r (1 - x_l)^{(a-2r)/(a+1)}).$$

注意 $a > 2r$,由此可推出函数 $F(\boldsymbol{x}, z)$ 在 $[0,1]^{a+1} \times E$ 上连续.

定义 $G(\boldsymbol{x}, z) = (z - x_1 \cdots x_{a+1})^{-2}$ 及 $u(\boldsymbol{x}, z) = F(\boldsymbol{x}, z)^n G(\boldsymbol{x}, z)$(这是 $I_n(z)$ 的被积函数),并将式(3.5.8)的右边记为 $\tilde{S}_n(z)$,那么 $G(\boldsymbol{x}, z)$ 在 $[0,1]^{a+1}$ 上可积;对所有 $z \in E$,有 $|u(\boldsymbol{x}, z)| \leq u(\boldsymbol{x}, 1)$,而 $u(\boldsymbol{x}, 1) = F(\boldsymbol{x}, 1)^n G(\boldsymbol{x}, 1)$ 在 $[0,1]^{a+1}$ 上可积;还有,对所有 $\boldsymbol{x} \in [0,1]^{a+1}$ 且 $\boldsymbol{x} \neq (1, \cdots, 1)$,函数 $u(\boldsymbol{x}, z)$ 在 E 上连续.依据这些事实可推出 $\tilde{S}_n(z)$ 在 E 上连续.另外,由定义可知函数 $S_n(z)$ 在 E 上也连续.由上面所证,当 $|z| > 1$ 时 $S_n(z) = \tilde{S}_n(z)$.综上,当 $|z| = 1$ 时此等式也成立. $\qquad \square$

现在考虑多项式

$$Q_{r,a}(s) = rs^{a+2} - (r+1)s^{a+1} + (r+1)s - r.$$

注意,当 $s \in [0, r/(r+1)]$ 时

$$Q_{r,a}(s) = s^{a+1}(rs - r - 1) + ((r+1)s - r) < 0,$$

还有

$$Q'_{r,a}(s) = r(a+2)s^{a+1} - (r+1)(a+1)s^a + r + 1,$$

$$Q''_{r,a}(s) = (a+1)s^{a-1}(r(a+2)s - (r+1)a),$$

因此 $Q'_{r,a}(0) = r + 1 > 0, Q'_{r,a}(1) = 2r - a < 0, Q''_{r,a}(s) < 0$(当 $s \in [0,1]$).由此推出 $Q_{r,a}$ 在 $[0,1)$ 中有一个单根 s_0,且 $s_0 \in (r/(r+1), 1)$.

引理 3.15 我们有

$$\lim_{n \to \infty} | S_n(1) |^{1/n} = \varphi_{r,a}, \tag{3.5.9}$$

其中

$$\varphi_{r,a} = ((r+1)s_0 - r)^r (r + 1 - rs_0)^{r+1} (1 - s_0)^{a-2r}.$$

此外,还有估值

$$0 < \varphi_{r,a} \leq \frac{2^{r+1}}{r^{a-2r}}. \tag{3.5.10}$$

证 1 由 Stirling 公式

$$n! = \sqrt{2\pi}\, n^{n+1/2} \exp\Big(-n + \frac{\varepsilon_n}{12n}\Big) \quad (0 < \varepsilon_n < 1),$$

可算出

$$\lim_{n \to \infty}\Big(\frac{((2r+1)n+1)!}{(n!)^{2r+1}}\Big)^{1/n} = (2r+1)^{2r+1};$$

还要注意:若函数 $g(\boldsymbol{x})$ 在积分区域 D 上非负,则

$$\lim_{n \to \infty}\Big(\int_D g^n(\boldsymbol{x})\mathrm{d}\boldsymbol{x}\Big)^{1/n} = \max_{\boldsymbol{x} \in D} g(\boldsymbol{x}).$$

于是由积分表达式(3.5.8)知,$\lim\limits_{n \to \infty}|S_n(1)|^{1/n}$ 存在,且其值

$$\varphi_{r,a} = (2r+1)^{2r+1} \max_{\boldsymbol{x} \in [0,1]^{a+1}} F(\boldsymbol{x}),$$

其中 $F(\boldsymbol{x})$ 在单位正方体边界上等于 0,在内部为

$$F(\boldsymbol{x}) = F(x_1, \cdots, x_{a+1}) = \frac{\prod\limits_{l=1}^{a+1} x_l^r(1 - x_l)}{(1 - x_1 \cdots x_{a+1})^{2r+1}}.$$

为计算 $\max\limits_{\boldsymbol{x} \in [0,1]^{a+1}} F(\boldsymbol{x})$,令 $f(\boldsymbol{x}) = \log F(\boldsymbol{x})$. 由

$$\frac{\partial f}{\partial x_l}(\boldsymbol{x}) = \frac{1}{x_l}\Big(r - \frac{x_l}{1 - x_l} + (2r+1)\frac{x_1 \cdots x_{a+1}}{1 - x_1 \cdots x_{a+1}}\Big) = 0$$

$$(l = 1, \cdots, a+1),$$

可知 F 的最大值在正方体 $[0,1]^{a+1}$ 的对角线 $x_1 = \cdots = x_{a+1}$ 上达到,因此

$$\varphi_{r,a} = (2r+1)^{2r+1} \max_{s \in [0,1]} \frac{s^{r(a+1)}(1-s)^{a+1}}{(1 - s^{a+1})^{2r+1}}.$$

容易验证上式中的最大值当 $s = s_0$ 时达到,此处 s_0(如前文)是多项式 $Q_{r,a}(s)$ 在 $(0,1)$ 中的根. 由关系式 $Q_{r,a}(s_0) = rs_0^{a+2} - (r+1)s_0^{a+1} + (r+1)s_0 - r = 0$,可解出

$$s_0^{a+1} = \frac{(r+1)s_0 - r}{r + 1 - rs_0},$$

于是

$$\varphi_{r,a} = (2r+1)^{2r+1} \cdot \frac{s_0^{r(a+1)}(1-s_0)^{a+1}}{(1 - s_0^{a+1})^{2r+1}}$$

$$= ((r+1)s_0 - r)^r (r+1 - rs_0)^{r+1}(1-s_0)^{a-2r}.$$

最后,由 $r/(r+1) < s_0 < 1$ 及上式得

$$\varphi_{r,a} < ((r+1) \cdot 1 - r)^r \Big(r + 1 - r \cdot \frac{r}{r+1}\Big)^{r+1}\Big(1 - \frac{r}{r+1}\Big)^{a-2r}$$

$$= \frac{(2r+1)^{r+1}}{(r+1)^{a-r+1}} < \frac{(2r+2)^{r+1}}{(r+1)^{a-r+1}} < \frac{2^{r+1}}{r^{a-2r}}.$$

证 2 记 $R_n(k) = (k+1)^{-a} \widetilde{R}_n(k)$，其中

$$\widetilde{R}_n(k) = (n!)^{a-2r} \frac{(k-rn+1)_{rn}(k+n+2)_{rn}}{(k+2)_n^a};$$

还令 $\widetilde{R}_n(k) = 0$(当 $0 \leqslant k \leqslant rn-1$ 且 $r < a/2$). 易见,存在 $c = c(a,r) > 0$,使得

$$\max_{k \geqslant 0} \widetilde{R}_n(k) = \max_{rn \leqslant k \leqslant cn} \widetilde{R}_n(k),$$

将此最大值记为 M_n. 因为 $\sum_{k \geqslant rn} (k+1)^{-a} < 1$,以及 $\widetilde{R}_n(k) \geqslant 0$,所以

$$(cn)^{-a} M_n \leqslant S_n(1) \leqslant M_n, \tag{3.5.11}$$

从而我们只需证明 $M_n^{1/n}$ 收敛于 $\varphi_{r,a}$. 由 Stirling 公式得:当 $rn \leqslant k \leqslant cn$ 时

$$\widetilde{R}_n(k) = \rho_n(k) \frac{k^{k(a+1)}(k+(r+1)n)^{k+(r+1)n} n^{n(a-2r)}}{(k+n)^{(k+n)(a+1)}(k-rn)^{k-rn}},$$

其中 $\rho_n(k)$ 满足

$$\lim_{n \to \infty} \rho_n(k)^{1/n} = 1.$$

定义函数

$$\widetilde{F}(x) = \frac{x^{x(a+1)}(x+r+1)^{x+r+1}}{(x+1)^{(x+1)(a+1)}(x-r)^{x-r}},$$

那么对于所有 $n \geqslant 1$,有 $\max_{rn \leqslant k \leqslant cn} \widetilde{F}(k/n) = \max_{x \in [r,c]} \widetilde{F}(x)$,并且容易验证 $\widetilde{F}(k/n)$
$= (\widetilde{R}_n(k) \cdot \rho_n(k)^{-1})^{1/n}$,所以

$$\max_{x \in [r,c]} \widetilde{F}(x) = \lim_{n \to \infty} \max_{rn \leqslant k \leqslant cn} \widetilde{F}\left(\frac{k}{n}\right) = \lim_{n \to \infty} M_n^{1/n}. \tag{3.5.12}$$

另外,必要时将 c 增大,我们还可以认为 $c = c(a,r)$ 满足

$$\max_{x \in [r,c]} \widetilde{F}(x) = \max_{x \in [r,\infty)} \widetilde{F}(x).$$

于是,由式(3.5.11)和(3.5.12)得

$$\lim_{n \to \infty} |S_n(1)|^{1/n} = \max_{x \in [r,\infty)} \widetilde{F}(x).$$

我们算出

$$\max_{x \in [r,\infty)} \widetilde{F}(x) = \widetilde{F}\left(\frac{s_0}{1-s_0}\right) = \varphi_{r,a},$$

因此式(3.5.9)成立.

最后,因为 $k + (r+1)n < 2^{1+1/r}k$(当 $k > rn$ 时),所以对于 $k > rn$,有

$$\tilde{R}_n(k) < n^{(a-2r)n} \frac{k^{rn}(2^{1+1/r}k)^{rn}}{k^{an}} = \left(2^{r+1}\left(\frac{n}{k}\right)^{a-2r}\right)^n < \left(\frac{2^{r+1}}{r^{a-2r}}\right)^n.$$

由此并注意 $\varphi_{r,a} = \lim\limits_{n\to\infty} M_n^{1/n}$,即得式(3.5.10).　□

引理 3.16　对于所有 $l \in \{0,\cdots,a\}$,有

$$\varlimsup_{n\to\infty} | P_{l,n}(1) |^{1/n} \leqslant 2^{a-2r}(2r+1)^{2r+1}. \tag{3.5.13}$$

证　我们先来估计系数 $c_{l,j,n}$.由式(3.5.1),再应用 Cauchy 公式得

$$c_{l,j,n} = \frac{1}{2\pi i}\int_C R_n(z)(z+j+1)^{l-1}\mathrm{d}z,$$

其中 C 表示中心为 $-j-1$、半径为 $1/2$ 的圆周:$|z+j+1| = 1/2$.在 C 上

$$| (z-rn+1)_{rn} | \leqslant (j+2)_{rn},$$

$$| (z+n+2)_{rn} | \leqslant (n-j+2)_{rn},$$

$$| (z+1)_{n+1} | \geqslant 2^{-3}(j-1)!(n-j-1)!,$$

所以

$$| c_{l,j,n} | \leqslant \frac{(rn+j+1)!}{(j+1)!(j!(n-j)!)^r} \cdot \frac{((r+1)n-j+1)!}{(n-j+1)!(j!(n-j)!)^r}$$

$$\cdot \left(\frac{n!}{j!(n-j)!}\right)^{a-2r} \cdot (j(n-j))^a 8^a.$$

上式的右边中第 1 个因子是多项式 $(x_1+x_2+\cdots+x_{2r+1})^{rn+j+1}$ 的一个系数,所以它 $\leqslant (1+1+\cdots+1)^{rn+j+1} = (2r+1)^{rn+j+1}$;类似地,右边中第 2 个因子 $\leqslant (2r+1)^{(r+1)n-j+1}$.于是

$$| c_{l,j,n} | \leqslant (2r+1)^{rn+j+1} \cdot (2r+1)^{(r+1)n-j+1} \cdot (2^n)^{a-2r} \cdot (n^2)^a 8^a$$

$$= (2r+1)^{(2r+1)n+2} 2^{(a-2r)n}(8n^2)^a.$$

如果 $l \in \{1,\cdots,a\}$,那么由定义,$P_{l,n}(1) = \sum\limits_{j=0}^{n} c_{l,j,n}$.由此得到

$$\varlimsup_{n\to\infty} | P_{l,n}(1) |^{1/n} \leqslant \varlimsup_{n\to\infty}((n+1)\max_j | c_{l,j,n} |)^{1/n}$$

$$\leqslant 2^{a-2r}(2r+1)^{2r+1}.$$

如果 $l = 0$,那么由式(3.5.2)可得

$$P_{0,n}(1) = -\sum_{l=1}^{a}\sum_{j=1}^{n} c_{l,j,n}\sum_{k=0}^{j-1}\frac{1}{(k+1)^l}.$$

因为

$$\sum_{k=0}^{j-1}\frac{1}{(k+1)^l} \leqslant \sum_{k=0}^{j-1}\frac{1}{k+1} \leqslant j \leqslant n,$$

所以式(3.5.13)也成立.　□

引理 3.17 令 $d_n = \mathrm{lcm}(1, 2, \cdots, n)$，那么对于所有 $l \in \{0, \cdots, a\}$，有

$$d_n^{a-l} P_{l,n}(z) \in \mathbb{Z}[z].\tag{3.5.14}$$

证 对于固定的整数 n 和 j，改写 $R_n(t)$，可得

$$R_n(t)(t+j+1)^a = \left(\prod_{l=1}^{r} F_l(t)\right) \cdot \left(\prod_{l=1}^{r} G_l(t)\right) \cdot H(t)^{a-2r},$$

其中

$$F_l(t) = \frac{(t-nl+1)_n}{(t+1)_{n+1}}(t+j+1),$$

$$G_l(t) = \frac{(t+nl+2)_n}{(t+1)_{n+1}}(t+j+1) \quad l = 1, \cdots, r),$$

以及

$$H(t) = \frac{n!}{(t+1)_{n+1}}(t+j+1).$$

将 $F_l(t), G_l(t)$ 和 $H(t)$ 分解为部分分式：

$$F_l(t) = 1 + \sum_{\substack{0 \leqslant \tau \leqslant n \\ \tau \neq j}} \frac{(j-\tau)f_{\tau,l}}{t+\tau+1},$$

$$G_l(t) = 1 + \sum_{\substack{0 \leqslant \tau \leqslant n \\ \tau \neq j}} \frac{(j-\tau)g_{\tau,l}}{t+\tau+1},$$

$$H(t) = \sum_{\substack{0 \leqslant \tau \leqslant n \\ \tau \neq j}} \frac{(j-\tau)h_\tau}{t+\tau+1},$$

其中

$$f_{\tau,l} = (-\tau-nl)_n \prod_{\substack{0 \leqslant h \leqslant n \\ h \neq \tau}} (-\tau+h)^{-1}$$

$$= \frac{(-1)^n((l-1)n+\tau+1)_n}{(-1)^\tau \tau!(n-\tau)!}$$

$$= (-1)^{n-\tau} \binom{nl+\tau}{n}\binom{n}{\tau} \in \mathbb{Z},$$

$$g_{\tau,l} = (-\tau+nl+1)_n \prod_{\substack{0 \leqslant h \leqslant n \\ h \neq \tau}} (-\tau+h)^{-1}$$

$$= \frac{(-1)^\tau((l+1)n-\tau)!}{(nl-\tau)!\tau!(n-\tau)!}$$

$$= (-1)^\tau \binom{n(l+1)-\tau}{n}\binom{n}{\tau} \in \mathbb{Z},$$

$$h_\tau = n! \prod_{\substack{0 \leqslant h \leqslant n \\ h \neq \tau}} (-\tau + h)^{-1} = \frac{(-1)^\tau n!}{\tau!(n-\tau)!} = (-1)^\tau \binom{n}{\tau} \in \mathbb{Z}.$$

因此对于所有整数 $\lambda \geqslant 0$,有

$$(D_\lambda F_l(t))\big|_{t=-j-1} = \delta_{0,\lambda} + \sum_{\substack{0 \leqslant \tau \leqslant n \\ \tau \neq j}} (-1)^\lambda \frac{(j-\tau)f_{\tau,j}}{(\tau-j)^{\lambda+1}},$$

$$(D_\lambda G_l(t))\big|_{t=-j-1} = \delta_{0,\lambda} + \sum_{\substack{0 \leqslant \tau \leqslant n \\ \tau \neq j}} (-1)^\lambda \frac{(j-\tau)g_{\tau,j}}{(\tau-j)^{\lambda+1}},$$

$$(D_\lambda H(t))\big|_{t=-j-1} = \sum_{\substack{0 \leqslant \tau \leqslant n \\ \tau \neq j}} (-1)^\lambda \frac{(j-\tau)h_\tau}{(\tau-j)^{\lambda+1}},$$

其中 $\delta_{i,j}$ 是 Kronecker 符号(即当 $i = j$ 时其值为 1,否则为 0).因此,对于所有 $\lambda \in \mathbb{N}$,知

$$d_n^\lambda (D_\lambda F_l(t))\big|_{t=-j-1}, \quad d_n^\lambda (D_\lambda G_l(t))\big|_{t=-j-1}, \quad d_n^\lambda (D_\lambda H(t))\big|_{t=-j-1}$$

都是整数.最后,由 Leibniz 公式,我们有

$$D_{a-r}(R(t)(t+j+1)^a)$$
$$= \sum_\mu (D_{\mu_1} F_1) \cdots (D_{\mu_r} F_r)(D_{\mu_{r+1}} G_1) \cdots (D_{\mu_{2r}} G_r)(D_{\mu_{2r+1}} H) \cdots (D_{\mu_a} H).$$

此处求和展布在所有满足 $\mu_1 + \cdots + \mu_a = a - l$ 的 $\boldsymbol{\mu} = (\mu_1, \cdots, \mu_a) \in \mathbb{N}^a$ 上,于是 $d_n^{a-l} c_{l,j,n} \in \mathbb{Z}$.总之,式(3.5.14)成立. □

引理 3.18 设 $N \geqslant 2$,还设 $\theta_1, \cdots, \theta_N$ 以及 $\alpha_1, \alpha_2, \beta$ 是给定的实数,且 $0 < \alpha_1 \leqslant \alpha_2 < 1, \beta > 1$.如果存在 N 个无穷整数列 $p_{l,n}$ $(n \geqslant 0, l = 1, \cdots, N)$,满足下列条件:

$$\alpha_1^{n+o(n)} \leqslant \left| \sum_{l=1}^N p_{l,n} \theta_l \right| \leqslant \alpha_2^{n+o(n)},$$

$$|p_{l,n}| \leqslant \beta^{n+o(n)} \quad (l = 1, \cdots, N),$$

那么 $\theta_1, \cdots, \theta_N$ 在 $\mathbb{Q}$ 上生成的向量空间的维数

$$d_N \geqslant \frac{\log \beta - \log \alpha_1}{\log \beta - \log \alpha_1 + \log \alpha_2}.$$

证 在定理 3.2 中,取线性型 $l_n(\boldsymbol{x}) = \sum_{k=1}^N p_{k,n} x_k$ $(n = 1, 2, \cdots)$,以及

$$\sigma(n) = (n + o(n)) \log \beta + \log \sqrt{N},$$

$$\tau_1 = -\frac{\log \alpha_1}{\log \beta}, \quad \tau_2 = -\frac{\log \alpha_2}{\log \beta},$$

$$c_1 = \exp\left(-\frac{\log \alpha_1}{\log \beta}\log \sqrt{N}\right),$$

$$c_2 = \exp\left(-\frac{\log \alpha_2}{\log \beta}\log \sqrt{N}\right).$$

容易验证定理 3.2 的所有条件在此都满足. 于是依定理 3.2(b)即得到所要的结论. □

引理 3.19 设 $a \geqslant 3$ 是一个奇数, $d(a)$ 及 $\varphi_{r,a}$ 分别由定理 3.3 及引理 3.15 定义, 那么对于任何满足 $1 \leqslant r \leqslant a/2$ 的整数 r, 有

$$d(a) \geqslant \frac{(a-2r)\log 2 + (2r+1)\log(2r+1) - \log \varphi_{r,a}}{a + (a-2r)\log 2 + (2r+1)\log(2r+1)}. \quad (3.5.15)$$

特别地, 我们有

$$d(a) > \frac{\log r + \dfrac{a-r}{a+1}\log 2}{1 + \log 2 + \dfrac{2r+1}{a+1}\log(2r+1)}. \quad (3.5.16)$$

证 由引理 3.3 有

$$d_n = \mathrm{lcm}(1,2,\cdots,n) = \mathrm{e}^{n+o(n)}. \quad (3.5.17)$$

对所有整数 $n \geqslant 0$, 令

$$l_n = d_{2n}^a S_{2n}(1),$$

$$p_{0,n} = d_{2n}^a P_{0,2n}(1), \quad p_{l,n} = d_{2n}^a P_{2l+1,2n}(1) \quad \left(l = 1,\cdots,\frac{a-1}{2}\right).$$

式(3.5.5)表明 l_n 是 ζ 函数在奇数上的值的线性组合:

$$l_n = p_{0,n} + \sum_{l=1}^{(a-1)/2} p_{l,n}\zeta(2l+1).$$

由式(3.5.14)可知, 对于所有整数 $n \geqslant 0$ 及 $l = 0,\cdots,(a-1)/2$, $p_{l,n} \in \mathbb{Z}$. 由式(3.5.9)和(3.5.17)推出

$$\log |l_n| = 2n\log \omega + o(n) \quad (\omega = \mathrm{e}^a \varphi_{r,a});$$

由式(3.5.13)和(3.5.17)推出

$$\log |p_{l,n}| \leqslant 2n\log \eta + o(n) \quad (\eta = \mathrm{e}^a 2^{a-2r}(2r+1)^{2r+1}).$$

在引理 3.18 中, 取

$$N = \frac{a+1}{2}, \quad \alpha_1 = \alpha_2 = \omega^2, \quad \beta = \eta^2,$$

即得

$$d(a) \geqslant \frac{\log \eta - \log \omega}{\log \eta},$$

由此推出式(3.5.15).又由(3.5.10)式有

$$(a - 2r)\log 2 + (2r + 1)\log(2r + 1) - \log \varphi_{r,a}$$

$$\geqslant (a - 2r)\log 2 + (2r + 1)\log(2r + 1) - (r + 1)\log 2 + (a - 2r)\log r$$

$$> (a - 2r)\log 2 + (2r + 1)(\log 2 + \log r) - (r + 1)\log 2 + (a - 2r)\log r$$

$$= (a - r)\log 2 + (a + 1)\log r,$$

同时还有

$$a + (a - 2r)\log 2 + (2r + 1)\log(2r + 1)$$

$$< a + (a - 2r)\log 2 + (2r + 1)(\log 2 + \log(r + 1))$$

$$< (a + 1) + (a + 1)\log 2 + (2r + 1)\log(r + 1).$$

于是由式(3.5.15)推出式(3.5.16). □

定理 3.3 之证 设 a 是奇数,我们区分下列不同情形:

$3 \leqslant a \leqslant 167 (< e^6)$:由 Apéry 定理(定理 3.1)可知 $d(3) \geqslant 2$,因此 $d(a) \geqslant 2 > (\log a)/3$.

$169 \leqslant a \leqslant 8 \cdot 10^3 - 1 (< e^9)$:由定理 3.4(下面即将证明)可知 $d(169) \geqslant 3$,因此 $d(a) \geqslant 3 > (\log a)/3$.

$8 \cdot 10^3 + 1 \leqslant a \leqslant 10^5 - 1 (< e^{12})$:在引理 3.19 中,取 $r = 200$,可知 $d(8 \cdot 10^3 + 1) > 3$,因此 $d(a) \geqslant 4 > (\log a)/3$.

$10^5 + 1 \leqslant a \leqslant 10^6 - 1 (< e^{15})$:在引理 3.19 中,取 $r = 600$,可知 $d(10^5 + 1) > 4$,因此 $d(a) \geqslant 5 > (\log a)/3$.

$a \geqslant 10^6 + 1$:在引理 3.19 中,取 $r = [a^{3/5}] + 1 (< a/2)$,可得

$$d(a) \geqslant \frac{3}{5\gamma(a)} \log a,$$

其中

$$\gamma(a) = 1 + \log 2 + \frac{2a^{3/5} + 3}{a + 1}\log(a^{3/5} + 1).$$

因为 $\gamma(a)$ 是 a 的减函数,且 $\gamma(10^6 + 1) < 9/5$,因此 $d(a) > (\log a)/3$.

现在证明定理的第 2 部分.取 $r = r(a)$ 为最靠近 $a(\log a)^{-2}$ 且小于 $a/2$ 的整数,那么有

$$\log r + \frac{a - r}{a + 1}\log 2 = (1 + o(n))\log a,$$

$$1 + \log 2 + \frac{2r + 1}{a + 1}\log(r + 1) = 1 + \log 2 + o(1).$$

由此及引理 3.19 得

$$d(a) > \frac{1 + o(1)}{1 + \log 2 + o(1)}\log a,$$

从而定理得证. □

定理 3.4 之证　在引理 3.19 中,取 $a = 169, r = 10$,我们算出

$$s_0 \approx 0.909\,090\,93, \quad \log\varphi_{10,169} \approx -505.734\,53.$$

因此 $d(169) > 2.001$,从而存在两个奇数 $j, k \in [3, 169]$,而且 $1, \zeta(j)$, $\zeta(k)$ 在 $\mathbb{Q}$ 上线性无关; $\zeta(3)$ 的无理性使我们可以认为 $k = 3$,因而定理成立. □

注 3.5.1　上面的证明是依据 Nesterenko 线性无关性判别法则(定理 3.2)进行的. 应用同样的方法, T. Rivoal[214] 证明了:设 $z \in \mathbb{Q}, |z| > 1$, 那么对于任何给定的 $\varepsilon > 0$,存在整数 $a_0 = a_0(z, \varepsilon) > 0$,使得对于所有 $a \geqslant a_0$,实数 $1, \tilde{L}_1(1/z), \tilde{L}_2(1/z), \cdots, \tilde{L}_a(1/z)$ 在 $\mathbb{Q}$ 上生成的线性空间的维数大于 $(1 - \varepsilon)(\log a)/(1 + \log 2)$. 在这之前 E. M. Nikishin 和 M. Hata 等人也得到过这种类型的结果. 例如, E. M. Nikishin[188] 证明了:当负整数 z 满足 $|z| > (4l)^{l(l-1)}$ 时,数 $1, L_1(1/z), \cdots, L_l(1/z)$ 在 $\mathbb{Q}$ 上线性无关.

下面给出定理 3.5 和 3.6 的证明概要. 证明基于第 1 章 1.2 节推论 1.3,其关键是构造 1 和 ζ 函数在相应奇数上的值的整系数线性型 l_n,使得存在无穷集 $\mathcal{N} \subseteq \mathbb{N}$,同时满足 $l_n \neq 0 (n \in \mathcal{N})$ 以及 $l_n \to 0 (n \to \infty, n \in \mathcal{N})$.

定理 3.5 的证明概要　设辅助函数是

$$\bar{S}_n(z) = \bar{S}_{n,a}(z)$$

$$= (n!)^{a-6} \sum_{k=1}^{\infty} \frac{1}{2} \cdot \frac{\mathrm{d}^2}{\mathrm{d}t^2}\left(\left(t + \frac{n}{2}\right)\frac{(t - n)_n^3(t + n + 1)_n^3}{(t)_{n+1}^a}\right)\Bigg|_{t=k} z^{-k},$$

其中 $a \geqslant 6$ 是一个偶数,而 $z \in \mathbb{C}, |z| \geqslant 1$. 令

$$\bar{R}_n(t) = (n!)^{a-6}\left(t + \frac{n}{2}\right)\frac{(t - n)_n^3(t + n + 1)_n^3}{(t)_{n+1}^a},$$

$$\bar{c}_{l,j,n} = D_{a-l}(\bar{R}_n(t)(t + j)^a)\big|_{t=-j} \quad (1 \leqslant l \leqslant a, 0 \leqslant j \leqslant n),$$

于是

$$\bar{R}_n''(t) = \sum_{l=1}^{a}\sum_{j=0}^{n}\frac{l(l + 1)\bar{c}_{l,j,n}}{(t + j)^{l+2}}.$$

定义有理系数多项式

$$\overline{P}_{l,n}(z) = \sum_{j=0}^{n} \overline{c}_{l,j,n} z^{j} \quad (1 \leqslant l \leqslant a),$$

$$\overline{P}_{0,n}(z) = -\sum_{l=1}^{a} \sum_{j=1}^{n} \sum_{k=1}^{j} l(l+1)\overline{c}_{l,j,n}(2k^{l+2})^{-1} z^{j-k},$$

那么可以证明

$$\overline{S}_n(z) = \overline{P}_{0,n}(z) + \sum_{l=1}^{a} \frac{l(l+1)}{2} \overline{P}_{l,n}(z) L_{l+2}(z^{-1}),$$

从而

$$\overline{S}_n(1) = \overline{P}_{0,n}(1) + \sum_{l=2}^{a/2} l(2l-1)\overline{P}_{2l-1,n}(1)\zeta(2l+1). \quad (3.5.18)$$

还可证明

$$2d_n^{a-1}\overline{P}_{l,n}(z)(l=1,\cdots,a), 2d_n^{a+2}\overline{P}_{0,n}(z) \in \mathbb{Z}[z]. \quad (3.5.19)$$

应用围道积分方法和渐近估计技巧,可以证明:存在一个无穷正整数列 $\tau(n)(n \geqslant 1)$ 及复数 $\sigma = \sigma(a)$,使得

$$\lim_{n \to \infty} |\overline{S}_{\tau(n)}(1)|^{1/\tau(n)} = \exp(\mathrm{Re}(\sigma)), \quad (3.5.20)$$

此处 $\mathrm{Re}(\sigma)$ 表示复数 σ 的实数部分.取 $a = 20$,可以算出

$$\sigma \approx -22.020\,016\,40 + \mathrm{i}\,3.104\,408\,624.$$

令 $\overline{p}_{0,n} = 2d_n^{22}\overline{P}_{0,n}(1), \overline{p}_{l,n} = 2l(2l-1)d_n^{22}\overline{P}_{2l-1,n}(1)(l=2,4,\cdots,10)$,以及 $\overline{l}_n = 2d_n^{22}\overline{S}_n(1)$.由式(3.5.18)和(3.5.19)可知

$$\overline{l}_n = \overline{p}_{0,n} + \sum_{l=2}^{10} \overline{p}_{l,n}\zeta(2l+1)$$

是 $1, \zeta(2l+1)(l=2,\cdots,10)$ 的整系数线性型.注意 $d_n = \mathrm{e}^{n+o(n)}$,由式(3.5.20)得

$$\lim_{n \to \infty} |\overline{l}_{\tau(n)}|^{1/\tau(n)} = \lim_{n \to \infty} (2d_{\tau(n)}^{22}|\overline{S}_{\tau(n)}(1)|)^{1/\tau(n)} = \lambda,$$

其中

$$\lambda \approx \mathrm{e}^{22-22.02} = \mathrm{e}^{-0.02} < 1.$$

由此可知,当 n 充分大时 $\overline{l}_{\tau(n)} \neq 0$,并且

$$\lim_{n \to \infty} |\overline{l}_{\tau(n)}| = \lim_{n \to \infty} (\lambda + o(1))^{\tau(n)} = 0.$$

于是由第 1 章 1.2 节推论 1.3 即得到所要的结论. □

定理 3.6 的证明概要　令

$$\widetilde{S}_n(z) = \frac{\prod\limits_{u=1}^{10} ((13+2u)n)!}{((27n)!)^6}$$

$$\cdot \sum_{k=1}^{\infty} \frac{1}{2} \cdot \frac{\mathrm{d}^2}{\mathrm{d}t^2} \left[\left(t + \frac{37n}{2} \right) \frac{(t - 27n)_{27n}^3 (t + 37n + 1)_{37n}^3}{\prod_{u=1}^{10} (t + (12 - u)n)_{(13+2u)n+1}} \right] \Bigg|_{t=k} z^{-k},$$

其中 $z \in \mathbb{C}, |z| \geqslant 1$, 以及

$$\widetilde{R}_n(t) = \frac{\prod_{u=1}^{10} ((13 + 2u)n)!}{((27n)!)^6}$$

$$\cdot \left(t + \frac{37n}{2} \right) \frac{(t - 27n)_{27n}^3 (t + 37n + 1)_{37n}^3}{\prod_{u=1}^{10} (t + (12 - u)n)_{(13+2u)n+1}}.$$

由下式定义有理数 $\widetilde{c}_{l,j,n}$:

$$\widetilde{R}_n(k) = \sum_{l=1}^{10} \sum_{j=(l+1)n}^{(36-l)n} \frac{\widetilde{c}_{l,j,n}}{(k+j)^l}.$$

还定义多项式

$$\widetilde{P}_{0,n}(z) := - \sum_{i=0}^{35n-1} \left(\sum_{l=1}^{10} \sum_{j=\max((l+1)n, i+1)}^{(36-l)n} \frac{l(l+1)\widetilde{c}_{l,j,n}}{2(j-i)^{l+2}} \right) z^i,$$

$$\widetilde{P}_{l,n}(z) = \sum_{j=(l+1)n}^{(36-l)n} \widetilde{c}_{l,j,n} z^j \quad (l = 1, \cdots, 10).$$

可以证明

$$\widetilde{S}_n(z) = \widetilde{P}_{0,n}(z) + \sum_{l=1}^{10} \frac{l(l+1)}{2} \widetilde{P}_{l,n}(z) L_{l+2}(z^{-1}),$$

$$2d_{35n}^3 d_{34n} d_{33n}^8 \Phi_n^{-1} \widetilde{P}_{l,n}(z) \in \mathbb{Z}[z] \quad (l = 0, 1, \cdots, 10),$$

其中 Φ_n 是某些素数幂之积, 使得 $d_{33n}^{10-l} \Phi_n^{-1} \widetilde{c}_{l,j,n} \in \mathbb{Z}$. 由 $\widetilde{R}_n(-37n - k) = -\widetilde{R}_n(k)$, 可得 $z^{37n} \widetilde{P}_{l,n}(z^{-1}) = (-1)^{l+1} \widetilde{P}_{l,n}(z)$, 从而 $\widetilde{P}_{l,n}(1) = 0$(当 $l = 2, 4, \cdots, 10$); 又因为 $\widetilde{R}_n(k) = O(k^{-2})(k \to \infty)$, 所以 $\widetilde{P}_{1,n}(1) = 0$. 于是

$$\widetilde{l}_n = 2d_{35n}^3 d_{34n} d_{33n}^8 \Phi_n^{-1} \widetilde{S}_n(1)$$

是 $1, \zeta(5), \zeta(7), \zeta(9), \zeta(11)$ 的整系数线性型. 应用复分析方法, 可以证明

$$\varlimsup_{n \to \infty} |\widetilde{S}_n(1)| \leqslant \mathrm{e}^{-227.580\,196\,41\cdots}.$$

我们还有

$$\lim_{n \to \infty} (2d_{35n}^3 d_{34n} d_{33n}^8)^{1/n} = \mathrm{e}^{403}, \quad \lim_{n \to \infty} \Phi_n^{-1/n} = \mathrm{e}^{-176.750\,557\,33\cdots},$$

因此

$$\varlimsup_{n \to \infty} |\widetilde{l}_n|^{1/n} < 1.$$

由此即可与前面类似地推出所要的结论. □

3.6　补充与评注

1° 1735 年, L. Euler 用相当简单的方法证明了

$$\zeta(2k) = c_k \pi^{2k} \quad (c_k \in \mathbb{Q}, k \geqslant 1) \tag{3.6.1}$$

(这是式(3.1.1)的一个弱变体). 例如, 他关于

$$\zeta(2) = \frac{\pi^2}{6} \tag{3.6.2}$$

的证明如下: 将$(1 - x^2 y^2)^{-1}$展开为几何级数, 然后在 $S = [0,1] \times [0,1]$ 上逐项积分, 得到

$$
\begin{aligned}
\iint\limits_{S} (1 - x^2 y^2)^{-1} \mathrm{d}x \mathrm{d}y \\
= 1^{-2} + 3^{-2} + 5^{-2} + \cdots \\
= (1^{-2} + 2^{-2} + 3^{-2} + 4^{-2} + 5^{-2} + \cdots) - (2^{-2} + 4^{-2} + \cdots) \\
= \left(1 - \frac{1}{4}\right) \zeta(2) = \frac{3}{4} \zeta(2).
\end{aligned}
$$

作变量代换 $x = \sin u / \cos v, y = \sin v / \cos u$, 那么变换的 Jacobi 行列式恰好是 $1 - x^2 y^2$, 而开三角形 $T = \{(u,v) \mid u + v < \pi/2, u, v > 0\}$ 被映为 S 的内部, 因此

$$\iint\limits_{S} (1 - x^2 y^2)^{-1} \mathrm{d}x \mathrm{d}y = \iint\limits_{T} \mathrm{d}u \mathrm{d}v = \frac{\pi^2}{8}.$$

由此及前式即可推出式(3.6.2).

对于一般情形, 我们在此给出式(3.6.1)的下述初等证明. 设 $k = 2$, 令

$$f(m,n) = \frac{1}{mn^3} + \frac{1}{2m^2 n^2} + \frac{1}{m^3 n}, \tag{3.6.3}$$

那么可以直接验证

$$f(m,n) - f(m+n, n) - f(m, m+n) = \frac{1}{m^2 n^2}.$$

将此式两边对所有 $m, n > 0$ 求和, 就有

$$\zeta(2)^2 = \Big(\sum_{m,n>0} - \sum_{m>n>0} - \sum_{n>m>0}\Big)f(m,n) = \sum_{n>0}f(n,n).$$

由式(3.6.3)以及 $f(n,n) = (5/2)n^{-4}$ 得

$$\zeta(2)^2 = \frac{5}{2}\zeta(4).$$

由此及式(3.6.2)即得

$$\zeta(4) = \frac{\pi^4}{90}.$$

类似地,对于 $k \geqslant 3$,令

$$f_k(m,n) = \frac{1}{mn^{2k-1}} + \frac{1}{2}\sum_{r=2}^{2k-2}\frac{1}{m^r n^{2k-r}} + \frac{1}{m^{2k-1}n},$$

那么容易验证

$$f_k(m,n) - f_k(m+n,n) - f_k(m,m+n) = \sum_{0<2j<2k}\frac{1}{m^{2j}n^{2k-2j}}.$$

从而可得

$$\sum_{0<2j<2k}\zeta(2j)\zeta(2k-2j) = \frac{2k+1}{2}\zeta(2k) \quad (k \geqslant 2).$$

应用数学归纳法即得式(3.6.1)(这个证法基于多重 ζ 函数的思想,见下文 9°).

2° R. Apéry 的原始论文[25]过于简单,没有细节,文献[73,208,249]作了比较详尽的阐述,还可参考[43,247–248]等.

文献中有多种不同的关于 $\zeta(3)$ 的无理性的证明,除正文给出的两个外,还有:① F. Beukers[40–41] 应用多对数函数和模形式的;② F. Beukers[39],M. Prévost[206] 和 V. N. Sorokin[236–237] 应用 Padé 逼近的;③ Yu. V. Nesterenko[186] 应用超几何型级数和复积分的;④ 2002 年 W. Zudilin[268] 给出的一个初等证明.当然,上述文献中有一些也证明了其他某些数的无理性.

与 $\zeta(3)$ 无理性相关的工作还有[74,118,120,156]等,它们包含更多的无理性结果,并研究了与 Apéry 方法有关的一些技巧.

另外,一些文献研究了与 Apéry 数有关的同余性质,关于这些结果的一个简明的概述可见[106];新近(2010)与此有关的一个工作可见[239].

3° ζ 函数在奇数上的值的无理性研究被扩充到 q-ζ 值,即级数

$$\zeta_q(m) = \sum_{n=1}^{\infty}\frac{n^{m-1}q^n}{1-q^n} = \sum_{n=1}^{\infty}\sigma_{m-1}(n)q^n \quad (|q|<1)$$

上，此处 $\sigma_{m-1}(n) = \sum_{d|n} d^{m-1}$. 通常取 q 为 $1/p, p \in \mathbb{Z}\backslash\{0, \pm 1\}$. 注意

$$\lim_{q \to 1}(1 - q)^m \zeta_q(m) = (m - 1)! \zeta(m).$$

虽然级数 $\zeta_q(1)$ 的无理性以及 $\zeta_q(2k)(k \geq 1)$ 的超越性已为人们证明，但 $\zeta_q(2k + 1)(k \geq 1)$ 的无理性仍然是有待解决的问题[151-152]. 文献[152]建立了下列结果：$\zeta_q(2k + 1)(k \geq 0)$ 中存在无限多个数在 $\mathbb{Q}$ 上线性无关（因而是无理数）；$\zeta_q(3), \zeta_q(5), \zeta_q(7), \zeta_q(9), \zeta_q(11)$ 中至少有一个无理数. 2007 年，F. Jouhet 和 E. Mosaki[144] 证明了 $\zeta_q(3), \zeta_q(5), \zeta_q(7), \zeta_q(9)$ 中至少有一个无理数. 最近（2010 年），S. Fischler 和 W. Zudilin[110] 证明了：存在奇数 $1 < j_0 < j_1 < j_2 < j_3$，满足 $j_0 \leq 9, j_1 \leq 37, j_2 \leq 83, j_3 \leq 145$，使得数 1, $\zeta_q(j_0), \zeta_q(j_1), \zeta_q(j_2), \zeta_q(j_3)$ 在 $\mathbb{Q}$ 上线性无关.

这个方向的有关文献还有[24, 84, 204, 233, 266 - 267, 272]等（考虑了 q - ζ 值的无理性或无理性度量）.

$4°$ 在 $\zeta(3)$ 和 $\zeta(2)$ 的无理性的 Apéry 证明中，$\zeta(3)$ 和 $\zeta(2)$ 的连分数展开及有关递推关系的研究是比较复杂的. 作为一个类似的例子，文献[199]提供了下列结果：对于数 $\pi \coth \pi$，令

$$P(n) = 5n^2 + 2,$$

$$Q(n) = 55n^6 + 165n^5 + 242n^4 + 209n^3 + 172n^2 + 50n + 12.$$

相应的递推关系式和初始值分别是

$$(n^2 + 2n + 2)P(n)u_{n+1} - Q(n)u_n - n^2(n^2 + 1)P(n + 1)u_{n-1} = 0$$
$$(n \geq 1);$$

$$u_0 = 1, \quad u_1 = \frac{3}{5}, \quad v_0 = 1, \quad v_1 = 2.$$

由此得到连分数展开

$$\pi \coth \pi = 1 + \frac{28 \mid}{\mid Q(0)} + \frac{20 P(0) P(2) \mid}{\mid Q(1)} + \cdots$$
$$+ \frac{n^2(n^2 + 1)^2(n^2 + 4)P(n - 1)P(n + 1) \mid}{\mid Q(n)} + \cdots.$$

$5°$ 由 $\zeta(3)$ 的无理性的 Apéry 证明可知，对于任何 $\varepsilon > 0$，只有有限多个整数 $q \geq 1$ 满足

$$\left| \zeta(3) - \frac{p}{q} \right| < \frac{1}{q^{2+\varepsilon}} \quad (对于某个整数 p),$$

其中 $d_n \mid q$，而 $n = [\log q / \log(1 + \sqrt{2})^4]$（此处 $d_n = \text{lcm}(1, 2, \cdots, n)$）.

F. Fischler[107]将此结果改进为:存在常数 $c>0$,使得对于任何满足 $d_n\mid q$,
而 $n=[\log q/\log(1+\sqrt{2})^4]$ 的整数 $q\geqslant 1$ 及整数 p,有

$$\left|\zeta(3)-\frac{p}{q}\right|\geqslant\frac{c(\log q)^3}{q^2}.$$

6° 除了 $\zeta(2),\zeta(3)$ 外(见 3.3 节),Legendre 多项式(及 Legendre 型多
项式)还可用于其他一些数(如 π,e^{α},其中 α 为有理数)的无理性的证明
([21,38]等),以及估计某些数的无理性指数([21-22,134]等).

7° 基于 F. Beukers[37]使用的二重积分,M. Hata[136]用鞍点方法深入研
究了一般形式的积分

$$J(z)=\iint\limits_{R_k}\frac{P(x)Q(y)}{1-xyz}\mathrm{d}x\mathrm{d}y\mathrm{d}z$$

(称为 Beukers 积分),其中 $P(x),y^nQ(y)$ 是整系数多项式,R_k 表示矩形
$(1,(k+1)/k)\times(1,(k+1)/k)$.G. Rhin 和 C. Viola[211]考察了积分

$$J_n=\int_0^1\int_0^1\int_0^1\frac{u^{hn}(1-u)^{ln}v^{kn}(1-v)^{sn}w^{jn}(1-w)^{qn}}{(1-(1-uv)w)^{(q+h-r)n+1}}\mathrm{d}u\mathrm{d}v\mathrm{d}w,$$

其中参数 $h=16,j=17,k=19,l=15,q=11,r=9,s=13$.所有这些研究
被应用于 $\zeta(3)$ 或其他某些数的无理性指数的估计.

Beukers 积分的另一种推广形式是

$$J_{l,n}(x_1,\cdots,x_l)=\int_0^1\cdots\int_0^1\frac{\prod\limits_{j=1}^l x_j^n(1-x_j)^n}{Q_l(x_1,\cdots,x_l)^{n+1}}\mathrm{d}x_1\cdots\mathrm{d}x_l,$$

其中 $Q_l(x_1,\cdots,x_l)=1-(\cdots(1-(1-x_l)x_{l-1})\cdots)x_1$,称为 Vasilyev 积分.
关于这种积分的研究进展的概况可见文献[151](2.5 节).

8° Padé 逼近是超越数论中的重要分析工具.设 $f_1(z),\cdots,f_k(z)$ 是一
组函数,在 $z=0$ 附近解析,且 $f_1(0)\neq 0$.如果多项式 $P_1(z),\cdots,P_k(z)$ 的次
数分别为 $n_1,\cdots,n_k$,并且满足

$$P_1(z)f_1(z)+\cdots+P_k(z)f_k(z)=O(z^{N+k-1}),$$

其中 $N=\sum\limits_{j=1}^k n_j$,那么称 $P_1(z),\cdots,P_k(z)$ 给出 $f_1(z),\cdots,f_k(z)$ 的第 1 种
类型的 Padé 逼近.如果多项式 $P_1(z),\cdots,P_k(z)$ 的次数分别为 $N-n_1,\cdots,$
$N-n_k(N=\sum\limits_{j=1}^k n_j)$,并且满足

$$P_i(z)f_j(z)-P_j(z)f_i(z)=O(z^{N+1})\quad(i,j=1,\cdots,k),$$

那么称 $P_1(z), \cdots, P_k(z)$ 给出 $f_1(z), \cdots, f_k(z)$ 的第 2 种类型的 Padé 逼近.
特别地,当 $k=2$ 时,这两种逼近形式是一样的,即成为对于 $f_2(z)/f_1(z)$ 的
经典的 Padé 表.例如,令

$$L_s(z) = \sum_{n=1}^{\infty} \frac{z^n}{n^s} \quad (s = 1, 2, \cdots)$$

(也记为 $Li_s(z)$)是多对数函数(在引理 3.13 的证明中曾使用过).此处,当
$s=1$ 时,$|z|<1$;当 $s>1$ 时,$|z| \leqslant 1$[248].它可以归入某种超几何级数(超几
何函数).特别地,我们有

$$L_1(z) = -\log(1-z) = \int_0^z \frac{\mathrm{d}z}{1-t},$$

以及 $L_2(1) = \zeta(2), L_3(1) = \zeta(3)$,等等.我们可以构造四个 n 次多项式
$A_n(z), B_n(z), C_n(z)$ 及 $D_n(z)$,满足

$$A_n(z)L_2(z) + B_n(z)L_1(z) + C_n(z) = O(z^{2n+1}),$$
$$2A_n(z)L_3(z) + B_n(z)L_2(z) + D_n(z) = O(z^{2n+1}),$$

且 $B_n(1)=0$.这里令 $z=1$,即可推出 3.3 节式(3.3.8)那种类型的估计,从
而给出无理性结果.

文献[34]包含关于 $(1-z)^{1/m}$ 的 Padé 逼近的简单例子.文献[39,209]
及[89](第 8 章)是关于数论中的 Padé 逼近方法的简明导引,进一步的信息
可在[104]中找到.

9° 在 8° 中所提到的多对数函数被应用于某些数的无理性研究,对此可
参见[40]等.这个函数的推广形式是

$$L_{s_1, \cdots, s_k}(z) = \sum_{n_1 > \cdots > n_k \geqslant 1} \frac{z^{n_1}}{n_1^{s_1} \cdots n_k^{s_k}},$$

$$L_{s_1, \cdots, s_k}(z_1, \cdots, z_k) = \sum_{n_1 > \cdots > n_k \geqslant 1} \frac{z_1^{n_1} \cdots z_k^{n_k}}{n_1^{s_1} \cdots n_k^{s_k}},$$

分别称为单变量和多变量多重多对数函数.可以证明

$$L_{2,1}(1) = 2\zeta(3).$$

更一般地,当 $s_1 \geqslant 2$ 时,有关系式

$$L_{s_1, \cdots, s_k}(1, \cdots, 1) = \zeta(s_1, \cdots, s_k),$$

其中

$$\zeta(s_1, \cdots, s_k) = \sum_{n_1 > \cdots > n_k \geqslant 1} \frac{1}{n_1^{s_1} \cdots n_k^{s_k}} \quad (s_1 \geqslant 2),$$

称为多重 ζ 函数.

文献[145]包含关于多重 ζ 函数值的某些讨论.对于多重多对数函数和多重 ζ 函数,文献[253-254]为我们提供了一个基本引论,还可参见文献[62,258]等.

10° 本章所给的 Nesterenko 数的线性无关性判别法则(定理 3.2)的证明是按原始论文的证明改写的.文献[77]给出了证明的另一种叙述方式.文献[56]将 Nesterenko($\mathbb{Q}$上的)线性无关性判别法则扩充到数域情形,并且给出了相应的度量性结果(线性无关性度量)(还可见[33]).数的线性无关性的研究是数的无理性研究的自然发展.当然,文献中还有其他一些类型的线性无关性判别法则([15]即为一例).

最近(2010 年),S. Fischler 和 W. Zudilin[110]给出了 Nesterenko 数的线性无关性判别法则的一种精细形式,并且证明方法也不同.文献[109]对 Nesterenko 的法则中 $\tau_1 = \tau_2$ 的特殊情形给出了一个简单证明.

S. Fischler 和 W. Zudilin 的主要结果如下:设 $N \geqslant 2$,而 $\theta_1, \cdots, \theta_N$ 以及 $\gamma_1 > 0, \gamma_2, \cdots, \gamma_N \geqslant 0$ 是给定的实数,$(p_{1,n}, \cdots, p_{N,n}) \in \mathbb{Z}^N (n = 1, 2, \cdots)$.令 $\delta_{1,n} = 1$,并用 $\delta_{i,n}$ 表示 $p_{i,n}$ 的某个正因子($n \geqslant 1; i = 2, \cdots, N$);还用 d_N 表示 $\theta_1, \cdots, \theta_N$ 在 $\mathbb{Q}$ 上生成的向量空间的维数.如果

$$\delta_{i,n} \mid \delta_{i+1,n} \quad (n \geqslant 1; i = 2, \cdots, N-1),$$

$$\frac{\delta_{j,n}}{\delta_{i,n}} \,\Big|\, \frac{\delta_{j,n+1}}{\delta_{i,n+1}} \quad (n \geqslant 1, 1 \leqslant i < j \leqslant N),$$

并且存在递增的无穷正整数列 $Q_n (n = 1, 2, \cdots)$,使得当 $n \to \infty$ 时

$$Q_{n+1} = Q_n^{1+o(1)},$$

$$\max_{1 \leqslant i \leqslant N} \mid p_{i,n} \mid \leqslant Q_n^{1+o(1)},$$

$$\Big| \sum_{i=1}^{N} p_{i,n} \theta_i \Big| = Q_n^{-\gamma_1 + o(1)},$$

$$\delta_{i,n} = Q_n^{\gamma_i + o(1)} \quad (i = 2, \cdots, N),$$

那么

$$d_N \geqslant 1 + \gamma_1 + \cdots + \gamma_s,$$

其中 $s = d_N - 1$.

这个定理中引进的 $\delta_{i,n}$ 是基于下列事实的:在 ζ 值的研究中,为应用 Nesterenko 数的线性无关性判别法则而构造的整系数线性型的系数可以

有大的公因子. 上述定理的证明方法与 Nesterenko 的方法不同, 主要应用数的几何中的 Minkowski 凸体定理 (见[19]). 如果在上述定理中取所有 $\delta_{i,n} = 1$, 以及 $Q_n = [\beta^n]$, $\gamma_1 = -\log \alpha / \log \beta$, 那么就可得到推论 3.1 (Nesterenko 判别法则中 $\tau_1 = \tau_2$ 的特殊情形, 这是最常用的情形). 如作者所指出的, 用同样的方法也可以将结果扩充到一般情形 ($\tau_1 \neq \tau_2$), 并且是最优的. 此外, 还可考虑扩充到数域情形 (即[56]或[33]中结果的精细形式).

应用上面的精细形式, S. Fischler 和 W. Zudilin[110] 得到了一些关于 ζ 值的无理性或线性无关性的新结果. 例如, 他们将定理 3.4 中 j 的范围改进为 $5 \leqslant j \leqslant 139$; 得到了某些 $q - \zeta$ 值的线性无关性 (见 3°); 还证明了: 存在奇数 $j_1 \leqslant 93$ 和 $j_2 \leqslant 1151$, 使得 $1, \log 2, \zeta(j_1), \zeta(j_2)$ 在 $\mathbb{Q}$ 上线性无关.

11° V. V. Zudilin[270] 提出 $\zeta(2k+1)$ ($k \geqslant 1$) 的线性型的超几何结构的一般形式, 由此重新得到 G. Rhin 和 C. Viola[210-211] 的关于 $\zeta(2)$ 和 $\zeta(3)$ 的无理性度量结果, 并且得到一个关于 $\zeta(5), \zeta(7), \cdots, \zeta(q-4), \zeta(q-2)$ 中至少有一个无理数的充分条件, 从而在一般的框架下给出定理 3.6 的证明. 下面我们对此作简要介绍 (还可参见[263]).

设 q 是一个固定的奇数, r 是满足 $q \geqslant r + 4$ 的正整数; 还设 $\eta_0, \eta_1, \cdots, \eta_q$ 是一组正整参数, 满足

$$\eta_1 \leqslant \eta_2 \leqslant \cdots \leqslant \eta_q < \frac{\eta_0}{2}, \quad \eta_1 + \eta_2 + \cdots + \eta_q \leqslant \frac{q-r}{2} \cdot \eta_0.$$

对每个整数 $n > 0$, 定义整数组

$$h_0 = n\eta_0 + 2, \quad h_j = n\eta_j + 1 \quad (j = 1, \cdots, q).$$

我们还定义有理函数

$$R_n(t) = (h_0 + 2t) \prod_{j=1}^{r} \frac{1}{(h_j - 1)!} \frac{\Gamma(h_j + t)}{\Gamma(1 + t)}$$

$$\cdot \prod_{j=1}^{r} \frac{1}{(h_j - 1)!} \frac{\Gamma(h_0 + t)}{\Gamma(1 + h_0 - h_j + t)}$$

$$\cdot \prod_{j=r+1}^{q} (h_0 - 2h_j)! \frac{\Gamma(h_j + t)}{\Gamma(1 + h_0 - h_j + t)},$$

然后令

$$F_n = \frac{1}{(r-1)!} \sum_{t=0}^{\infty} R_n^{(r-1)}(t).$$

由于参数的选取使得 $R_n(t) = O(t^{-2})$, 所以这个级数收敛. 用 D_n 表示某

些整数的乘积(它起到 $\zeta(3)$ 无理性证明中 $\mathrm{lcm}(1,2,\cdots,n)$ 的作用),那么 $D_n F_n$ 给出 $1,\zeta(r+2),\zeta(r+4),\cdots,\zeta(q-2)$ 的整系数线性型.应用现有无理性证明的一些经典方法(源自 G. V. Chudnovsky,E. A. Rukhadze 及 M. Hata 等,参见[265]第二节),可以给出 $(\log D_n)/n,(\log|F_n|)/n$ 等的渐近估计.最后,在 $r=3$ 的情形下,适当选取有关参数,可以得知 $\zeta(5)$, $\zeta(7),\cdots,\zeta(q-4),\zeta(q-2)$ 中至少有一个无理数;而当 $r=3,q=13$ 时,取

$$\eta_0 = 91, \quad \eta_1 = \eta_2 = \eta_3 = 27, \quad \eta_4 = 29,$$

$$\eta_5 = 30, \quad \eta_6 = 31, \quad \cdots, \quad \eta_{12} = 37, \eta_{13} = 38,$$

即可推出 $\zeta(5),\zeta(7),\zeta(9),\zeta(11)$ 中至少有一个无理数.

V. V. Zudilin[270]还推测,若将上述证明加以改进,也许有可能证明三个数 $\zeta(5),\zeta(7),\zeta(9)$ 中至少有一个无理数.

12° 关于 ζ 函数的值的无理性研究的一个相当完整的综述,可见文献[106].对于 T. Rivoal 及 W. Zudilin 的新进展(特别是 T. Rivoal 的工作)的概述,可见文献[151](它可看做[214]的后续研究).

13° 所谓 Catalan 常数是指

$$G = \sum_{n=0}^{\infty} \frac{(-1)^n}{(2n+1)^2} = 0.915\,965\,594\,1\cdots.$$

我们可以与 Apéry 数相平行地来考虑它的数论性质.实际上,我们有 Dirichlet β 公式

$$\beta(x) = \sum_{n=0}^{\infty} \frac{(-1)^n}{(2n+1)^x} \quad (x > 0)$$

(即对于 mod 4 非主特征的 Dirichlet L 函数).显然,$G = \beta(2)$.我们还有

$$\beta(2k+1) = \frac{(-1)^k E_{2k}}{2(2k)!}\left(\frac{\pi}{2}\right)^{2k+1} \quad (k \geqslant 0),$$

其中 E_n 是 Euler 数(见例 1.2.4),因此 $\beta(2k+1)(k \geqslant 0)$ 都是无理数.例如:

$$\beta(1) = \frac{\pi}{4}, \quad \beta(3) = \frac{\pi^3}{32}, \quad \beta(5) = \frac{5\pi^5}{1\,536}.$$

但我们还不知道 $\beta(2k)(k \geqslant 1)$ 是否是无理数.T. Rivoal 和 W. Zudilin[216]应用他们研究 $\zeta(2n+1)(n > 1)$ 的无理性的方法,证明了:七个数 $\beta(2)$, $\beta(4),\beta(6),\beta(8),\beta(10),\beta(12),\beta(14)$ 中至少有一个无理数.有关研究还可见[269].

14° Euler-Mascheroni 常数(也称 γ 常数)

$$\gamma = \lim_{n \to \infty} \left(\sum_{k=1}^{n} \frac{1}{k} - \log n \right)$$

$$= 0.577\ 215\ 664\ 901\ 532\ 860\ 606\ 512\ 09\cdots$$

是否是无理数,是一个著名的至今未解决的问题. 据说,G. H. Hardy 曾经说过,如果谁能解决这个问题,他将把他在剑桥大学的教授位子让给他. 可见问题之难. 历史上曾出现过一些关于它的无理性的错误"证明"(例如,A. Froda 和 R. G. Ayoub 就分别于 1965 和 1985 年给出过这类结果). T. Papanikolaou 计算过 γ 的正规连分数展开的最初 475 006 个部分商, 得到结论:如果 γ 是有理数,那么它的分母必定超过 $10^{244\ 663}$. 这似乎支持了 γ 的无理性的猜测. 受 $\zeta(3)$ 无理性的证明的启发, 2003 年, J. Sondow[234] 给出了 γ 的无理性的充要条件. 当然,这些条件目前尚难以实现,因此问题实际上仍未解决.

第 4 章　某些级数的无理性

　　无穷级数是一种表示实数的常用方法.P. Erdös 在他的科研生涯中长期关注级数的无理性研究,他及其合作者证明了不少关于级数无理性的定理,并经常提出一些有关问题,推动了级数值的无理性的研究.本章的主要目的是给出这方面的一些主要结果,同时给出其他一些关于无穷级数值的无理性的判别法则.前三节逐步深入地研究三种基本级数值的无理性,这里主要使用经典的分析方法,其中一些技巧在第 2 章(特别是其中的 2.5 和 2.6节)已经出现过,但本章显得更为复杂和多样化.4.4 节作为示例,表明如何应用特殊的递推数列构造无理数.由于文献中与上述这些工作相近或类似的研究结果较多,并且有些已经发展为超越性结果,为了避免烦琐,我们在"补充与评注"中对其中一些扼要地作了介绍.另外,K. Mahler 研究了一些不同类型的无限小数的数论性质(无理性或超越性),引起了人们的关注,他的结果被人们用不同方式进行了推广或扩充,涉及多种数论方法,成为无理性或超越性研究的一个重要课题.本章着重给出其中一种典型方法,即通过一类 Mahler 小数的无穷级数表示,用解析方法证明其无理性.

　　本章中,级数的无理性是指该级数的和是无理数.

4.1　级数 $\displaystyle\sum_{n=1}^{\infty} 1/a_n$ 的无理性

1963 年,S. W. Golomb[114]证明了级数

$$\sum_{m=0}^{\infty} \frac{1}{\mathscr{F}_m} \tag{4.1.1}$$

的和是无理数,其中 $\mathscr{F}_m = 2^{2^m} + 1 (m \geqslant 0)$ 是第 m 个 Fermat 数.同年,
P. Erdös和 E. G. Straus[101]研究了一般形式的收敛级数

$$\sum_{n=1}^{\infty} \frac{1}{a_n},$$

其中 a_n 是某些正整数,并给出了这类级数无理性的判别法则;特别地,这
蕴涵了上述 Golomb 的结果.其中一个如下:

定理 4.1　设 $a_n (n = 1, 2, \cdots)$ 是一个递增的无穷正整数列,用 A_n 表示
$a_1, a_2, \cdots, a_n$ 的最小公倍数 $\mathrm{lcm}(a_1, a_2, \cdots, a_n)$.如果

$$\varlimsup_{n \to \infty} \frac{a_n^2}{a_{n+1}} \leqslant 1, \tag{4.1.2}$$

并且存在常数 $C > 0$,使得

$$\frac{A_n}{a_{n+1}} \leqslant C \quad (n \geqslant 1), \tag{4.1.3}$$

那么级数 $\displaystyle\sum_{n=1}^{\infty} 1/a_n$ 的值是有理数,当且仅当存在正整数 n_0,使对所有 $n \geqslant n_0$,关系式

$$a_{n+1} = a_n^2 - a_n + 1 \tag{4.1.4}$$

成立,并且当式(4.1.4)成立时

$$\sum_{n=1}^{\infty} \frac{1}{a_n} = \frac{1}{a_1} + \cdots + \frac{1}{a_{n_0-1}} + \frac{1}{a_{n_0} - 1}. \tag{4.1.5}$$

证　首先注意,式(4.1.2)表明从某项开始 a_n 递增,并且当 n 充分大
时 $a_n^2/a_{n+1} < 2$.取 n_1,使当 $n \geqslant n_1$ 时 $a_n > 4$,于是 $a_{n+1} > 2a_n$(当 $n \geqslant n_1$).
由此可知

$$\sum_{j=n}^{\infty} \frac{1}{a_j} = O\left(\frac{1}{a_n}\right) \quad (\text{当 } n \geqslant 1). \tag{4.1.6}$$

设级数 $\sum_{n=1}^{\infty} 1/a_n$ 的值是有理数，将它记为 a/b，其中 a 和 b 是互素正整数. 令 $c_n = [bA_n/a_{n+1}] + 1$，则有

$$bA_n = c_n a_{n+1} - d_n, \tag{4.1.7}$$

其中整数 d_n 满足

$$0 \leqslant d_n < a_{n+1}. \tag{4.1.8}$$

特别地，$c_n \geqslant 1$，并且式(4.1.3)保证 c_n 有界. 由

$$\sum_{j=1}^{\infty} \frac{1}{a_j} = \sum_{j=1}^{n} \frac{1}{a_j} + \sum_{j=n+1}^{\infty} \frac{1}{a_j} = \frac{a}{b}$$

可得

$$\frac{B_n}{A_n} + \sum_{j=n+1}^{\infty} \frac{1}{a_j} = \frac{a}{b},$$

即

$$bB_n + bA_n \sum_{j=n+1}^{\infty} \frac{1}{a_j} = aA_n,$$

其中 B_n 是一个正整数. 上式可改写为

$$bA_n \sum_{j=n+1}^{\infty} \frac{1}{a_j} \equiv 0 \pmod{1}$$

(它表示上式左边是一个整数). 由式(4.1.7)，此即

$$(c_n a_{n+1} - d_n)\left(\frac{1}{a_{n+1}} + \frac{1}{a_{n+2}} + \cdots\right) \equiv 0 \pmod{1}. \tag{4.1.9}$$

因为 c_n 有界，所以由式(4.1.6)和(4.1.9)得

$$-\frac{d_n}{a_{n+1}} + \frac{c_n a_{n+1} - d_n}{a_{n+2}} + O\left(\frac{a_{n+1}}{a_{n+3}}\right) \equiv 0 \pmod{1}. \tag{4.1.10}$$

但由式(4.1.2)可知

$$\frac{a_{n+1}^2}{a_{n+3}} = \frac{a_{n+1}^2}{a_{n+2}} \cdot \frac{a_{n+2}^2}{a_{n+3}} \cdot \frac{1}{a_{n+2}} = o(1),$$

所以由式(4.1.10)得

$$d_n \equiv c_n \frac{a_{n+1}^2}{a_{n+2}} - d_n \frac{a_{n+1}}{a_{n+2}} + o(1) \pmod{a_{n+1}}. \tag{4.1.11}$$

由式(4.1.2)和(4.1.8)还可推出

$$0 \leqslant c_n \frac{a_{n+1}^2}{a_{n+2}} - \frac{a_{n+1}^2}{a_{n+2}} \leqslant c_n \frac{a_{n+1}^2}{a_{n+2}} - d_n \frac{a_{n+1}}{a_{n+2}} \leqslant c_n + o(1). \quad (4.1.12)$$

我们将式(4.1.11)的右边表示为 $d_n + l_n a_{n+1}$,其中 l_n 是某个整数. 由式(4.1.12)得到 $0 \leqslant d_n + l_n a_{n+1} \leqslant c_n + o(1)$;注意 c_n 有界,由此可知 $0 \leqslant d_n/a_{n+1} + l_n \leqslant o(1)$.又由式(4.1.8)知 $0 \leqslant d_n/a_{n+1} < 1$,所以我们推出,当 n 充分大时,$l_n = 0$,从而

$$d_n = c_n \frac{a_{n+1}^2}{a_{n+2}} - d_n \frac{a_{n+1}}{a_{n+2}} + o(1).$$

由此及式(4.1.12)可知,当 n 充分大时

$$d_n \leqslant c_n, \quad (4.1.13)$$

因此 d_n 也有界.又因为

$$c_{n+1} a_{n+2} - d_{n+1} = b A_{n+1} \leqslant a_{n+1} b A_n = c_n a_{n+1}^2 - d_n a_{n+1},$$

从而应用式(4.1.2)得

$$c_{n+1} \leqslant c_n \frac{a_{n+1}^2}{a_{n+2}} + o(1) \leqslant c_n + o(1), \quad (4.1.14)$$

所以当 n 充分大时 $c_{n+1} \leqslant c_n$,于是 $c_n (n \geqslant n_2)$ 是一个有界单调递减的无限正整数列,从而当 $n \geqslant n_3$ 时 $c_n = c$,这里 c 为某个固定的整数. 由式(4.1.2)和(4.1.14)可知,这仅当

$$\lim_{n \to \infty} \frac{a_n^2}{a_{n+1}} = 1 \quad (4.1.15)$$

时才有可能.于是,由式(4.1.11)得到

$$d_n - c \equiv o(1) \pmod{a_{n+1}};$$

但由式(4.1.13)知 $d_n \leqslant c$,而且 $d_n - c$ 是整数,从而 $d_n = c$(当 $n \geqslant n_4$).这样,由式(4.1.9)推出,对所有 $n \geqslant n_4$,数

$$c \left(-\frac{1}{a_{n+1}} + (a_{n+1} - 1)\left(\frac{1}{a_{n+2}} + \cdots \right) \right) \in \mathbb{Z},$$

因而

$$-\frac{1}{a_{n+1}} + (a_{n+1} - 1)\left(\frac{1}{a_{n+2}} + \cdots \right) = 0.$$

由此可知,当 $n \geqslant n_4$ 时

$$\frac{1}{a_{n+1}} = \frac{a_{n+1} - 1}{a_{n+2}} + (a_{n+1} - 1)\left(\frac{1}{a_{n+3}} + \cdots \right),$$

从而

$$a_{n+2} = a_{n+1}(a_{n+1} - 1) + a_{n+1}a_{n+2}(a_{n+1} - 1)\left(\frac{1}{a_{n+3}} + \cdots\right)$$

$$= a_{n+1}^2 - a_{n+1} + \frac{a_{n+1}^2 a_{n+2}}{a_{n+3}} - \frac{a_{n+1}a_{n+2}}{a_{n+3}}$$

$$+ a_{n+1}a_{n+2}(a_{n+1} - 1)\left(\frac{1}{a_{n+4}} + \cdots\right).$$

注意,由式(4.1.15)有

$$\frac{a_{n+1}^2 a_{n+2}}{a_{n+3}} = \frac{a_{n+1}^2}{a_{n+2}} \cdot \frac{a_{n+2}^2}{a_{n+3}} = 1 + o(1),$$

$$\frac{a_{n+1}a_{n+2}}{a_{n+3}} = \frac{a_{n+1}^2}{a_{n+2}} \cdot \frac{a_{n+2}^2}{a_{n+3}} \cdot \frac{1}{a_{n+1}} = o(1).$$

而由式(4.1.6)和(4.1.15)有

$$a_{n+1}a_{n+2}(a_{n+1} - 1)\left(\frac{1}{a_{n+4}} + \cdots\right) = O\left(\frac{a_{n+1}^2 a_{n+2}}{a_{n+4}}\right),$$

$$\frac{a_{n+1}^2 a_{n+2}}{a_{n+4}} = \frac{a_{n+1}^2}{a_{n+2}} \cdot \frac{a_{n+2}^2}{a_{n+3}} \cdot \frac{a_{n+3}^2}{a_{n+4}} \cdot \frac{1}{a_{n+3}} = o(1).$$

从而得到

$$a_{n+2} = a_{n+1}^2 - a_{n+1} + 1 + o(1) \quad (n \geqslant n_4),$$

因此,当 $n \geqslant n_5$ 时,$a_{n+2} = a_{n+1}^2 - a_{n+1} + 1$. 记 $n_0 = n_5 + 1$,可知当 $n \geqslant n_0$ 时式(4.1.4)成立,并且

$$\frac{1}{a_n} = \frac{1}{a_n - 1} - \frac{1}{a_{n+1} - 1},$$

于是,当 $l > n_0$ 时

$$\sum_{n=1}^{l} \frac{1}{a_n} = \sum_{n=1}^{n_0-1} \frac{1}{a_n} + \sum_{n=n_0}^{l} \frac{1}{a_n}$$

$$= \sum_{n=1}^{n_0-1} \frac{1}{a_n} + \sum_{n=n_0}^{l} \left(\frac{1}{a_n - 1} - \frac{1}{a_{n+1} - 1}\right)$$

$$= \sum_{n=1}^{n_0-1} \frac{1}{a_n} + \frac{1}{a_{n_0} - 1} - \frac{1}{a_{l+1} - 1}.$$

令 $l \to \infty$,并注意 a_l 递增,即得式(4.1.5).   □

用类似的方法,P. Erdös 和 E. G. Straus[101] 还证明了:

定理 4.2 若在定理 4.1 中保留条件式(4.1.2),但将条件式(4.1.3)换为

$$\overline{\lim_{n \to \infty}} \frac{A_n}{a_{n+1}} \left(\frac{a_{n+1}^2}{a_{n+2}} - 1 \right) \leqslant 0, \tag{4.1.16}$$

则定理 4.1 的结论仍成立.

2002 年, R. Tijdeman 和 P. Yuan[242] 扩充并改进了上述两个定理, 对此见本章 4.2 节注 4.2.5. 因此我们在此略去定理 4.2 的证明.

注 4.1.1 注意, 条件式 (4.1.2) 和 (4.1.3) 蕴涵条件式 (4.1.16), 但条件式 (4.1.2) 和 (4.1.16) 不蕴涵条件式 (4.1.3).

注 4.1.2 若收敛级数 $\sum\limits_{n=1}^{\infty} 1/a_n$ (a_n 是正整数) 满足关系式 $a_{n+1} = a_n^2 - a_n + 1$ (当 $n \geqslant n_0$), 则将它称为 Ahmes 级数. 由定理 4.1 的证明, 可知 Ahmes 级数的值一定是有理数 (如式 (4.1.5)).

例 4.1.1 若 α, β 是正整数, 则级数

$$\sum_{n=0}^{\infty} \frac{1}{\alpha^{2^n} + \beta^{2^n}}$$

是无理数. 特别地, Golomb 级数 (4.1.1) 的值是无理数.

证 先设 $\alpha > \beta$. 我们来验证定理 4.1 中的条件在此成立. 记 $a_n = \alpha^{2^n} + \beta^{2^n}$, 只需证明 $\sum\limits_{n=1}^{\infty} 1/a_n$ 是无理数. 我们算出

$$\frac{a_n^2}{a_{n+1}} = \frac{1 + 2(\beta/\alpha)^{2^n} + (\beta/\alpha)^{2^{n+1}}}{1 + (\beta/\alpha)^{2^{n+1}}} \to 1 \quad (n \to \infty).$$

还因为

$$A_n \mid a_1 a_2 \cdots a_n = (\alpha^2 + \beta^2) \cdots (\alpha^{2^n} + \beta^{2^n}) = \frac{\alpha^{2^{n+1}} - \beta^{2^{n+1}}}{\alpha^2 - \beta^2},$$

所以当 $n \geqslant 0$ 时

$$\frac{A_n}{a_{n+1}} \leqslant \frac{1}{\alpha^2 - \beta^2} \cdot \frac{\alpha^{2^{n+1}} - \beta^{2^{n+1}}}{\alpha^{2^{n+1}} + \beta^{2^{n+1}}} < \frac{1}{\alpha^2 - \beta^2}.$$

于是定理 4.1 中的条件式 (4.1.2), (4.1.3) 满足. 最后, 如果关系式 (4.1.4) 在此成立, 那么

$$\alpha^{2^{n+1}} + \beta^{2^{n+1}} = (\alpha^{2^n} + \beta^{2^n})^2 - (\alpha^{2^n} + \beta^{2^n}) + 1$$

$$= \alpha^{2^{n+1}} + \beta^{2^{n+1}} + 2\alpha^{2^n}\beta^{2^n} - \alpha^{2^n} - \beta^{2^n} + 1,$$

即

$$- (\alpha\beta)^{2^n} = \alpha^{2^n}\beta^{2^n} - \alpha^{2^n} - \beta^{2^n} + 1 = (\alpha^{2^n} - 1)(\beta^{2^n} - 1),$$

这显然不可能 (因为此式的左右两边分别是负数和非负数), 因而所给级数

不是 Ahmes 级数,即其值是无理数.

再设 $\alpha = \beta$,那么 $\alpha > 1$(不然,所给级数发散),因而级数可写成 $2^{-1}\sum\limits_{n=0}^{\infty}\alpha^{-2^n}$. 若不计因子 2^{-1},则得到无限小数(以 α 为底)

$$0.110\,000\,010\,000\cdots10\cdots, \tag{4.1.17}$$

其中数字 1 出现在小数点后第 2^n $(n \geq 0)$ 位,其余数字全为 0.因此全由 0 组成的数字段可以任意长,从而无限小数(4.1.17)不可能是周期的,因而是无理数(也可应用定理 1.6 得到这个结论,参见例 1.2.3).

取 $\alpha = 2, \beta = 1$,即得级数(4.1.1)的无理性(当然,这个结论也可由定理 4.1 直接推出).

例 4.1.1 中 $\alpha \neq \beta$ 的情形可推广为:

例 4.1.2 设 $\alpha > 1$ 是一个整数,$a_n = \alpha^{2^n} + \beta_n$ $(n \geq 1)$,其中 β_n 是整数,使得级数

$$\sum_{n=1}^{\infty}\frac{|\beta_n|}{\alpha^{2^n}} \tag{4.1.18}$$

收敛,那么级数 $\sum\limits_{n=1}^{\infty}1/a_n$ 的和是无理数.

证 因为级数(4.1.18)收敛,所以 $\beta_n/\alpha^{2^n} \to 0$(当 $n \to \infty$),因而当 n 充分大时,$a_n > 0$.我们算出:

$$\frac{a_n^2}{a_{n+1}} = \frac{(\alpha^{2^n} + \beta_n)^2}{\alpha^{2^{n+1}} + \beta_{n+1}}$$

$$= \frac{1 + 2(\beta_n/\alpha^{2^n}) + (\beta_n/\alpha^{2^n})^2}{1 + (\beta_{n+1}/\alpha^{2^{n+1}})} \to 1 \quad (n \to \infty),$$

$$\frac{A_n}{a_{n+1}} \leq \frac{\prod\limits_{t=1}^{n}(\alpha^{2^t} + |\beta_t|)}{\alpha^{2^{n+1}} - |\beta_{n+1}|}$$

$$= \frac{\alpha^{-2}}{1 - |\beta_{n+1}|/\alpha^{2^{n+1}}} \cdot \prod_{t=1}^{n}\left(1 + \frac{|\beta_t|}{\alpha^{2^t}}\right)$$

$$< \frac{\alpha^{-2}}{1 - |\beta_{n+1}|/\alpha^{2^{n+1}}} \cdot \exp\left(\sum_{t=1}^{n}\frac{|\beta_t|}{\alpha^{2^t}}\right).$$

因为级数(4.1.18)收敛,所以 A_n/a_{n+1} 有界.于是条件式(4.1.2),(4.1.3)在此成立.最后,关系式(4.1.4)在此成为

$$\beta_{n+1} = 2\alpha^{2^n}\beta_n + \beta_n^2 - \alpha^{2^n} - \beta_n + 1. \tag{4.1.19}$$

如果 $\beta_n \neq 0$，则当 $\beta_n > 0$ 时，由式(4.1.19)得

$$|\beta_{n+1}| = \beta_{n+1} = \alpha^{2^n}\beta_n + (\alpha^{2^n}\beta_n + \beta_n^2 - \alpha^{2^n} - \beta_n + 1)$$

$$> \alpha^{2^n}\beta_n + (\alpha^{2^n}\beta_n - \alpha^{2^n} - \beta_n + 1)$$

$$= \alpha^{2^n}\beta_n + (\alpha^{2^n} - 1)(\beta_n - 1) \geqslant \alpha^{2^n}\beta_n = \alpha^{2^n}|\beta_n|;$$

当 $\beta_n < 0$ 时，仍由式(4.1.19)得

$$-\beta_{n+1} = 2\alpha^{2^n}(-\beta_n) - \beta_n^2 + \alpha^{2^n} + \beta_n - 1$$

$$= \alpha^{2^n}|\beta_n| + (\alpha^{2^n}|\beta_n| - |\beta_n|^2 + \alpha^{2^n} - |\beta_n| - 1).$$

从而由级数(4.1.18)的收敛性可知，对于充分大的 n，有

$$-\beta_{n+1} > \alpha^{2^n}|\beta_n| + (\alpha^{2^n}|\beta_n| - |\beta_n|^2 - 2|\beta_n|)$$

$$= \alpha^{2^n}|\beta_n| + \alpha^{2^n}|\beta_n|\left(1 - \frac{|\beta_n|}{\alpha^{2^n}} - \frac{2}{\alpha^{2^n}}\right)$$

$$> \alpha^{2^n}|\beta_n|.$$

特别地，由此可知 $-\beta_{n+1} = |\beta_{n+1}|$，从而也有

$$|\beta_{n+1}| > \alpha^{2^n}|\beta_n|.$$

因此，$\beta_n \neq 0$ 蕴涵 $\beta_{n+1} \neq 0$. 如果 $\beta_n = 0$，那么由式(4.1.19)得 $\beta_{n+1} = -\alpha^{2^n} + 1 \neq 0$，于是归结为刚才考虑的情形. 总之，若式(4.1.19)成立，则当 n 充分大时，所有 $\beta_n \neq 0$，并且

$$\frac{|\beta_{n+1}|}{\alpha^{2^{n+1}}} > \frac{|\beta_n|}{\alpha^{2^n}}.$$

但由级数(4.1.17)的收敛性知这不可能. 于是条件式(4.1.4)(即式(4.1.19))在此不成立，从而由定理 4.1 得到结论.

例 4.1.3　设 $0 = m_1 < m_2 < \cdots < m_k < \cdots$ 是所有 Fermat 素数 $\mathscr{F}_m$ 的下标，那么级数

$$\sum_{k \geqslant 1} \frac{1}{\mathscr{F}_{m_k}} \tag{4.1.20}$$

是有理数，当且仅当只有有限多个 Fermat 素数.

证　充分性是显然的. 现在设级数(4.1.20)是有理数. 记 $a_k = \mathscr{F}_{m_k}$ ($k \geqslant 1$). 我们有

$$a_k^2 - a_k + 1 = (2^{2^{m_k}} + 1)^2 - (2^{2^{m_k}} + 1) + 1$$

$$= 2^{2^{m_k+1}} + 2^{2^{m_k}} + 1,$$

此式右边的表达式不可能等于 $\mathscr{F}_{m_{k+1}}$（即 a_{k+1}）. 因此定理 4.1 中的条件式(4.1.4)在此不成立,从而式(4.1.20)不可能是无穷级数,即只有有限多个Fermat素数.

关于级数 $\sum 1/a_n$ 的无理性,我们还有下列两个结果(分别见[101]和[96]）：

定理 4.3 若 $a_n (n \geqslant 1)$ 是一个正整数列,满足条件

$$a_{n+1} \geqslant a_1 a_2 \cdots a_n \quad (n = 1, 2, \cdots),$$

并且对每个给定的 $C > 0$,存在正整数 $n > C$,使得 $a_{n+1} \neq a_n^2 - a_n + 1$,那么级数 $\sum\limits_{n=1}^{\infty} 1/a_n$ 的值是无理数.

定理 4.4 若 $a_1 < a_2 < \cdots < a_n < \cdots$ 是一个正整数列,满足条件

$$\varlimsup_{n \to \infty} a_n^{1/2^n} = \infty,$$

并且存在 $\delta > 0$,使得当 n 充分大时 $a_n > n^{1+\delta}$,那么级数 $\sum\limits_{n=1}^{\infty} 1/a_n$ 的值是无理数.

1987 年,C. Badea[27] 减弱了这两个定理中的条件,给出了它们的改进形式(见本章 4.2 节注 4.2.3).

4.2 级数 $\sum\limits_{n=1}^{\infty} b_n/a_n$ 的无理性

本节考虑比 Ahmes 级数稍复杂一点的级数

$$\sum_{n=1}^{\infty} \frac{b_n}{a_n}, \tag{4.2.1}$$

其中 $a_n, b_n (n \geqslant 1)$ 是无穷正整数列,并且始终设它们收敛.

我们首先给出 C. Badea[27-28] 的一个关于级数(4.2.1)的无理性的判别法则：

定理 4.5 设级数(4.2.1)如上.如果当 n 充分大时

$$a_{n+1} \geqslant \frac{b_{n+1}}{b_n} a_n^2 - \frac{b_{n+1}}{b_n} a_n + 1, \qquad (4.2.2)$$

那么级数(4.2.1)的值是有理数,当且仅当对于充分大的 n,式(4.2.2)中的等号总能取到,即

$$a_{n+1} = \frac{b_{n+1}}{b_n} a_n (a_n - 1) + 1. \qquad (4.2.3)$$

条件式(4.2.3)的充分性证明如下:如果当 $n \geqslant n_0$ 时式(4.2.3)成立,那么对于这些 n,有

$$\frac{1}{a_{n+1} - 1} = \frac{b_n}{b_{n+1}} \left(\frac{1}{a_n - 1} - \frac{1}{a_n} \right),$$

因此

$$\frac{b_n}{a_n} = \frac{b_n}{a_n - 1} - \frac{b_{n+1}}{a_{n+1} - 1},$$

于是

$$\sum_{n=n_0}^{l} \frac{b_n}{a_n} = \frac{b_{n_0}}{a_{n_0} - 1} - \frac{b_{l+1}}{a_{l+1} - 1}.$$

因为当 l 充分大时 $a_{l+1} - 1 \geqslant a_{l+1}/2$,且级数(4.2.1)收敛,所以当 $l \to \infty$ 时 $b_{l+1}/(a_{l+1} - 1) \leqslant 2b_{l+1}/a_{l+1} \to 0$,从而级数(4.2.1)的值是有理数.

对于条件式(4.2.3)的必要性,除 C. Badea 本人给出的两个证明外,还可作为 R. Tijdeman 和 P. Yuan[242] 的结果(下文定理 4.6 和 4.8)的推论而得到(对此可见注 4.2.5 及 4.3.5).下面是 C. Badea 应用 Brun 无理性判别法则(见注 2.6.3)给出的一个证明:

记 $P_n = a_1 a_2 \cdots a_n, A_n = \sum_{k=1}^{n} P_n (b_k/a_k) (n \geqslant 1)$,那么

$$\sum_{n=1}^{\infty} \frac{b_n}{a_n} = \lim_{n \to \infty} \frac{A_n}{P_n}.$$

在例 2.6.8 中,取 $x_n = P_n, y_n = A_n$.因为 $a_n, b_n \in \mathbb{N}$,所以数列 $y_n/x_n = A_n/P_n = \sum_{k=1}^{n} b_k/a_k (n \geqslant 1)$ 且数列 $x_n (n \geqslant 1)$ 单调递增.注意 $P_{n+1} = a_{n+1} P_n$,我们有

$$A_{n+1} = \sum_{k=1}^{n+1} P_{n+1} (b_k/a_k) = \sum_{k=1}^{n+1} a_{n+1} P_n (b_k/a_k)$$

$$= a_{n+1} \left(\sum_{k=1}^{n} P_n (b_k/a_k) + P_n b_{n+1}/a_{n+1} \right),$$

于是

$$A_{n+1} = a_{n+1}A_n + b_{n+1}P_n \quad (n \geqslant 1).$$

我们需要考察条件

$$\frac{y_{n+2} - y_{n+1}}{x_{n+2} - x_{n+1}} \leqslant \frac{y_{n+1} - y_n}{x_{n+1} - x_n},$$

由前面得到的关系式,它也就是

$$\frac{(a_{n+2} - 1)A_{n+1} + b_{n+2}P_{n+1}}{P_{n+1}(a_{n+2} - 1)} \leqslant \frac{(a_{n+1} - 1)A_n + b_{n+1}P_n}{P_n(a_{n+1} - 1)}.$$

此式等价于

$$\frac{A_{n+1}}{P_{n+1}} - \frac{A_n}{P_n} \leqslant \frac{b_{n+1}}{a_{n+1} - 1} - \frac{b_{n+2}}{a_{n+2} - 1}.$$

因为上式的左边等于

$$\frac{A_{n+1}P_n - A_nP_{n+1}}{P_nP_{n+1}} = \frac{A_{n+1}P_n - A_na_{n+1}P_n}{P_nP_{n+1}} = \frac{A_{n+1} - a_{n+1}A_n}{P_{n+1}}$$

$$= \frac{a_{n+1}A_n + b_{n+1}P_n - a_{n+1}A_n}{a_{n+1}P_n} = \frac{b_{n+1}}{a_{n+1}},$$

所以我们最终需要考察不等式

$$\frac{b_{n+1}}{a_{n+1}} \leqslant \frac{b_{n+1}}{a_{n+1} - 1} - \frac{b_{n+2}}{a_{n+2} - 1}.$$

简单计算后,这个不等式可以化为

$$a_{n+1} \geqslant \frac{b_{n+1}}{b_n}a_n^2 - \frac{b_{n+1}}{b_n}a_n + 1.$$

这正是定理中的条件式(4.2.2).由 Brun 无理性判别法则,级数(4.2.1)的值的有理性蕴涵式(4.2.3).于是定理得证. □

注 4.2.1 [155]证明了 Brun 无理性判别法则与 Badea 的无理性判别法则本质上是等价的.

注 4.2.2 在定理 4.5 中,取所有 $b_n = 1$,级数(4.2.1)就成为上一节讨论的级数 $\sum 1/a_n$. 定理 4.5 采用了这个级数收敛的一般性假设.因为级数收敛蕴涵 $a_n > 1$(当 n 充分大),所以此处的条件式(4.2.2)蕴涵 $a_{n+1} \geqslant a_n^2/2$(当 n 充分大),即满足定理 4.1 中的条件式(4.1.2),但去掉了定理 4.1 中的条件式(4.1.3).因此定理 4.5 是定理 4.1 的一种推广和改进.

定理 4.5 有一些简单而有用的推论.下面的这个推论是显然的:

推论 4.1　设 $a_n(n \geqslant 1)$ 是一个无穷正整数列,级数 $\sum\limits_{n=1}^{\infty} 1/a_n$ 收敛. 如果当 n 充分大时, $a_{n+1} > a_n(a_n - 1) + 1$, 那么这个级数的值是无理数.

推论 4.2　设 $a_n(n \geqslant 1)$ 是一个无穷正整数列,级数 $\sum\limits_{n=1}^{\infty} 1/a_n$ 收敛. 如果当 n 充分大时, $a_n^{1/2^n}$ 非减,那么这个级数的值是无理数.

证　由假设条件可知,当 n 充分大时, $a_{n+1} \geqslant a_n^2, a_n > 1$, 故依推论 4.1 即得结论.　　　　　　　　　　　　　　　　　　　　　　　　$\square$

推论 4.3　设 $a_n, b_n(n \geqslant 1)$ 是无穷正整数列,级数(4.2.1)收敛. 如果当 n 充分大时, $a_{n+1}/(a_1 a_2 \cdots a_n b_{n+1})$ 非减,那么级数(4.2.1)的值是无理数.

证　由假设条件可知,当 n 充分大时

$$a_{n+1} \geqslant \frac{b_{n+1}}{b_n} a_n^2, \quad \frac{b_n}{a_n} < 1 \leqslant b_{n+1},$$

所以依定理 4.5 即得结论.　　　　　　　　　　　　　　　　　　　　$\square$

注 4.2.3　推论 4.1 和 4.2 分别减弱了定理 4.3 和 4.4 中的条件. 推论 4.3 改进了 J. Sándor[219] 的一个结果. J. Sándor 的原假设是

$$\varlimsup_{n \to \infty} \frac{a_{n+1}}{a_1 a_2 \cdots a_n b_{n+1}} = \infty, \quad \lim_{n \to \infty} \frac{a_{n+1} b_n}{a_n b_{n+1}} > 1.$$

例 4.2.1　设 $F_n(n \geqslant 0)$ 是第 n 个 Fibonacci 数, $L_n = F_{n-1} + F_{n+1}$ $(n \geqslant 1)$ 是第 n 个 Lucas 数,那么级数

$$\sum_{n=1}^{\infty} \frac{1}{F_{2^n}+1}, \quad \sum_{n=1}^{\infty} \frac{1}{L_{2^n}}$$

都是无理数.

证　我们知道下列公式[132]148:

$$F_n = \frac{\omega^n - \bar{\omega}^n}{\sqrt{5}} \quad (n = 0, 1, \cdots),$$

其中 $\omega = (1 + \sqrt{5})/2, \bar{\omega} = (1 - \sqrt{5})/2 (= -\omega^{-1})$. 经直接计算,可验证

$$F_n^2 + F_{n+1}^2 = F_{2n+1}, \tag{4.2.4}$$

$$F_n F_{n+2} - F_{n+1}^2 = (-1)^{n+1}. \tag{4.2.5}$$

记 $k = 2^n$. 由式(4.2.4)得 $F_{2k+1} > F_{k+1}^2 - F_{k+1} + 1$, 于是由推论 4.1 推出 $\sum\limits_{n=1}^{\infty} 1/F_{2^n}+1$ 的无理性.

类似地,对于 $a_n = L_{2^n} = L_k = F_{k+1} + F_{k-1}$,推论 4.1 中的条件等价于

$$F_{2k+1} + F_{2k-1} > F_{k+1}^2 + F_{k-1}^2 + 2F_{k+1}F_{k-1} - F_{k+1} - F_{k-1} + 1.$$

但由式(4.2.4),当 n 充分大时,$F_{2k+1} + F_{2k-1} = (F_k^2 + F_{k+1}^2) + (F_{k-1}^2 + F_k^2)$ $= 2F_k^2 + F_{k+1}^2 + F_{k-1}^2$,所以前一式等价于

$$F_{k+1} + F_{k-1} + 2(F_k^2 - F_{k+1}F_{k-1}) > 1.$$

由式(4.2.5)可知此式成立,所以级数 $\displaystyle\sum_{n=1}^{\infty} 1/L_{2^n}$ 是无理数.

注 4.2.4 我们来证明

$$\sum_{n=0}^{\infty} \frac{1}{F_{2^n}} = \frac{7 - \sqrt{5}}{2},$$

即左边的级数取无理值.

因为每个正整数 n 可以唯一地表示成 $n = 2^t(2k+1)$ 的形式,其中 t 和 k 是非负整数,所以当 $|x| < 1$ 时

$$\frac{x}{1-x} = \sum_{n \geqslant 1} x^n = \sum_{\substack{t \geqslant 0 \\ k \geqslant 0}} x^{2^t(1+2k)} = \sum_{t \geqslant 0} x^{2^t} \sum_{k \geqslant 0} (x^{2^{t+1}})^k.$$

注意 $\displaystyle\sum_{k \geqslant 0} (x^{2^{t+1}})^k = 1/(1 - x^{2^{t+1}})$,我们可得到等式

$$\frac{x}{1-x} = \sum_{t \geqslant 0} \frac{x^{2^t}}{1 - x^{2^{t+1}}} \quad (\text{当 } |x| < 1).$$

在其中把 x 换为 x^2,即得

$$\frac{x^2}{1 - x^2} = \sum_{t \geqslant 1} \frac{x^{2^t}}{1 - x^{2^{t+1}}} = \sum_{t \geqslant 1} \frac{1}{x^{-2^t} - x^{2^t}} \quad (\text{当 } 0 < |x| < 1).$$

现在令 $x = \omega^{-1} = (\sqrt{5} - 1)/2$,并应用表达式

$$F_{2k} = \frac{\omega^{2k} - \omega^{-2k}}{\sqrt{5}} \quad (k \geqslant 0),$$

可得

$$\sum_{t \geqslant 1} \frac{1}{F_{2^t}} = \sqrt{5} \sum_{t \geqslant 1} \frac{1}{\omega^{2^t} - \omega^{-2^t}} = \sqrt{5} \frac{\omega^{-2}}{1 - \omega^{-2}}$$

$$= \sqrt{5} \frac{1}{\omega^2 - 1} = \frac{5 - \sqrt{5}}{2}.$$

因此最终得到

$$\sum_{t \geqslant 0} \frac{1}{F_{2^t}} = \frac{1}{F_1} + \sum_{t \geqslant 1} \frac{1}{F_{2^t}} = 1 + \frac{5 - \sqrt{5}}{2} = \frac{7 - \sqrt{5}}{2}.$$

例 4.2.2 设 $\alpha > \beta > 0, q \geqslant 3, s \geqslant 0$ 是四个任意给定的整数. 应用推论 4.2(或定理 4.4)可证明级数

$$\sum_{n=0}^{\infty} \frac{1}{\alpha^{q^n} + \beta^{q^n}}, \quad \sum_{n=0}^{\infty} \frac{\alpha^{q^{n-1}} - \beta^{q^{n-1}}}{\alpha^{q^n} + \beta^{q^n}}$$

的无理性;由推论 4.3 可证明级数

$$\sum_{n=0}^{\infty} \frac{n!}{\alpha^{q^n} + \beta^{q^n}}, \quad \sum_{n=0}^{\infty} \frac{n^s}{\alpha^{q^n} + \beta^{q^n}}$$

的无理性.

下面研究 R. Tijdeman 和 P. Yuan[242] 的一个较一般的结果.

定理 4.6 设级数(4.2.1)如上. 如果

$$\varlimsup_{n \to \infty} A_{n-1} \left(\frac{b_{n+1} a_n}{a_{n+1}} - \frac{b_n}{a_n} \right) \leqslant 0, \tag{4.2.6}$$

其中 $A_n = \mathrm{lcm}(a_1, a_2, \cdots, a_n)$,那么级数(4.2.1)的值是有理数,当且仅当对于充分大的 n,式(4.2.3)成立。

证 式(4.2.3)的充分性已在前面证过. 现在设级数(4.2.1)的值是有理数 A/B,记

$$Q_n = \sum_{k=n+1}^{\infty} \frac{b_k}{a_k}.$$

那么对于所有 n, $BA_n Q_n = AA_n - B\sum_{k=1}^{n} A_n b_k / a_k$ 是一个正整数. 由式(4.2.6)及级数(4.2.1)的收敛性可知,当 $n \geqslant n_0$ 时

$$\frac{b_{n+1} a_n}{a_{n+1}} - \frac{b_n}{a_n} \leqslant \frac{1}{4BA_{n-1}}, \quad \frac{b_n}{a_n} \leqslant \frac{1}{4B}. \tag{4.2.7}$$

特别地,此时有

$$\frac{a_n}{a_{n+1}} \leqslant \frac{b_{n+1} a_n}{a_{n+1}} = \left(\frac{b_{n+1} a_n}{a_{n+1}} - \frac{b_n}{a_n} \right) + \frac{b_n}{a_n}$$

$$\leqslant \frac{1}{4BA_{n-1}} + \frac{1}{4B} \leqslant \frac{1}{2B},$$

从而当 $k > n (\geqslant n_0)$ 时

$$\frac{a_n}{a_k} = \frac{a_n}{a_{n+1}} \cdots \frac{a_{k-1}}{a_k} \leqslant \left(\frac{1}{2B} \right)^{k-n}.$$

由此并注意式(4.2.7),可知对于 $k \geqslant n+1$,有

$$\frac{b_{k+1} a_n}{a_{k+1}} - \frac{b_k}{a_k} = \frac{a_n}{a_k} \cdot \frac{b_{k+1} a_k}{a_{k+1}} - \frac{b_k}{a_k}$$

$$\leqslant \frac{a_n}{a_k}\left(\frac{b_{k+1}a_k}{a_{k+1}} - \frac{b_k}{a_k}\right)$$

$$\leqslant \left(\frac{1}{2B}\right)^{k-n}\frac{1}{4BA_{n-1}}.$$

于是当 $n \geqslant n_0$ 时

$$a_nQ_n - Q_{n-1} = \sum_{k=n}^{\infty}\left(\frac{b_{k+1}a_n}{a_{k+1}} - \frac{b_k}{a_k}\right)$$

$$= \left(\frac{b_{n+1}a_n}{a_{n+1}} - \frac{b_n}{a_n}\right) + \sum_{k=n+1}^{\infty}\left(\frac{b_{k+1}a_n}{a_{k+1}} - \frac{b_k}{a_k}\right)$$

$$\leqslant \sum_{k=n}^{\infty}\left(\frac{1}{2B}\right)^{k-n}\cdot\frac{1}{4BA_{n-1}} < \frac{1}{2BA_{n-1}}.$$

这表明当 $n \geqslant n_0$ 时,整数 $BA_{n-1}a_nQ_n - BA_{n-1}Q_{n-1} < 1$,从而这些整数小于或等于 0,于是得到 $Ba_1a_2\cdots a_nQ_n \leqslant Ba_1a_2\cdots a_{n-1}Q_{n-1}$.这就是说,无穷正整数列 $Ba_1a_2\cdots a_nQ_n(n \geqslant n_0)$ 递减,从而当 n 充分大时,$Ba_1a_2\cdots a_nQ_n$ 是一个常数.特别地,当 n 充分大时,有

$$a_nQ_n = Q_{n-1}. \tag{4.2.8}$$

由此并注意 $Q_{n-1} = Q_n + b_n/a_n$,可解得

$$Q_n = \frac{b_n}{a_n(a_n - 1)}. \tag{4.2.9}$$

在式(4.2.9)中,把 n 换为 $n+1$,可得

$$Q_{n+1} = \frac{b_{n+1}}{a_{n+1}(a_{n+1} - 1)}. \tag{4.2.10}$$

类似地,在式(4.2.8)中,把 n 换为 $n+1$,可得

$$a_{n+1}Q_{n+1} = Q_n.$$

将式(4.2.9)和(4.2.10)代入上式,即得式(4.2.3). □

推论 4.4 设 a_n, b_n 及级数(4.2.1)如定理 4.6 所给.若下列条件之一成立:

(a) $a_{n+1} \geqslant (b_{n+1}/b_n)a_n^2(1 + o(1))$,且 A_nb_{n+1}/a_{n+1} 有界;

(b) $a_{n+1} \geqslant (b_{n+1}/b_n)a_n^2(1 - \gamma_n)$,其中级数 $\sum_{n=1}^{\infty}|\gamma_n|$ 收敛;

(c) $a_{n+1} \geqslant (b_{n+1}/b_n)a_n^2 - (b_{n+1}/b_n)a_n + 1$;

(d) $a_{n+1} \geqslant (b_{n+1}/b_n)a_n^2 + O(a_nb_{n+1})$.

则级数(4.2.1)的值是有理数,当且仅当式(4.2.3)对充分大的 n 成立.

证　对于情形(a),有

$$\frac{b_{n+1}a_n}{a_{n+1}} \cdot \frac{a_n}{b_n} \leqslant (1 + o(1))^{-1} = 1 + o(1),$$

因此

$$\frac{b_{n+1}a_n}{a_{n+1}} \leqslant \frac{b_n}{a_n}(1 + o(1)).$$

因为 $A_{n-1}b_n/a_n$ 有界,所以

$$A_{n-1}\left(\frac{b_{n+1}a_n}{a_{n+1}} - \frac{b_n}{a_n}\right)\frac{A_{n-1}b_n}{a_n} \cdot o(1) = o(1),$$

即条件式(4.2.6)成立,从而得到所要的结论.

对于情形(b),因为级数 $\sum\limits_{n=1}^{\infty} |\gamma_n|$ 收敛,所以 $\gamma_n = o(1)$,并且

$$a_{n+1} \geqslant \frac{b_{n+1}}{b_n}a_n^2(1 - \gamma_n) = \frac{b_{n+1}}{b_n}a_n(1 - \gamma_n) \cdot a_n$$

$$\geqslant \frac{b_{n+1}}{b_n}a_n(1 - \gamma_n) \cdot \frac{b_n}{b_{n-1}}a_{n-1}^2(1 - \gamma_{n-1})$$

$$= \frac{b_{n+1}}{b_{n-1}}a_na_{n-1}(1 - \gamma_n)(1 - \gamma_{n-1}) \cdot a_{n-1}$$

$$\geqslant \cdots$$

$$\geqslant \frac{b_{n+1}}{b_1}a_na_{n-1}\cdots a_2a_1(1 - \gamma_n)(1 - \gamma_{n-1})\cdots(1 - \gamma_1) \cdot a_1,$$

于是

$$\frac{A_nb_{n+1}}{a_{n+1}} \leqslant \frac{a_1a_2\cdots a_nb_{n+1}}{a_{n+1}} \leqslant \frac{b_1}{a_1\eta_n},$$

其中 $\eta_n = \prod\limits_{k=1}^{n}(1 - \gamma_k)$.因为级数 $\sum\limits_{n=1}^{\infty} |\gamma_n|$ 收敛,所以 $\prod\limits_{k=1}^{\infty}(1 - \gamma_k)$ 是一个正常数,从而 η_n 有正的下界,即 A_nb_{n+1}/a_{n+1} 有界,因此,此情形可归结为情形(a)而得到结论.

对于情形(c)和(d),分别有

$$a_{n+1} > \frac{b_{n+1}}{b_n}a_n^2\left(1 - \frac{1}{a_n}\right),$$

$$a_{n+1} \geqslant \frac{b_{n+1}}{b_n}a_n^2\left(1 + O\left(\frac{b_n}{a_n}\right)\right).$$

因为 $1/a_n \leqslant b_n/a_n$,所以由级数(4.2.1)的收敛性假设,知 $\sum 1/a_n$ 和 $\sum b_n/a_n$ 都是收敛的,于是此情形可归结为情形(b)而得到结论.　　□

注 4.2.5 推论 4.4 中的情形(c)就是定理 4.5.当所有 $b_n = 1$,推论 4.4 中的情形(a)就是定理 4.1,但此处不必另行假定级数的收敛性(因为所给条件已保证级数收敛).类似地,因为定理4.2中的条件式(4.1.2)保证了级数 $\sum 1/a_n$ 的收敛性,所以在定理 4.6 中,取所有 $b_n = 1$,即得定理 4.2.

4.3 Cantor 级数的无理性

设 $a_n > 0, b_n (n \geq 1)$ 是某些整数,我们将形如

$$\sum_{n=1}^{\infty} \frac{b_n}{a_1 a_2 \cdots a_n} \tag{4.3.1}$$

的收敛级数称为 Cantor(型)级数.式(1.2.9)就是这种级数的例子.P. Erdös和 E. Straus[103]给出下面的 Cantor 级数无理性判别法则:

定理 4.7 对于级数(4.3.1),如果所有 $a_n > 1$,而且

$$\lim_{n \to \infty} \frac{|b_n|}{a_{n-1} a_n} = 0, \tag{4.3.2}$$

那么它的值是有理数,当且仅当存在正整数 B 和无穷整数列 $c_n (n \geq n_0)$,使得当 $n \geq n_0$ 时

$$B b_n = c_n a_n - c_{n+1}, \quad |c_{n+1}| < a_n/2. \tag{4.3.3}$$

证 设当 $n \geq n_0$ 时式(4.3.3)成立,那么对任何 $l > n_0$,有

$$B a_1 \cdots a_{n_0-1} \sum_{n=1}^{l} \frac{b_n}{a_1 a_2 \cdots a_n}$$

$$= B a_1 \cdots a_{n_0-1} \left(\sum_{n=1}^{n_0-1} \frac{b_n}{a_1 a_2 \cdots a_n} + \sum_{n=n_0}^{l} \frac{b_n}{a_1 a_2 \cdots a_n} \right)$$

$$= K_0 + \frac{1}{a_{n_0} \cdots a_l} \left(\sum_{n=n_0}^{l-1} a_{n+1} \cdots a_l (c_n a_n - c_{n+1}) + (c_l a_l - c_{l+1}) \right)$$

$$= K_0 + c_{n_0} - \frac{c_{l+1}}{a_{n_0} \cdots a_l},$$

其中 K_0 是一个与 l 无关的整数.注意 $|c_{l+1}| < a_l/2$,令 $l \to \infty$,可得

$$Ba_1 \cdots a_{n_0-1} \sum_{n=1}^{\infty} \frac{b_n}{a_1 a_2 \cdots a_n} \equiv 0 \,(\bmod\ 1),$$

所以级数(4.3.1)的值是有理数.

现在设级数(4.3.1)的值是有理数 $A/B(A,B$ 是整数,且 $B>0)$. 由定理中的条件可知,存在正整数 n_0,使得当 $n \geqslant n_0$ 时

$$a_n \geqslant 2, \quad \frac{\mid b_n \mid}{a_{n-1} a_n} < \frac{1}{4B}. \tag{4.3.4}$$

对于任何 $l \geqslant n_0$,我们有

$$Aa_1 \cdots a_{l-1} = Ba_1 \cdots a_{l-1} \sum_{n=1}^{\infty} \frac{b_n}{a_1 a_2 \cdots a_n} = K_1 + \frac{Bb_l}{a_l} + \sum_{n=l+1}^{\infty} \frac{Bb_n}{a_l \cdots a_n},$$

其中 K_1 是一个整数,因此

$$\frac{Bb_l}{a_l} + \sum_{n=l+1}^{\infty} \frac{Bb_n}{a_l \cdots a_n} \equiv 0 \,(\bmod\ 1).$$

令

$$R_l = \sum_{n=l+1}^{\infty} \frac{Bb_n}{a_l \cdots a_n} \quad (l \geqslant n_0),$$

那么有

$$\frac{Bb_l}{a_l} + R_l \equiv 0 \,(\bmod\ 1), \tag{4.3.5}$$

并且

$$R_l = \frac{Bb_{l+1}}{a_l a_{l+1}} + \frac{1}{a_l} \cdot R_{l+1}. \tag{4.3.6}$$

由式(4.3.4)知,当 $n \geqslant n_0$ 时

$$\mid R_l \mid \leqslant \max_{n>l} \frac{\mid Bb_n \mid}{a_{n-1} a_n} \left(1 + \sum_{n=l+2}^{\infty} \frac{1}{a_l \cdots a_{n-2}}\right)$$

$$< \frac{1}{4} \sum_{k=0}^{\infty} \frac{1}{2^k} = \frac{1}{2}. \tag{4.3.7}$$

现在来构造数列 $c_n (n \geqslant n_0)$. 我们取 c_{n_0} 为最接近于 Bb_{n_0}/a_{n_0} 的整数,即 c_{n_0} 等于 $[Bb_{n_0}/a_{n_0}]$ 和 $[Bb_{n_0}/a_{n_0}]+1$ 中的一个,并记 $Bb_{n_0} = c_{n_0} a_{n_0} - c_{n_0+1}$,那么 c_{n_0+1} 是一个整数,且

$$\left| \frac{c_{n_0+1}}{a_{n_0}} \right| = \left| \frac{Bb_{n_0}}{a_{n_0}} - c_{n_0} \right| \leqslant \frac{1}{2}. \tag{4.3.8}$$

我们还有

$$- \frac{c_{n_0+1}}{a_{n_0}} + R_{n_0} = \frac{Bb_{n_0}}{a_{n_0}} - c_{n_0} + R_{n_0},$$

于是由式(4.3.5),(4.3.7)和(4.3.8)知,$- c_{n_0+1}/a_{n_0} + R_{n_0}$ 是一个绝对值小于1的整数,从而等于零,即

$$\frac{c_{n_0+1}}{a_{n_0}} = R_{n_0}. \tag{4.3.9}$$

于是由此及式(4.3.6)得到

$$\frac{c_{n_0+1}}{a_{n_0}} = \frac{Bb_{n_0+1}}{a_{n_0}a_{n_0+1}} + \frac{R_{n_0+1}}{a_{n_0}},$$

即

$$\frac{Bb_{n_0+1}}{a_{n_0+1}} = c_{n_0+1} - R_{n_0+1}. \tag{4.3.10}$$

注意式(4.3.7),由此可知 c_{n_0+1} 是最接近于 Bb_{n_0+1}/a_{n_0+1} 的整数;特别地,由式(4.3.7)和(4.3.9)得

$$|c_{n_0+1}| < \frac{a_{n_0}}{2}.$$

记 $Bb_{n_0+1} = c_{n_0+1}a_{n_0+1} - c_{n_0+2}$,由式(4.3.10)得

$$R_{n_0+1} = c_{n_0+1} - \frac{Bb_{n_0+1}}{a_{n_0+1}} = \frac{c_{n_0+2}}{a_{n_0+1}}. \tag{4.3.11}$$

由此及式(4.3.6)即得

$$\frac{Bb_{n_0+2}}{a_{n_0+2}} = a_{n_0+1}R_{n_0+1} - R_{n_0+2} = c_{n_0+2} - R_{n_0+2}.$$

与上面类似,并注意式(4.3.7),由上式可知 c_{n_0+2} 是最接近于 Bb_{n_0+2}/a_{n_0+2} 的整数;特别地,由式(4.3.7)和(4.3.11)得

$$|c_{n_0+2}| < \frac{a_{n_0+1}}{2}.$$

这个过程继续下去,一般地,若定义了 $c_j(j > n_0)$ 是最接近 Bb_j/a_j 的整数,并记 $Bb_j = c_ja_j - c_{j+1}$,则可推出

$$\frac{Bb_{j+1}}{a_{j+1}} = c_{j+1} - R_{j+1}.$$

从而 c_{j+1} 是最接近于 Bb_{j+1}/a_{j+1} 的整数,并由此定义 c_{j+2}.于是得到所要的数列 $c_n(n \geq n_0)$.此外,还有

$$R_n = \frac{c_{n+1}}{a_n} \quad (n \geq n_0). \tag{4.3.12}$$

因而由式(4.3.7),可知式(4.3.3)中的第 2 式成立. □

注 4.3.1 应用条件式(4.3.2),由式(4.3.7)可得

$$|R_n| \leqslant 2 \max_{j>n} \frac{|Bb_j|}{a_{j-1}a_j} \to 0 \quad (n \to \infty).$$

因此由式(4.3.12)可知,当级数(4.3.1)取有理值时

$$\frac{c_{n+1}}{a_n} \to 0 \quad (n \to \infty). \tag{4.3.13}$$

于是,或者 $a_n \to \infty (n \to \infty)$,或者当 n 充分大时 $c_n = 0$,因而 $b_n = 0$.

推论 4.5 设 $a_n, b_n (n \geqslant 1)$ 如定理 4.7 所给,除满足条件式(4.3.2)外,还设当 n 充分大时,$a_{n+1} \geqslant a_n, b_n > 0$,并且满足

$$\lim_{n \to \infty} \frac{b_{n+1} - b_n}{a_n} \leqslant 0, \tag{4.3.14}$$

那么级数(4.3.1)的值是有理数,当且仅当存在正整数 B 和 C,使得当 n 充分大时

$$Bb_n = C(a_n - 1). \tag{4.3.15}$$

特别地,若还设

$$\lim_{n \to \infty} \frac{a_n}{b_n} = 0, \tag{4.3.16}$$

那么级数(4.3.1)的值是无理数.

证 若当 $n \geqslant n_0$ 时式(4.3.15)成立,那么 $b_n = C(a_n - 1)/B(n \geqslant n_0)$,于是

$$\frac{b_n}{a_1 a_2 \cdots a_n} = \frac{C}{B} \cdot \frac{a_n - 1}{a_1 \cdots a_n} = \frac{C}{B}\left(\frac{1}{a_1 \cdots a_{n-1}} - \frac{1}{a_1 \cdots a_n}\right),$$

从而级数(4.3.1)的值等于 $\sum_{n=1}^{n_0-1} b_n/(a_1 \cdots a_n) + C/(Ba_1 \cdots a_{n_0-1})$,这是一个有理数.

反过来,设级数(4.3.1)取有理值.根据定理 4.7,此时存在正整数 B 及无穷整数列 $c_n(n \geqslant n_0)$,使得当 $n \geqslant n_0$ 时

$$Bb_n = c_n a_n - c_{n+1}. \tag{4.3.17}$$

由注 4.3.1 知式(4.3.13)成立,所以由 $Bb_n/a_n = c_n - c_{n+1}/a_n$ 及 $b_n > 0$(当 n 充分大)推出,对充分大的 n,$c_n > 0$.于是对任何足够小的 $\varepsilon > 0$ 及充分大的 n,有

$$\frac{b_{n+1}}{b_n} = \frac{c_{n+1}a_{n+1} - c_{n+2}}{c_n a_n - c_{n+1}} = \frac{a_{n+1}(c_{n+1} - c_{n+2}/a_{n+1})}{c_n a_n - c_{n+1}}$$

$$> \frac{a_{n+1}(c_{n+1} - \varepsilon)}{c_n a_n} \geqslant \frac{c_{n+1} - \varepsilon}{c_n}.$$

如果 n 充分大时 $c_{n+1} > c_n$,那么 $c_{n+1} - c_n \geqslant 1$. 于是由上式并应用式(4.3.17)和(4.3.13),可知当 n 充分大时

$$b_{n+1} > \frac{c_{n+1} - \varepsilon}{c_n} \cdot b_n = \left(1 + \frac{c_{n+1} - c_n - \varepsilon}{c_n}\right)b_n$$

$$\geqslant \left(1 + \frac{1 - \varepsilon}{c_n}\right)b_n = b_n + \frac{1 - \varepsilon}{Bc_n} \cdot Bb_n = b_n + \frac{1 - \varepsilon}{Bc_n}(c_n a_n - c_{n+1})$$

$$= b_n + \frac{1 - \varepsilon}{B} \cdot \left(a_n - \frac{c_{n+1}}{c_n}\right) = b_n + \frac{1 - \varepsilon}{B} \cdot a_n\left(1 - \frac{c_{n+1}}{c_n a_n}\right)$$

$$> b_n + \frac{1 - \varepsilon}{B} \cdot a_n\left(1 - \frac{c_{n+1}}{a_n}\right) > b_n + \frac{(1 - \varepsilon)^2 a_n}{B}.$$

从而 $\lim\limits_{n \to \infty}(b_{n+1} - b_n)/a_n > 0$,这与式(4.3.14)矛盾. 因此当 n 充分大时 $0 < c_{n+1} \leqslant c_n$,从而当 $n \geqslant n_1$ 时所有 $c_n = C$(某个正整数),于是由式(4.3.17)推出式(4.3.15).

如果还设式(4.3.16)成立,那么,若级数(4.3.1)的值是有理数,则由式(4.3.15)可知,数列 b_n/a_n 有正的下界,我们得到矛盾. □

注 4.3.2 [128]将条件式(4.3.3)简化为:存在正整数 B,使得当 n 充分大时

$$Bb_n = \lambda_n a_n - \lambda_{n+1},$$

其中 λ_n 是最接近于 Bb_n/a_n 的整数;并讨论了这些条件的具体应用(还可参见[127]等).

例 4.3.1 设 λ 是一个实数,记

$$\zeta_\lambda = \sum_{n=1}^{\infty} \frac{[n^\lambda]}{n!}, \qquad (4.3.18)$$

那么当 $0 \leqslant \lambda < 1$ 时,级数(4.3.18)的值都是无理数.

证 记 $a_n = n, b_n = [n^\lambda]$,那么条件式(4.3.2)在此成立. 设级数(4.3.18)的值是有理数,那么存在整数列 $c_n (n \geqslant n_0)$,使得式(4.3.3)成立,于是

$$B\frac{[n^\lambda]}{n} = c_n - \frac{c_{n+1}}{n}.$$

注意式(4.3.13),由此可知,当 n 充分大时 $c_n = 0$,从而由式(4.3.3)得 $b_n = 0$,这不可能.于是所要的结论成立.

或者:因为 $0 \leqslant \lambda < 1$,所以条件式(4.3.2),(4.3.14)和(4.3.16)在此成立,于是由推论 4.5,可知 ζ_λ 是无理数.

注 4.3.3　2005 年 J. Hančl 和 R. Tijdman[129] 以及 2007 年 J. C. Schlage-Puchta[223] 应用不同的方法相互独立地(后者应用了一致分布理论)证明了数 $1, \mathrm{e}, \zeta_\lambda(\lambda \in (0, \infty) \backslash \mathbb{Z})$ 在有理数域 $\mathbb{Q}$ 上线性无关(即它们中任意有限多个在有理数域 $\mathbb{Q}$ 上线性无关),因而当 λ 是非负实数但不是正整数时,ζ_λ 的值都是无理数.

例 4.3.2　设 p_n 是第 n 个素数,那么级数

$$\sum_{n=1}^{\infty} \frac{p_n}{n!} \tag{4.3.19}$$

的值是无理数.

证　由于 $p_n \sim n \log n \,(n \to \infty)$ [132]$, p_{n+1} - p_n \leqslant \gamma p_n^{7/12 + \varepsilon}$ [140],其中 $\varepsilon > 0$ 是任意给定的正数,而 γ 是一个仅与 ε 有关的正常数.因此,由推论 4.5 可推出级数(4.3.19)的值的无理性.

注 4.3.4　1958 年,P. Erdös[94] 就已证明了这个结果.他并且宣称,对所有正整数 k,级数

$$\eta_k = \sum_{n=1}^{\infty} \frac{p_n^k}{n!} \quad (k = 0, 1, 2, \cdots)$$

都是无理数.但直到 2007 年,才由 J. C. Schlage-Puchta[223] 证明了这个结论(实际上,他证明的要更多些:数 $1, \eta_0, \eta_1, \cdots$ 在有理数域 $\mathbb{Q}$ 上线性无关).

2002 年,R. Tijdeman 和 P. Yuan[242] 给出了几个与推论 4.5 类似的结果,其中他们用级数(4.3.1)的收敛性假设代替了条件式(4.3.2)(注意,Cantor 级数的定义蕴涵级数(4.3.1)的收敛性).

定理 4.8　设 Cantor 级数(4.3.1)中,$a_n \,(n \geqslant 1)$ 是单调递增的正整数列,并且对所有 $n, a_n > 1$,而 $b_n \,(n \geqslant 1)$ 是一个整数列.如果下列四个条件之一成立:

(a) $\lim\limits_{n \to \infty} (b_{n+1} - b_n)/a_{n+1} = 0$;

(b) 对所有 $n, b_n > 0$,且 $\overline{\lim\limits_{n \to \infty}} (b_{n+1} - b_n)/a_n \leqslant 0$;

(c) 对所有 $n,b_n>0$,且 $\varlimsup\limits_{n\to\infty}(b_{n+1}/a_{n+1}-b_n/a_n)\leqslant 0$;

(d) 对所有 $n,b_n>0$,且当 n 充分大时 $a_nb_{n+1}-a_{n+1}b_n\leqslant b_{n+1}-b_n$.

那么级数(4.3.1)的值是有理数,当且仅当存在正整数 B 和 C,使得当 n 充分大时式(4.3.15)成立.

证 由推论 4.5 的证明可知,式(4.3.15)蕴涵级数(4.3.1)的有理性. 现在分别就四种不同情形证明式(4.3.15)对于级数(4.3.1)取有理值的必要性. 我们保留定理 4.7 的证明中的记号 A/B,并记

$$E_n = \sum_{k=n}^{\infty} \frac{b_k}{a_n a_{n+1}\cdots a_k} \quad (n=1,2,\cdots).$$

由定理 4.7 的证明可知

$$Aa_1\cdots a_{n-1} = Ba_1\cdots a_{n-1}\sum_{k=1}^{n-1}\frac{b_k}{a_1\cdots a_k} + BE_n,$$

因此对每个 n,BE_n 是非零整数,并且

$$E_{n+1} = a_nE_n - b_n \quad (n=1,2,\cdots). \tag{4.3.20}$$

由级数(4.3.1)的收敛性可知

$$E_n = o(a_1a_2\cdots a_{n-1}) \quad (n\to\infty). \tag{4.3.21}$$

1° 设条件(a)成立,那么当 $n\geqslant n_1$ 时

$$b_{n+1} - b_n \leqslant \frac{a_{n+1}}{4B}. \tag{4.3.22}$$

我们首先证明:若存在某个 $m\geqslant n_1$,使得 $E_{m+1}>E_m\geqslant 0$,则有 $E_{m+2}>E_{m+1}\geqslant 0$,并且

$$E_{m+2} - E_{m+1} > (E_{m+1} - E_m)a_{m+1} - \frac{a_{m+1}}{4B}. \tag{4.3.23}$$

事实上,因为此处 $B(E_{m+1}-E_m)$ 是一个正整数,所以

$$E_{m+1} - E_m \geqslant 1/B; \tag{4.3.24}$$

并由式(4.3.20)可知

$$E_{m+2} - E_{m+1} = (E_{m+1} - E_m)a_{m+1} + E_m(a_{m+1} - a_m) - (b_{m+1} - b_m).$$

注意 $a_{m+1}>a_m$,由此及式(4.3.22)即得上述结论.

因为 $E_{m+2}>E_{m+1}\geqslant 0$,所以在式(4.3.23)中,用 $m+1$ 代替 m,可得

$$E_{m+3} - E_{m+2} > (E_{m+2} - E_{m+1})a_{m+2} - \frac{a_{m+2}}{4B}$$

$$> (E_{m+1} - E_m)a_{m+1}a_{m+2} - \frac{a_{m+1}a_{m+2}}{4B} - \frac{a_{m+2}}{4B}. \tag{4.3.25}$$

于是,由此及式(4.3.24)可知 $E_{m+3} > E_{m+2} \geqslant 0$,从而上述过程又可重复.应用数学归纳法,并注意 $a_n > 1(n \geqslant 1)$ 及式(4.3.24),由式(4.3.25)推出,对任何 $r \geqslant 1$,有

$$E_{m+r+1} - E_{m+r}$$
$$> (E_{m+1} - E_m) a_{m+1} a_{m+2} \cdots a_{m+r}$$
$$- \frac{1}{4B}(a_{m+1} a_{m+2} \cdots a_{m+r} + a_{m+2} a_{m+3} \cdots a_{m+r} + \cdots + a_{m+r})$$
$$> \frac{1}{B} a_{m+1} a_{m+2} \cdots a_{m+r} - \frac{1}{4B} a_{m+1} \cdots a_{m+r} \left(1 + \frac{1}{2} + \frac{1}{4} + \cdots \right)$$
$$= \frac{1}{2B} a_{m+1} a_{m+2} \cdots a_{m+r}.$$

因为由归纳法,可知 $E_{m+r} > 0$,所以

$$E_{m+r+1} > \frac{1}{2B} a_{m+1} a_{m+2} \cdots a_{m+r},$$

于是

$$\lim_{r \to \infty} \frac{E_{m+r+1}}{a_1 a_2 \cdots a_m a_{m+1} a_{m+2} \cdots a_{m+r}} = \frac{1}{a_1 a_2 \cdots a_m} \cdot \lim_{r \to \infty} \frac{E_{m+r+1}}{a_{m+1} a_{m+2} \cdots a_{m+r}}$$
$$> \frac{1}{2B a_1 a_2 \cdots a_m} \neq 0. \tag{4.3.26}$$

这与式(4.3.21)矛盾.由此可得结论:若存在某个 $m \geqslant n_1$,使得 $E_m \geqslant 0$,则必有 $E_{m+1} \leqslant E_m$.如果在级数(4.3.1)中用 $-b_n$ 代替 b_n(从而用 $-E_n$ 代替 E_n),那么可知:若存在某个 $m \geqslant n_1$ 使得 $E_m \leqslant 0$,则必有 $E_{m+1} \geqslant E_m$.

如果当 $n \geqslant n_2$ 时所有 $E_n > 0$,不妨认为 $n_2 \geqslant n_1$,那么由上述结论,知数列 $E_n(n \geqslant n_2)$ 递减,所以 $BE_n(n \geqslant n_2)$ 是一个无穷递减正整数列,因而当 $n \geqslant n_0$ 时所有 $BE_n = C$,即 $E_n = C/B$,其中 C 是某个整数.将它代入式(4.3.20)即得式(4.3.15).类似地,如果当 $n \geqslant n_2$ 时所有 $E_n < 0$,那么考虑数列 $-BE_n(n \geqslant n_2)$,也可得到式(4.3.15).

最后,我们证明 E_n 不可能无限次变号.若不然,则存在 $m \geqslant n_1 + 1$,使得 $E_{m-1} \leqslant 0, E_m > 0$.由式(4.3.20)得 $b_{m-1} < 0$,而由式(4.3.22)推出

$$b_m < b_{m-1} + \frac{a_m}{4B} < \frac{a_m}{4B}. \tag{4.3.27}$$

注意 BE_m 是正整数,所以 $E_m > 1/B$;而且由 $a_m \geqslant 2$ 可得 $a_m - 1 \geqslant a_m/2$.于是由式(4.3.20)和(4.3.27)推出

$$E_{m+1} - E_m = E_m(a_m - 1) - b_m \geqslant \frac{1}{B} \cdot \frac{a_m}{2} - \frac{a_m}{4B} > 0,$$

因此 $E_{m+1} > E_m > 0$. 这样,我们又回到证明之初的情形,并将再次得到矛盾结果式(4.3.26). 这表明确实不可能出现 E_n 无限次变号的情形. 于是情形 (a) 得证.

$2°$ 设条件(b)成立,那么所有 $E_n > 0$,并且当 n 充分大时

$$b_{n+1} - b_n \leqslant \frac{a_n}{4B} \leqslant \frac{a_{n+1}}{4B},$$

即条件式(4.3.22)在此成立. 于是类似于情形(a),BE_n(当 n 充分大)是一个无穷递减正整数列,从而得到式(4.3.15).

$3°$ 设条件(c)成立,那么当 $n \geqslant n_3$ 时

$$\frac{b_{n+1}}{a_{n+1}} - \frac{b_n}{a_n} < \frac{1}{4B},$$

还有

$$E_{n+1} - E_n = \left(\frac{b_{n+1}}{a_{n+1}} - \frac{b_n}{a_n} \right) + \sum_{k=n}^{\infty} \left(\frac{b_{k+2}}{a_{n+1} \cdots a_{k+2}} - \frac{b_{k+1}}{a_n a_{n+1} \cdots a_{k+1}} \right),$$

从而

$$E_{n+1} - E_n < \left(\frac{b_{n+1}}{a_{n+1}} - \frac{b_n}{a_n} \right) + \sum_{k=n}^{\infty} \frac{1}{a_{n+1} \cdots a_{k+1}} \left(\frac{b_{k+2}}{a_{k+2}} - \frac{b_{k+1}}{a_{k+1}} \right)$$

$$< \frac{1}{4B} \left(1 + \frac{1}{2} + \frac{1}{4} + \cdots \right) = \frac{1}{2B}.$$

若 $E_{n+1} > E_n$,则 $B(E_{n+1} - E_n)$ 是一个正整数,于是 $E_{n+1} - E_n > 1/B$,与上式矛盾,所以当 n 充分大时 $E_{n+1} \leqslant E_n$. 注意 $E_n > 0$,所以 BE_n(当 n 充分大)是一个无穷递减正整数列,由此可用与上面类似的方法得到式(4.3.15).

$4°$ 设条件(d)成立,那么所有 $E_n > 0$. 若当 n 充分大时 $E_{n+1} \leqslant E_n$,那么可类似得到式(4.3.15). 现在设对某个充分大的 m,有 $E_{m+1} > E_m$,那么由式(4.3.20)得 $E_{m+2} - a_{m+1} E_{m+1} = -b_{m+1}$,$E_{m+1} - a_m E_m = -b_m$,因此

$$E_{m+2} - a_{m+1} E_{m+1} = \frac{b_{m+1}}{b_m} (E_{m+1} - a_m E_m).$$

将上式改写为

$$E_{m+2} - E_{m+1} = \left(a_{m+1} + \frac{b_{m+1}}{b_m} - a_m \frac{b_{m+1}}{b_m} - 1 \right) E_{m+1}$$

$$+ a_m \frac{b_{m+1}}{b_m}(E_{m+1} - E_m).$$

条件(d)中的不等式保证了上式右边第 1 项非负,因此

$$E_{m+2} - E_{m+1} \geqslant a_m \frac{b_{m+1}}{b_m}(E_{m+1} - E_m) > 0.$$

由于 $E_{m+2} > E_{m+1}$,所以又可重复上述过程,并且由归纳法得到:对 $r \geqslant 1$,有

$$E_{m+r+1} - E_{m+r} \geqslant a_m \cdots a_{m+r-1} \frac{b_{m+r}}{b_m}(E_{m+1} - E_m) > 0.$$

于是得到

$$\frac{b_{m+r}}{a_{m+r}} \leqslant \frac{a_1 \cdots a_{m-1} b_m}{E_{m+1} - E_m} \cdot \frac{E_{m+r+1}}{a_1 a_2 \cdots a_{m+r}}.$$

由此并应用式(4.3.21),可推出

$$\lim_{n \to \infty} \frac{a_n}{b_n} = \lim_{r \to \infty} \frac{b_{m+r}}{a_{m+r}} = 0.$$

特别地,当 $n \geqslant n_4$ 时,所有 $b_n/a_n < 1/(2B)$,从而

$$E_n = \frac{b_n}{a_n} + \sum_{k=1}^{\infty} \frac{b_{k+n}}{a_{k+n}} \cdot \frac{1}{a_n \cdots a_{k+n-1}} < \frac{1}{2B} \sum_{k=0}^{\infty} \frac{1}{2^k} = \frac{1}{B}.$$

但 BE_n 是一个正整数,因而得到矛盾,于是情形(d)得证. □

注 4.3.5　定理 4.8 的情形(b)显然蕴涵推论 4.5.现在我们证明情形(d)蕴涵 C. Badea[27-28] 的一个结果,即上节定理 4.5.在定理 4.8 的情形(d)中,用 $\beta_n = a_1 \cdots a_{n-1} b_n$ 代替级数(4.3.1)中的 b_n,那么级数(4.3.1)具有形式 $\sum b_n/a_n$,而所要求的条件

$$a_n \beta_{n+1} - a_{n+1} \beta_n \leqslant \beta_{n+1} - \beta_n$$

正是定理 4.5 中的假设

$$a_{n+1} \geqslant \frac{b_{n+1}}{b_n} a_n^2 - \frac{b_{n+1}}{b_n} a_n + 1.$$

依情形(d)的结论,$\sum b_n/a_n$ 的值是有理数,当且仅当存在正整数 B 和 C,使得当 n 充分大时 $B\beta_n = C(a_n - 1)$,从而 $(a_n - 1)/\beta_n$ 等于常数 B/C.于是对任何充分大的 n,有

$$(a_n - 1)\beta_{n+1} = (a_{n+1} - 1)\beta_n.$$

它可化为等价形式

$$a_{n+1} = \frac{b_{n+1}}{b_n} a_n (a_n - 1) + 1.$$

于是我们得到定理 4.5.

注 4.3.6 我们还可借助

$$E_n = \sum_{k=n}^{\infty} \frac{b_k}{a_n a_{n+1} \cdots a_k} \quad (n \in \mathcal{N})$$

(其中 $\mathcal{N} \subseteq \mathbb{N}$ 是一个无限正整数列)给出 Cantor 级数(4.3.1)的无理性的另一种类型的判别法则,对此可见[242].

最后我们给出两个例子.

例 4.3.3 在定理 4.8 的情形(a)中,设 $a_n = 4n - 2, b_n = n + 1$,则可知级数

$$\sum_{n=1}^{\infty} \frac{(n+1)!}{(2n)!}$$

的值是无理数.

例 4.3.4 设 Cantor 级数(4.3.1)满足条件:$a_n > 1 (n \geqslant 1)$, $b_n = O(a_n)$,而且数列 $b_n/a_n (n \geqslant 1)$ 有一个无理极限点 α,那么级数(4.3.1)的值是无理数.特别地,若 $\lim_{n \to \infty} b_n/a_n$ 存在且是无理数,那么级数(4.3.1)的值是无理数.

证 设 $\mathcal{N} \subseteq \mathbb{N}$ 是一个无限正整数列,使得 $b_n/a_n \to \alpha (n \to \infty, n \in \mathcal{N})$;而 M 是一个正常数,使得 $|b_n/a_n| \leqslant M (n \geqslant 1)$.如果 $a_n (n \in \mathcal{N})$ 不趋于无穷,那么整数 a_n, b_n 在一个有限集合中取值,从而 α 不可能是无理数,因此 $a_n \to \infty (n \to \infty, n \in \mathcal{N})$.还有,当 $n \in \mathcal{N}$ 时

$$|E_{n+1}| \leqslant \left|\frac{b_{n+1}}{a_{n+1}}\right| + \left|\frac{b_{n+2}}{a_{n+1}a_{n+2}}\right| + \cdots$$

$$\leqslant M\left(1 + \frac{1}{2} + \frac{1}{4} + \cdots\right) = 2M,$$

$$E_n = \frac{b_n}{a_n} + \frac{1}{a_n}E_{n+1} < \frac{b_n}{a_n} + \frac{2M}{a_n}. \tag{4.3.28}$$

如果级数(4.3.1)的值是有理数 A/B,那么 BE_n 是一个整数,但由式(4.3.28)知,当 $n \to \infty (n \in \mathcal{N})$ 时 $BE_n \to B\alpha$,这是一个无理数,于是我们得到矛盾.因此级数(4.3.1)的值是无理数.

注 4.3.7 [129]还进一步证明了:设 Cantor 级数(4.3.1)满足定理4.7中的条件,并且其值是有理数,那么数列 $\{b_n/a_n\} (n \geqslant 1)$ 的所有极限点都是有理数,而且它们具有相同的分母(有理数 α 的分母是指使 $m\alpha$ 为整数的最小正整数 m).此处 $\{a\}$ 表示实数 a 的分数部分(也称小数部分).

4.4　二阶线性递推数列的倒数级数的无理性

我们已经看到一些无理性结果与 Fibonacci 数 F_n 和 Lucas 数 L_n 有关,例如,在 4.2 节中证明了

$$\sum_{n=0}^{\infty} \frac{1}{F_{2^n}}, \quad \sum_{n=0}^{\infty} \frac{1}{F_{2^n+1}}, \quad \sum_{n=0}^{\infty} \frac{1}{L_{2^n}}$$

都是无理数. Fibonacci 数 F_n 和 Lucas 数 L_n 是常见的二阶线性递推数列,它们分别满足递推关系

$$F_{n+1} = F_n + F_{n-1} (n \geqslant 1), \quad F_0 = 0, \quad F_1 = 1,$$

以及

$$L_{n+1} = L_n + L_{n-1} (n \geqslant 1), \quad L_0 = 2, \quad L_1 = 1.$$

它们由关系式 $L_n = F_{n-1} + F_{n+1} (n \geqslant 1)$ 相联系,并且可以分别表示为

$$F_n = \frac{\omega^n - \bar{\omega}^n}{\sqrt{5}} (n \geqslant 0), \quad L_n = \omega^n + \bar{\omega}^n (n \geqslant 1),$$

其中 $\omega = (1+\sqrt{5})/2$,而 $\bar{\omega} = (1-\sqrt{5})/2$ 是 ω 的复数共轭(例 4.2.1).

现在考虑其他一些与二阶线性递推数列有关的无穷级数之和的无理性. 首先给出下面一个简单的实数无理性判别法则[14].

设 a 为给定的实数,u 为正整数,记集合 $\mathscr{L}(u \mid a) = \{ |k_1 + k_2 a| \mid k_1, k_2 \in \mathbb{Z}, |k_1|, |k_2| \leqslant u, k_1 + k_2 a \neq 0 \}$. 定义正整数变量 u 的函数

$$L(u \mid a) = \min \mathscr{L}(u \mid a). \tag{4.4.1}$$

显然

$$L(u \mid a) \leqslant L(v \mid a) \quad (\text{当 } u \geqslant v). \tag{4.4.2}$$

下文中,还用 n_i, c_i 等表示与变量 n 无关的正常数.

定理 4.9　设 ζ 为给定的非零实数. 如果存在无穷实数列 $\zeta_n (n \geqslant 1)$,递增无穷正整数列 $u_n (n \geqslant 1)$,以及常数 $0 < \gamma < 1$,使得对任何正整数 q,当 $n > n_0(q)$ 时

$$0 < |q(\zeta - \zeta_n)| \leqslant \gamma L(u_n \mid \zeta_n), \tag{4.4.3}$$

那么 ζ 是无理数.

证 设 $\zeta = p/q$ 是有理数,那么 $p - q\zeta = 0$,于是

$$|p - \zeta_n q| = |p - \zeta_n q - (p - q\zeta)| = |q(\zeta - \zeta_n)|.$$

由定理假设,当 $n > n_0(q)$ 时,式(4.4.3)成立,因此

$$0 < |p - \zeta_n q| \leqslant \gamma L(u_n | \zeta_n). \tag{4.4.4}$$

取 $u = \max\{|p|, |q|\} + 1$.由定义式(4.4.1)可知 $|p - \zeta_n q| \geqslant L(u | \zeta_n)$,从而由式(4.4.4)得到,当 $n > n_0(q)$ 时

$$L(u | \zeta_n) \leqslant \gamma L(u_n | \zeta_n).$$

取 n 充分大,可使 $u_n > u$.式(4.4.2),可知 $L(u | \zeta_n) \geqslant L(u_n | \zeta_n)$.因为 $0 < \gamma < 1$,故得到矛盾.于是定理得证. □

本节中,设整数列 R_n $(n \geqslant 0)$ 由二阶线性递推关系

$$R_{n+1} = AR_n + BR_{n-1} \quad (n \geqslant 0)$$

定义,其中:

（ⅰ）A, B 是整数,$B \neq 0$;

（ⅱ）多项式 $x^2 - Ax - B$ 有两个不同的实根或复根 α 和 β,它们满足 $|\alpha| \geqslant |\beta|$,而且 α/β 不是单位根;

（ⅲ）初值 R_0, R_1 是整数,而且 $(R_1 - \alpha R_0)(R_2 - \beta R_0) \neq 0$.

在这些假设下,可知 $|\alpha| > 1$,并且 R_n 可以表示成

$$R_n = a\alpha^n + b\beta^n \quad (n \geqslant 0), \tag{4.4.5}$$

其中 a, b 是次数 $\leqslant 2$ 的代数数(即它们分别是某个次数 $\leqslant 2$ 的整系数多项式的根).由式(4.4.5)并注意 $|\alpha| \geqslant |\beta|$,可知当 n 充分大时

$$|R_n| \leqslant c_1 |\alpha|^n. \tag{4.4.6}$$

另外,还有下界估计:

引理 4.1 存在只与 a, b 有关的可计算的常数 n_1 和 $c_2 > 0$,使得当 $n \geqslant n_1$ 时

$$|R_n| \geqslant |\alpha|^{n - c_2 \log n}.$$

我们还可以认为所有 $R_n \neq 0$,这是因为可以证明 R_n $(n \geqslant 0)$ 中至多只有一项为零(可见[146]).在这种情形下,我们"跳过"该项而不改变下标.

注 4.4.1 关于二阶线性递推数列的有关知识,可见[229, 245]等.引理 4.1 的证明要应用到超越数论中的 Baker 对数线性型的下界估计定理,对此可见[229][64],还可见后文引理 4.8.

引理 4.2 设 $x_n, y_n (n \geqslant 1)$ 是两个无穷实数列，$y_n < y_{n+1} (n \geqslant 1)$，$\lim\limits_{n \to \infty} y_n = +\infty$．如果 $\lim\limits_{n \to \infty} (x_{n+1} - x_n)/(y_{n+1} - y_n)$ 存在或为 $+\infty$，那么

$$\lim_{n \to \infty} \frac{x_n}{y_n} = \lim_{n \to \infty} \frac{x_{n+1} - x_n}{y_{n+1} - y_n}.$$

注 4.4.2 这是 Stolz 定理，见[2]．

引理 4.3 如果无穷正整数列 $\lambda_n (n \geqslant 0)$ 单调趋于无穷，且极限

$$\lim_{n \to \infty} \frac{\lambda_{n+1}}{\lambda_n} = \lambda > 1$$

存在，那么

$$\lim_{n \to \infty} \frac{\lambda_0 + \cdots + \lambda_{n-1}}{\lambda_n} = \frac{1}{\lambda - 1}.$$

证 在引理 4.2 中，取 $x_n = \lambda_1 + \lambda_2 + \cdots + \lambda_n$，$y_n = \lambda_0 + \lambda_1 + \cdots + \lambda_{n-1}$ $(n = 1, 2, \cdots)$，那么

$$\lim_{n \to \infty} \frac{\lambda_1 + \cdots + \lambda_{n-1} + \lambda_n}{\lambda_0 + \lambda_1 + \cdots + \lambda_{n-1}} = \lim_{n \to \infty} \frac{\lambda_{n+1}}{\lambda_n} = \lambda. \tag{4.4.7}$$

但因为

$$\frac{\lambda_1 + \cdots + \lambda_{n-1} + \lambda_n}{\lambda_0 + \lambda_1 + \cdots + \lambda_{n-1}}$$

$$= \frac{\lambda_1 + \cdots + \lambda_{n-1}}{\lambda_0 + \lambda_1 + \cdots + \lambda_{n-1}} + \frac{\lambda_n}{\lambda_0 + \lambda_1 + \cdots + \lambda_{n-1}}$$

$$= 1 - \frac{\lambda_0}{\lambda_0 + \lambda_1 + \cdots + \lambda_{n-1}} + \frac{\lambda_n}{\lambda_0 + \lambda_1 + \cdots + \lambda_{n-1}}, \tag{4.4.8}$$

注意

$$\lim_{n \to \infty} \frac{\lambda_0}{\lambda_0 + \lambda_1 + \cdots + \lambda_{n-1}} = 0,$$

所以由式(4.4.7)和(4.4.8)，得知下面的极限存在：

$$\lim_{n \to \infty} \frac{\lambda_n}{\lambda_0 + \lambda_1 + \cdots + \lambda_{n-1}},$$

且其值为 $\lambda - 1$，从而引理得证．   □

定理 4.10 设 $\sigma, \lambda_n (n \geqslant 0)$ 是正整数，τ 是非负整数，$\lambda_n (n \geqslant 0)$ 单调趋于无穷，且

$$\lim_{n \to \infty} \frac{\lambda_{n+1}}{\lambda_n} = \lambda > 1$$

存在．还设整数列 $b_n (n \geqslant 0)$ 满足

$$0 < |\, b_n \,| \leqslant c_3 \,|\, R_{\lambda_n} \,|^{\sigma(1-\varepsilon)} \quad (n \geqslant n_2),\qquad (4.4.9)$$

其中 $0 < \varepsilon \leqslant 1$ 是常数,那么当 $\lambda > 1 + 1/\varepsilon$ 时,级数

$$\Phi = \sum_{k=0}^{\infty} \frac{b_k}{R_{\sigma\lambda_k + \tau}}$$

的值是无理数.

证 记 $\varphi_n = \sum_{k=0}^{n-1} b_k / R_{\sigma\lambda_k+\tau} \, (n \geqslant 1)$. 因为 $|\, b_n \,| > 0 (n \geqslant n_2)$,所以不可能对所有充分大的 n,有 $\Phi - \varphi_n = 0$. 必要时以子列 $\varphi_{n_j} (j \geqslant 1)$ 代替 φ_n,不妨认为当 n 充分大时 $\Phi - \varphi_n \neq 0$. 取 $\alpha_1 = |\,\alpha\,|^{\sigma_1 \varepsilon}$,其中 σ_1 满足

$$\frac{\sigma}{\varepsilon(\lambda - 1)} < \sigma_1 < \sigma. \qquad (4.4.10)$$

一方面,由式(4.4.6)和(4.4.9)以及引理 4.1 可知,当 n 充分大时

$$\left| \frac{b_n}{R_{\sigma\lambda_n+\tau}} \right| \leqslant c_3 \,|\, \alpha \,|^{\sigma(1-\varepsilon)\lambda_n - \sigma\lambda_n - \tau + c_2 \log(\sigma\lambda_n + \tau)} \leqslant c_4 \, \alpha_1^{-\lambda_n}.$$

因此,当 $n \geqslant n_3$ 时

$$|\, \Phi - \varphi_n \,| \leqslant \sum_{k=n}^{\infty} \left| \frac{b_k}{R_{\sigma\lambda_k+\tau}} \right| \leqslant c_4 \, \alpha_1^{-\lambda_n} \sum_{k=n}^{\infty} |\, \alpha_1 \,|^{-(\lambda_k - \lambda_n)}$$

$$\leqslant c_5 \, \alpha_1^{-\lambda_n}. \qquad (4.4.11)$$

另一方面,对于任何给定的正整数 n,以及满足 $|\, k_1 \,|, |\, k_2 \,| \leqslant n$ 的整数 k_1,k_2,若 $k_1 + k_2 \varphi_n \neq 0$,则它为一个非零有理数,因而

$$|\, k_1 + k_2 \varphi_n \,| = \left| k_1 + k_2 \sum_{k=0}^{n-1} \frac{b_k}{R_{\sigma\lambda_k+\tau}} \right|$$

$$\geqslant \prod_{k=0}^{n-1} |\, R_{\sigma\lambda_k+\tau} \,|^{-1} \geqslant c_6^n \,|\, \alpha \,|^{-(\lambda_0 + \cdots + \lambda_{n-1})\sigma}.$$

于是由定义(4.4.1)可知

$$L(n \,|\, \varphi_n) \geqslant c_6^n \,|\, \alpha \,|^{-(\lambda_0 + \cdots + \lambda_{n-1})\sigma}. \qquad (4.4.12)$$

由式(4.4.11)和(4.4.12)得到:对于任何正整数 q,有

$$\frac{q \,|\, \Phi - \varphi_n \,|}{L(n \,|\, \varphi_n)} \leqslant \exp\left(-\lambda_n \log \alpha_1 \left(1 + \frac{c_7 n}{\lambda_n} - \frac{\sigma \log |\, \alpha \,|}{\log \alpha_1} \cdot \frac{\lambda_0 + \cdots + \lambda_{n-1}}{\lambda_n} \right) \right).$$

$$(4.4.13)$$

注意,由 $\lim_{n\to\infty} \lambda_{n+1}/\lambda_n = \lambda > 1$,可知 $\lim_{n\to\infty} n/\lambda_n = 0$;由式(4.4.10)及 α_1 的定义,可知 $0 < \sigma \log |\, \alpha \,|/(\lambda - 1)\log \alpha_1 < 1$. 于是由引理 4.3 得

$$\lim_{n\to\infty} \left(1 + \frac{c_7 n}{\lambda_n} - \frac{\sigma \log |\, \alpha \,|}{\log \alpha_1} \cdot \frac{\lambda_0 + \cdots + \lambda_{n-1}}{\lambda_n} \right) = 1 - \frac{\sigma \log |\, \alpha \,|}{(\lambda - 1)\log \alpha_1} > 0.$$

因此由式(4.4.13)推出,当 $n \geqslant n_0(q)$ 时

$$0 < \frac{q \mid \Phi - \varphi_n \mid}{L(n \mid \varphi_n)} \leqslant \frac{1}{2},$$

即定理 4.9 中的条件式(4.4.3)在此成立,于是定理得证. □

在定理 4.10 中,取 $b_n = 1 (n \geqslant 0)$,$\varepsilon = 1$,可得:

推论 4.6 当 $c > 2$ 时,级数

$$\sum_{n=0}^{\infty} \frac{1}{R_{\sigma[c^n]+\tau}} \quad (\sigma = 1,2,\cdots; \tau = 0,1,2,\cdots)$$

的值都是无理数.

例 4.4.1 当 $c \geqslant 2$ 时,下列级数的值是无理数:

$$\sum_{n=0}^{\infty} \frac{1}{F_{[c^n]}}, \quad \sum_{n=0}^{\infty} \frac{1}{F_{[c^n]+1}}, \quad \sum_{n=0}^{\infty} \frac{1}{L_{[c^n]}}$$

(其中 $c = 2$ 的情形是依据已知结果得到的).

定理 4.11 设 $\mathcal{N} = \{k_0, k_1, \cdots, k_n, \cdots\}$ 是严格单调递增的正整数列,使得 R_{k_n} 整除 $R_{k_{n+1}} (n \geqslant 0)$. 又设 $b_k (k \in \mathcal{N})$ 是一个无穷整数列,且满足

$$0 < \mid b_k \mid \leqslant c_8 \mid R_k \mid^{\delta} \quad (k = k_n \in \mathcal{N}, n \geqslant n_3), \quad (4.4.14)$$

其中 δ 是常数. 还设 $r = \inf\{k_{n+1}/k_n \mid n \geqslant n_3\} > 1$. 那么当 $0 \leqslant \delta < 1 - 1/r$ 时,级数

$$\Theta = \sum_{k \in \mathcal{N}} \frac{b_k}{R_k}$$

的值是无理数.

证 记 $\theta_n = \sum_{j=0}^{n-1} b_{k_j}/R_{k_j} (n \geqslant 1)$. 类似于定理 4.10 的证明,可以认为,当 n 充分大时 $\Theta - \theta_n \neq 0$. 令 $\alpha_2 = \mid \alpha \mid^{1-\delta_1}$,其中 δ_1 满足

$$0 \leqslant \delta < \delta_1 < 1 - \frac{1}{r}. \quad (4.4.15)$$

由式(4.4.14)及引理 4.1 可知,当 n 充分大时

$$\frac{b_{k_n}}{R_{k_n}} \leqslant c_8 R_{k_n}^{-(1-\delta)} \leqslant c_8 \mid \alpha \mid^{-(k_n - c_2 \log k_n)(1-\delta)}$$

$$\leqslant c_8 \mid \alpha \mid^{-(1-\delta_1)k_n} = c_8 \alpha_2^{-k_n}.$$

由此可得

$$\mid \Theta - \theta_n \mid \leqslant c_8 \sum_{j=n}^{\infty} \alpha_2^{-k_j} = c_8 \alpha_2^{-rk_{n-1}} \sum_{j=n}^{\infty} \alpha_2^{-(k_j - rk_{n-1})}.$$

注意,由 r 的定义知 $k_j \geqslant r^{j-n+1}k_{n-1}$ $(j \geqslant n-1)$,所以 $k_j - rk_{n-1} \geqslant r(r^{j-n}-1)k_{n-1}$.记 $r=1+\beta$ $(\beta>0)$,则当 $j \geqslant n$ 时,$r^{j-n}-1 \geqslant (j-n)\beta$.此外,存在常数 $c_9>1$,满足 $\alpha_2^{r\beta k_{n-1}}>c_9$.于是

$$\sum_{j=n}^{\infty} \alpha_2^{-(k_j - rk_{n-1})} \leqslant \sum_{j=n}^{\infty} c_9^{-(j-n)} = c_{10},$$

从而推出:当 n 充分大时

$$|\Theta - \theta_n| \leqslant c_{11}\alpha_2^{-rk_{n-1}}. \tag{4.4.16}$$

最后,由 $\mathcal{N}$ 的定义及式(4.4.6),易见

$$L(n \mid \theta_n) \geqslant |R_{k_{n-1}}|^{-1} \geqslant c_{12}|\alpha|^{-k_{n-1}}. \tag{4.4.17}$$

现在可由式(4.4.15)~(4.4.17)验证定理 4.9 中的条件式(4.4.3)在此成立,于是定理得证. □

注 4.4.3 可以证明定理 4.11 中的数列 $\mathcal{N}$ 确实存在[54].下面两个引理给出了这种例子.

引理 4.4 设 m,n 是正整数.如果 m 整除 n,那么 F_m 整除 F_n.

证 首先,对 t 用数学归纳法证明

$$F_{s+t} = F_{s-1}F_t + F_s F_{t+1} \quad (s \geqslant 1, t \geqslant 0). \tag{4.4.18}$$

当 $t=0$ 时,式(4.4.18)显然成立;当 $t=1$ 时,由 F_n 的递推关系式及 $F_1 = F_2 = 1$,得 $F_{s+1} = F_s + F_{s-1} = F_{s-1}F_1 + F_s F_2$,因此式(4.4.18)也成立.如果式(4.4.18)对于 $t=k$ 及 $t=k+1$ 成立,那么

$$F_{s+k} = F_{s-1}F_k + F_s F_{k+1}, \quad F_{s+k+1} = F_{s-1}F_{k+1} + F_s F_{k+2}.$$

将上面两式相加,即可得知式(4.4.18)对于 $t=k+2$ 也成立.于是式(4.4.18)得证.

现在设 $n=dm$ $(d \geqslant 1)$,并对 d 用数学归纳法.$d=1$ 时,结论显然成立.若结论对 $d=k$ 成立,则当 $d=k+1$ 时,由式(4.4.18)得

$$F_{(k+1)m} = F_{m+km} = F_{m-1}F_{km} + F_m F_{km+1}.$$

根据归纳假设,我们推出 F_m 整除 $F_{(k+1)m}$.于是引理得证. □

引理 4.5 设 $h \geqslant 3$ 是一个奇数,$t \geqslant 1$ 是一个整数,那么 L_{th^k} 整除 $L_{th^{k+1}}$ $(k=1,2,\cdots)$.

证 将 h 表示为 $2s+1$ $(s \geqslant 1)$,并记 $u = \omega^{t(2s+1)^k}$,$\bar{u} = \bar{\omega}^{t(2s+1)^k}$,其中 $k \geqslant 1$.我们有

$$L_{th^{k+1}} = \omega^{t(2s+1)^{k+1}} + \bar{\omega}^{t(2s+1)^{k+1}} = u^{2s+1} + \bar{u}^{2s+1}$$

$$= (u + \bar{u})(u^{2s} - u^{2s-1}\bar{u} + u^{2s-2}\bar{u}^2 + \cdots + (-1)^s u^s \bar{u}^s + \cdots$$
$$+ u^2 \bar{u}^{2s-2} - u\bar{u}^{2s-1} + \bar{u}^{2s})$$
$$= L_{th^k} U_k.$$

注意 U_k 是 $2s+1$ 个加项之和,其首末两项之和

$$u^{2s} + \bar{u}^{2s} = \omega^{2st(2s+1)^k} + \bar{\omega}^{2st(2s+1)^k} = L_{2sth^k};$$

其第 2 项与倒数第 2 项之和

$$-u^{2s-1}\bar{u} - u\bar{u}^{2s-1} = -(u\bar{u})u^{2s-2} - (u\bar{u})\bar{u}^{2s-2}$$
$$= -(\omega\bar{\omega})^{t(2s+1)^k}(u^{2s-2} + \bar{u}^{2s-2})$$
$$= (-1)^{th^k+1} L_{2(s-1)th^k};$$

等等. 而正中一项

$$(-1)^s u^s \bar{u}^s = (-u\bar{u})^s = (-1)^s (\omega\bar{\omega})^{st(2s+1)^k} = (-1)^{sth^k+s}.$$

因此 U_k 是一个非零整数. 于是引理得证. ☐

注 4.4.4 可以类似地直接证明 F_{t2^n} 整除 $F_{t2^{n+1}}$.

在定理 4.11 中,取 $b_{k_n} = 1(n \geqslant 0)$,$\delta = 0$,并注意在级数中增减有限多个有理项不影响级数的无理性(虽然 $n = 0$ 时 $L_{th^n} = L_t$ 不一定整除 $L_{th^{n+1}} = L_{th}$),所以由引理 4.4 和 4.5 得到:

例 4.4.2 设 $t \geqslant 1, d \geqslant 2$ 是整数,$h \geqslant 3$ 是奇数,那么下列两个级数的值是无理数:

$$\sum_{n=0}^{\infty} \frac{1}{F_{td^n}}, \quad \sum_{n=0}^{\infty} \frac{1}{L_{th^n}}.$$

定理 4.12 设 $\tilde{\Phi}$ 和 $\tilde{\Theta}$ 分别表示用任意方式从表示 Φ 和 Θ 的级数中去掉无穷多项后所得到的无穷级数之和,那么当 $\lambda > (1 + \sqrt{1 + 4/\varepsilon})/2$ 时,$\tilde{\Phi}$ 是无理数;当 $0 \leqslant \delta < 1 - r^{-2}$ 时,$\tilde{\Theta}$ 是无理数.

证 先证明 $\tilde{\Phi}$ 的无理性. 设 $t_n(n \geqslant 1)$ 和 $s_n(n \geqslant 1)$ 是两个如下的正整数列:

$$0 = t_1 \leqslant s_1 < t_2 \leqslant s_2 < \cdots < t_n \leqslant s_n < \cdots,$$
$$t_{n+1} - s_n \geqslant 2 \quad (n \geqslant 1),$$

并定义整数列 $f_n(n \geqslant 1)$ 如下:

$$f_k = 0 \quad (s_n < k < t_{n+1}),$$
$$f_k = 1(t_n \leqslant k \leqslant s_n) \quad (n \geqslant 1).$$

因为改变级数的初始有限个有理项不影响级数的无理性,我们只需证明,当 $\lambda > (1 + \sqrt{1 + 4/\varepsilon})/2$ 时,级数

$$\Phi_1 = \sum_{k=0}^{\infty} \frac{f_k b_k}{R_{\sigma \lambda_k + \tau}}$$

的值是无理数.为此,令 $\widetilde{\varphi}_n = \sum_{k=0}^{s_n} f_k b_k / R_{\sigma \lambda_k + \tau} \ (n \geqslant 1)$,并取 $\alpha_3 = |\alpha|^{\sigma_2 \varepsilon}$,
其中 σ_2 满足

$$\frac{\sigma}{\varepsilon \lambda (\lambda - 1)} < \sigma_2 < \sigma.$$

那么类似于定理 4.10 的证明,有

$$|\Phi_1 - \widetilde{\varphi}_n| \leqslant c_{13} \alpha_3^{-\lambda_{t_{n+1}}} \quad (n \geqslant n_4),$$

$$L(n \mid \widetilde{\varphi}_n) \geqslant c_{14}^n |\alpha|^{-(\lambda_0 + \cdots + \lambda_{s_n})\sigma}.$$

注意

$$\frac{\lambda_0 + \cdots + \lambda_{s_n}}{\lambda_{t_{n+1}}} = \frac{\lambda_0 + \cdots + \lambda_{s_n}}{\lambda_{s_n+1}} \cdot \frac{\lambda_{s_n+1}}{\lambda_{s_n+2}} \cdots \frac{\lambda_{t_{n+1}-1}}{\lambda_{t_{n+1}}},$$

所以,易由引理 4.3 得到

$$\varlimsup_{n \to \infty} \frac{\lambda_0 + \cdots + \lambda_{s_n}}{\lambda_{t_{n+1}}} \leqslant \frac{1}{\lambda(\lambda - 1)}.$$

于是可仿照前面的证明,即得到结论.

类似于定理 4.11 的证明,可得到 $\widetilde{\Theta}$ 的无理性,但其中取 $\alpha_4 = |\alpha|^{1-\delta_2}$,
而且 δ_2 满足 $0 \leqslant \delta < \delta_2 < 1 - r^{-2}$.细节从略. □

例 4.4.3 设 $\mathcal{N}$ 是 $\mathbb{N}$ 的无穷子集,而且 $\mathbb{N} \setminus \mathcal{N}$ 也是无穷集.还设 $c > (1+\sqrt{5})/2$ 为任意实数,$t \geqslant 1, d \geqslant 2$ 为任意整数,$h \geqslant 3$ 为任意奇数,那么下列级数的值都是无理数:

(ⅰ) $\sum_{k \in \mathcal{N}} \dfrac{1}{F_{[c^n]}}, \quad \sum_{k \in \mathcal{N}} \dfrac{1}{F_{[c^n]+1}}, \quad \sum_{k \in \mathcal{N}} \dfrac{1}{L_{[c^n]}};$

(ⅱ) $\sum_{k \in \mathcal{N}} \dfrac{1}{F_{td^k}}, \quad \sum_{k \in \mathcal{N}} \dfrac{1}{L_{th^k}}.$

注 4.4.5 我们猜测:当 $c > 1$ 时,例 4.4.1 和 4.4.3(ⅰ)中的级数的值都是无理数.

4.5 一类 Mahler 小数的无理性

对于任意整数 $h \geqslant 2$, 我们用 $(z)_h$ 表示正整数 z 的 h 进制表达式. 1981 年, Mahler[167] 首先证明了下面的十进无限小数是无理数:
$$a(g) = a_{10}(g) = 0.(1)_{10}(g)_{10}(g^2)_{10}(g^3)_{10} \cdots,$$
其中 $g \geqslant 2$ 是一个给定的整数. 例如, 十进无限小数
$$a(2) = 0.124\ 816\ 32\cdots, \quad a(3) = 0.139\ 278\ 124\ 3\cdots$$
都是无理数. 其后, 人们用不同方法对这个结果加以推广, 并将 $a(g)$ 及其各种推广形式统称为 Mahler 型数. 我们在此给出 P. Bundschuh[52] 的一个结果. 他考虑了任意 $h\ (\geqslant 2)$ 进制的情形, 得到:

定理 4.13 设 $g, h \geqslant 2$, 则 h 进制无限小数
$$a_h(g) = 0.(1)_h(g)_h(g^2)_h(g^3)_h \cdots \tag{4.5.1}$$
是无理数.

为证明此定理, 我们需要下列几个辅助结果.

引理 4.6 设 r, s 是两个互素正整数, 则
$$\sum_{\mu=1}^{s-1} \left[\frac{r}{s}\mu \right] = \frac{(r-1)(s-1)}{2}. \tag{4.5.2}$$

证 式 (4.5.2) 的左边之和表示在 (x, y) 平面上区域
$$1 \leqslant x \leqslant s-1, \quad 1 \leqslant y \leqslant \frac{r}{s}x$$
中整点 (即坐标为整数的点) 的个数 (例如, $[3(r/s)]$ 就是该区域中位于直线 $x = 3$ 上的整点的个数). 因为 r, s 互素, 所以在直线 $y = (r/s)x$ 上有整点, 当且仅当 x 是 s 的倍数. 由此可知, 线段 $y = (r/s)x\ (1 \leqslant x \leqslant s-1)$ 上没有整点. 因此上述整点的个数等于矩形
$$1 \leqslant x \leqslant s-1, \quad 1 \leqslant y \leqslant r-1$$
中整点的总个数的一半, 即得式 (4.5.2). □

引理 4.7 设 a 是一个绝对值大于 1 的整数, 定义变量 z 的函数

$$T(z;a) = \sum_{\sigma=0}^{\infty} z^{\sigma} a^{-\sigma(\sigma-1)/2},$$

那么对于给定的两两互异的非零有理数 $\alpha_0,\cdots,\alpha_{s-1}$,如果它们中任何两个的比都不等于 a 的整数次幂,则数 1 及 $T(\alpha_\nu;a)(\nu=0,\cdots,s-1)$ 在 $\mathbb{Q}$ 上线性无关.

这个引理的证明比较复杂,可见[243](II),此处从略.

引理 4.8 设 $\alpha_1,\cdots,\alpha_n$ 是非零代数数,它们的高 $\leqslant H_1$,用 $\log \alpha_j$ 表示它们的对数的任一确定的分支;还设 $\beta_0,\beta_1,\cdots,\beta_n$ 是高 $\leqslant H_2(H_2 \geqslant 2)$ 的代数数.记

$$\Lambda = \beta_0 + \sum_{j=1}^{n} \beta_j \log \alpha_j,$$

那么,若 $\Lambda \neq 0$,则

$$|\Lambda| > H_2^{-C},$$

其中 $C > 0$ 是一个可计算的常数,仅与 n,H_1,以及 α_k,β_k 的次数和 α_k 的对数分支有关.

注 4.5.1 这是超越数论中的一个重要结果,称为 Baker 对数线性型的下界估计定理,证明较长,可见[20]等.

注 4.5.2 代数数 α 的高是指,它所满足的不可约整系数多项式 P 的高(即 P 的系数绝对值的最大值),通常记为 $H(\alpha)$.

定理 4.13 之证 用 $d(m)$ 表示 $(g^m)_h$ 的数字个数,那么

$$g^m = c_{d(m)-1} h^{d(m)-1} + c_{d(m)-2} h^{d(m)-2} + \cdots + c_0,$$

其中 $c_j \in \{0,1,\cdots,h-1\}$,$c_{d(m)-1} \neq 0$,于是 $h^{d(m)-1} \leqslant g^m \leqslant h^{d(m)}$. 因此

$$d(m) = 1 + [m\zeta], \quad \zeta = \frac{\log g}{\log h}. \tag{4.5.3}$$

因为

$$a_h(g) = g^0 h^{-d(0)} + g^1 h^{-d(0)-d(1)} + \cdots = \sum_{n=0}^{\infty} g^n h^{-\sum_{m=0}^{n} d(m)},$$

所以

$$a_h(g) = \sum_{n=0}^{\infty} g^n h^{-1-n-\sum_{m=0}^{n}[m\zeta]}. \tag{4.5.4}$$

下面分两种情形讨论.

情形 1 设 $\zeta = r/s$ 是正有理数,其中 r,s 是互素正整数.

设 $\sigma > 0$,$\nu \geqslant 0$ 是两个整数,且 $\nu < s$. 区间 $[0,s\sigma+\nu]$ 中的每个整数 m

可以表示为 $s\tau + \mu$ 的形式,其中整数 $\tau \in [0, \sigma - 1], \mu \in [0, s - 1]$;或表示为 $s\sigma + \mu$ 的形式,其中整数 $\mu \in [0, \nu]$. 因此

$$\sum_{m=0}^{s\sigma+\nu} [m\zeta] = \sum_{\tau=0}^{\sigma-1} \sum_{\mu=0}^{s-1} \left[\frac{r}{s}(s\tau + \mu) \right] + \sum_{\mu=0}^{\nu} \left[\frac{r}{s}(s\sigma + \mu) \right]$$

$$= \sum_{\tau=0}^{\sigma-1} \sum_{\mu=0}^{s-1} \left(r\tau + \left[\frac{r}{s}\mu \right] \right) + \sum_{\mu=0}^{\nu} \left(r\sigma + \left[\frac{r}{s}\mu \right] \right)$$

$$= \frac{sr\sigma(\sigma-1)}{2} + \sigma \sum_{\mu=1}^{s} \left[\frac{r}{s}\mu \right] + r\sigma(\nu+1) + \sum_{\mu=1}^{\nu} \left[\frac{r}{s}\mu \right].$$

由此并应用引理 4.6,可得

$$\sum_{m=0}^{s\sigma+\nu} [m\zeta] = \frac{sr\sigma(\sigma-1)}{2} + \frac{\sigma(r-1)(s-1)}{2}$$

$$+ r\sigma(\nu+1) + \sum_{\mu=1}^{\nu} \left[\frac{r}{s}\mu \right]. \tag{4.5.5}$$

注意,当 r, s 互素时式(4.5.2)的右边是整数;而且每个非负整数 n 可表示成 $n = s\sigma + \nu$ 的形式,其中整数 $\nu \in [0, s - 1], \sigma \in [0, +\infty)$. 因此由式(4.5.4)和(4.5.5)得

$$a_h(g) = \sum_{\nu=0}^{s-1} g^\nu h^{-\nu-1-\sum_{\mu=1}^{\nu}[r\mu/s]}$$

$$\cdot \sum_{\sigma=0}^{\infty} (g^s h^{-s-(r-1)(s-1)/2-r(\nu+1)})^\sigma h^{-rs\sigma(\sigma-1)/2}. \tag{4.5.6}$$

记

$$c_\nu = g^\nu h^{-\nu-1-\sum_{\mu=1}^{\nu}[r\mu/s]} \quad (\nu = 0, \cdots, s-1),$$

并在引理 4.7 中取 $a = h^{rs}$,以及

$$\alpha_\nu = g^s h^{-s-(r-1)(s-1)/2-r(\nu+1)} \quad (\nu = 0, \cdots, s-1),$$

那么由式(4.5.6)得到关系式

$$a_h(g) = \sum_{\nu=0}^{s-1} c_\nu T(\alpha_\nu; a).$$

如果 $a_h(g)$ 是有理数,那么上式表明 $1, T(\alpha_\nu; a) (\nu = 0, \cdots, s-1)$ 在 $\mathbb{Q}$ 上线性相关.因而存在某两个下标 $\nu_1 \neq \nu_2$,使得 $\alpha_{\nu_1}/\alpha_{\nu_2} = a^\lambda$,其中 λ 是非零整数.于是

$$h^{(\nu_2-\nu_1)r} = h^{rs\lambda}, \quad \nu_2 - \nu_1 = s\lambda.$$

但 $\nu_2 - \nu_1 \neq 0$,且 ν_1, ν_2 都属于 $[0, s-1]$,我们得到矛盾.因此在此情形下,

$a_h(g)$确实是无理数.

情形 2　设 ζ 是无理数(由超越数论中的结果可知,此时 ζ 实际上是超越数).

由式(4.5.3)和(4.5.4)得

$$a_h(g) = h^{-1} + h^{-1} \sum_{n=1}^{\infty} g^n \left(\prod_{m=1}^{n} h^{1+[m\zeta]} \right)^{-1}.$$

设 $a_h(g)$ 是有理数. 我们对上式右边中的 Cantor 级数

$$\sum_{n=1}^{\infty} g^n \left(\prod_{m=1}^{n} h^{1+[m\zeta]} \right)^{-1}$$

应用定理 4.7,在其中取 $a_n = h^{1+[n\zeta]}, b_n = g^n (n \geqslant 1)$. 由式(4.5.3)可知

$$a_{n-1} a_n = h^{2+[n\zeta]+[(n-1)\zeta]} \geqslant h^{(2n-1)\zeta} = g^{2n-1}.$$

因此定理 4.7 中的条件在此成立,从而存在常数 $B > 0$ 及无穷整数列 $c_n (n \geqslant n_0)$,使得当 $n \geqslant n_0$ 时

$$Bg^n = c_n h^{1+[n\zeta]} - c_{n+1}, \quad |c_{n+1}| < \frac{1}{2} h^{1+[n\zeta]}. \tag{4.5.7}$$

由此推出

$$\frac{1}{2} g^n h = \frac{1}{2} h^{1+n\zeta} > |c_{n+1}| = |c_n h^{1+[n\zeta]} - Bg^n| \geqslant (|c_n| - B) g^n,$$

即对充分大的 $n, |c_n| < B + h/2$. 于是 $c_n (n \geqslant n_0)$ 是一个有界的无穷整数列,因此存在整数 c, c^*,使得对无穷多个下标 n(将这些 n 组成的集合记为 $\mathcal{N} \subset \mathbb{N}$),有 $c_n = c, c_{n+1} = c^*$. 由式(4.5.7)可知

$$c^* = ch^{1+[n\zeta]} - Bg^n \quad (n \in \mathcal{N}). \tag{4.5.8}$$

首先设 $c^* = 0$. 由式(4.5.8),h 和 g 具有某些相同的素因子,设 p 是其中任意一个,用 $\mathrm{Ord}_p(a)$ 表示整数 a 对于因子 p 的次数,那么由式(4.5.8)得知,对 $n \in \mathcal{N}$,有

$$\mathrm{Ord}_p(c) + (n\zeta - \{n\zeta\} + 1) \mathrm{Ord}_p(h) = \mathrm{Ord}_p(B) + n \mathrm{Ord}_p(g),$$

于是

$$(\zeta \mathrm{Ord}_p(h) - \mathrm{Ord}_p(g)) n = K - (1 - \{n\zeta\}) \mathrm{Ord}_p(h), \tag{4.5.9}$$

其中整数 K 是一个与 n 无关的常数. 因为 $\{n\zeta\} \in [0, 1)$,而 $n \in \mathcal{N}$ 可以任意大,所以由式(4.5.9)推出

$$\zeta \mathrm{Ord}_p(h) - \mathrm{Ord}_p(g) = 0.$$

这与 ζ 的无理性假设矛盾.

现在设 $c^* \neq 0$. 由式(4.5.8)可知,对 $n \in \mathcal{N}$,有

$$(c^*/B)g^{-n} = \exp((1 + [n\zeta])\log h - n\log g + \log(c/B)) - 1.$$
$$(4.5.10)$$

记

$$\Lambda = (1 + [n\zeta])\log h - n\log g + \log(c/B), \qquad (4.5.11)$$

其中 log 表示对数主支. 由引理 4.8 知,或者 $\Lambda = 0$,或者 $|\Lambda| \geqslant H_2^{-C}$.

如果 $c^* > 0$,那么 $\Lambda > 0$. 由式(4.5.10),(4.5.11)及引理 4.8,我们有

$$(c^*/B)g^{-n} = e^{\Lambda} - 1 > \Lambda \geqslant (\max\{1 + [n\zeta], n\})^{-C}$$
$$\geqslant \gamma_1 n^{-C} = \gamma_1 g^{-C\log n/\log g} \quad (n \in \mathcal{N}),$$

其中 γ_1(及后文的 γ_2)> 0 是常数. 当 $n \in \mathcal{N}$ 充分大时,上式不可能成立.

如果 $c^* < 0$,那么由式(4.5.10)知,当 $n \in \mathcal{N}$ 充分大时,$-1 \leqslant \Lambda < 0$,从而

$$|c^*/B| g^{-n} = |e^{\Lambda} - 1| = \left| \Lambda + \frac{\Lambda^2}{2!} + \cdots \right|$$
$$\geqslant |\Lambda| \left(1 - \frac{1}{2!} - \frac{1}{3!} - \cdots \right)$$
$$= (3 - e)|\Lambda|$$
$$\geqslant \gamma_2 n^{-C}.$$

同样,当 $n \in \mathcal{N}$ 充分大时,上式也不可能成立. 于是定理得证. □

注 4.5.3　P. Bundschuh[52]还证明了当 $\zeta \in \mathbb{Q}$(情形 1)时,$a_h(g)$ 不是 Liouville 数(关于 Liouville 数的概念,见本书附录),并考虑了 $a_{10}(10^l)$(此处 l 为给定的正整数)的无理性度量.

注 4.5.4　应用与上文不同的方法,Z. Shan 和 E. T. H. Wang[228]将定理 4.13 扩充为:若 $g, h \geqslant 2, n_k (k \geqslant 1)$ 是任意无界非负整数列,那么

$$0.(g^{n_1})_h (g^{n_2})_h \cdots (g^{n_k})_h \cdots$$

是无理数. H. Niederreiter[187]借助较简单的推理证明了:若 $\tau_n (n \geqslant 1)$ 是一个无穷正整数列,点列 $\{\log_h \tau_n\} (n \geqslant 1)$ 以 0 为其一个聚点,则

$$0.(\tau_1)_h (\tau_2)_h \cdots (\tau_n)_h \cdots$$

是无理数. 特别地,取 $\tau_n = g^n$,若 $\log_h g$ 是无理数(即上述证明中的情形 2),则可推出 $a_h(g)$ 的无理性(参见例 2.6.12 及注 2.6.4).

4.6 补充与评注

$1°$ A. Oppenheim[194] 推广了定理 4.1.他的一个结果是:设 α_n, a_n, e_n $(n \geqslant 1)$是三个无限正整数列,满足下列条件:

$$\overline{\lim_{n \to \infty}} \frac{\alpha_{n+1} a_n^2}{a_{n+1}} \leqslant 1,$$

$$\frac{\alpha_1 \alpha_2 \cdots \alpha_{n+1} A_n}{A_{n+1}} \leqslant C,$$

$$1 \leqslant e_n \leqslant C_1 \quad (n \geqslant 1),$$

其中 $C, C_1 > 0$ 是常数,$A_n = \mathrm{lcm}(a_1, a_2, \cdots, a_n)$,那么级数

$$\sum_{n=1}^{\infty} \frac{\alpha_1 \alpha_2 \cdots \alpha_n}{a_n} e_n$$

的值是有理数,当且仅当 n 充分大时

$$a_{n+1} - 1 = \alpha_{n+1} a_n (a_n - 1), \quad e_n = E,$$

其中 E 是某个常数.这个结果的证明与定理 4.1 的证明类似.特别地,取所有 $\alpha_n, e_n = 1$,就得到定理 4.1.

A. Oppenheim 的其他关于级数无理性的结果可见[192,195]等.

$2°$ 文献[128]证明了:若 $\alpha, \theta \in \mathbb{R}$,且 $\alpha > 0, \theta > 1$,则存在无穷递增正整数列 $a_n (n = 1, 2, \cdots)$,使得 $\sum_{n=1}^{\infty} 1/a_n = \alpha$,而且 $\lim_{n \to \infty} a_{n+1}/a_n = \theta$.同时文中提出了下列命题是否正确的问题:若正整数列 $a_n (n = 1, 2, \cdots)$ 使得 $\sum_{n=1}^{\infty} 1/a_n$ 的和 $\alpha \in \mathbb{Q}$,并且实数 θ 满足条件 $\lim_{n \to \infty} (a_{n+1} - \theta a_n) = 0$,那么 $\theta \in \mathbb{Z}$,而且当 $n \geqslant n_0$ 时,$a_{n+1} = \theta a_n$. 该文对此还作了一些讨论.

$3°$ 1963 年,P. Erdös 和 E. G. Straus[101] 提出无理性数列的概念.一个无穷正整数列 $a_n (n \geqslant 1)$ 称为无理性数列,如果它严格单调递增,并且对所有无穷整数列 $b_n (n \geqslant 1)$,级数 $\sum 1/(a_n b_n)$ 都是无理数. 如果 $\lim_{n \to \infty} (\log_2 \log a_n)/n > 1$,那么 $a_n (n \geqslant 1)$ 是一个无理性数列.P. Erdös[96]

证明了$2^{2^n}(n \geqslant 1)$是一个无理性数列. 注意, 数列 $n!(n \geqslant 1)$ 不是无理性数列, 这是因为

$$\sum_{n=1}^{\infty} \frac{1}{n!(n+2)} = \sum_{n=1}^{\infty} \frac{n+1}{(n+2)!} = \sum_{n=1}^{\infty} \left(\frac{1}{(n+1)!} - \frac{1}{(n+2)!} \right) = \frac{1}{2}.$$

满足 $a_{n+1} = a_n^2 - a_n + 1$ 的数列 a_n 也不是无理性数列, 因为此时

$$\frac{1}{a_n} = \frac{1}{a_n - 1} - \frac{1}{a_{n+1} - 1}.$$

P. Erdös[98] 还讨论了无理性数列的概念的其他可能的定义方式.

与无理性数列研究有关的文献可见[115,119,121 - 122]等. 文献[123]提出了超越性数列的概念.

4° 2004 年, J. Hančl[124] 证明了: 设 $a_n, b_n (n \geqslant 1)$ 是无穷正整数列, $a_n (n \geqslant 1)$ 非减, 满足下列条件:

$$\varliminf_{n \to \infty} a_n^{1/2^n} = A_1, \quad \varlimsup_{n \to \infty} a_n^{1/2^n} = A_2,$$

并且当 n 充分大时

$$a_n \geqslant n^{1+\varepsilon}, \quad b_n \leqslant 2^{(\log_2 a_n)^\alpha},$$

其中 $0 < \alpha < 1, 1 < A_1 < A_2, \varepsilon > 0$, 那么级数 $\sum\limits_{n=1}^{\infty} b_n / a_n$ 的值是无理数.

我们见到定理 4.4 已被改进, 看来上述定理中的条件应该能被减弱. 另外, J. Hančl 在文中还提出了几个公开问题.

2009 年, J. Hančl 和 Štěpnička[126] 考虑了某些 $\sum\limits_{n=1}^{\infty} b_n / a_n$ 形式的级数的无理性及无理性度量.

5° 一些文献考虑了级数 $\sum b_n / a_n$ 的某些特殊形式的无理性问题. 1981 年, P. Erdös[97] 证明了级数 $\sum \alpha_n / 2^{\alpha_n}$ 的值是无理数, 其中 $\alpha_n (n \geqslant 1)$ 是严格单调递增的无穷正整数列, 并且 $\alpha_{n+1} - \alpha_n \to +\infty (n \to \infty)$. 实际上, 他证明了级数 $\sum \alpha_n / q^{\alpha_n}$ 的无理性, 其中 $q > 1$ 是任意整数. 1993 年, D. Duverney[81] 应用他的无理性法则, 得到这个结果的特殊情形: 级数 $\sum\limits_{n=1}^{\infty} p_n / 2^{p_n}$ 是无理数, 其中 p_n 是第 n 个素数.

1973 年, S. Golomb[116] 证明了下面的定理: 设 $a_n (n \geqslant 1)$ 是一个无穷非负整数列, 有无穷多个 n 使得 $a_n \neq 0$, 并且满足

$$\sum_{k=1}^{n} a_n = o(n) \quad (n \to \infty),$$

那么对于任何整数 $q > 1$，$\sum_{n=1}^{\infty} a_n q^{-n}$ 是无理数. 但正如 D. Duverney[81] 的分析所显示的，这个定理不蕴涵前面所说的 P. Erdös[97] 的结果.

1999 年，Y. G. Chen 和 Z. Ruzsa[66] 给出了一些这种形式级数的无理性充分条件，并解决了 P. Erdös[97] 提出的一个问题，即证明了级数 $\sum n/2^n$ 的值是无理数，其中 n 是无平方因子数.

6° 类似于本章中关于级数无理性的结果，我们可以建立某些形如

$$\prod_{n=1}^{\infty} \left(1 + \frac{1}{a_n}\right), \quad \prod_{n=1}^{\infty} \left(1 + \frac{b_n}{a_n}\right)$$

的无穷乘积的无理性判别法则. 一个早期的结果可见 [61]. A. Oppenheim[193] 和 J. Badea[26] 分别给出了一个与定理 4.1 和 4.5 类似的法则，用来判定某些无穷乘积的无理性. 看来它们应该能类似于定理 4.5 那样被改进和扩充.

关于无穷乘积的无理性（以及更一般的超越性）的研究，还可见 [17, 48, 53, 57, 85, 161, 219, 260] 等，但其中有些要用到复分析或某些较专门的知识（例如 θ 函数）.

7° G. Cantor[60] 首先研究用形如 4.3 节中级数 (4.3.1) 表示实数的问题. 原始的 Cantor 级数定义要求整数 a_n, b_n 满足下列条件：

$$a_n \geqslant 2, \quad 0 \leqslant b_n \leqslant a_n - 1 \quad (n = 1, 2, \cdots),$$

并且有无穷多个 n 使得 $b_n \neq 0$. 他证明了每个实数可以唯一地表示为某个整数与上述形式的级数之和. 他还证明了：每个实数 $\zeta \in (0, 1]$ 可以唯一地表示为

$$\xi = \sum_{n=1}^{\infty} \frac{c_n}{n!}$$

的形式，其中整数 $c_n \in [0, n)$，并且有无穷多个 n 使得 $c_n \neq 0$；而且 ζ 是无理数，当且仅当 n 充分大时 $c_n = n - 1$.

关于 Cantor 级数的进一步的研究，可见 [113, 212] 等.

8° P. Erdös 及其合作者考虑了一些加项的分子是数论函数的 Cantor 级数的无理性. 例如：

（a）1974 年，P. Erdös 和 E. G. Straus[103] 应用定理 4.7 证明了：设 p_n

是第 n 个素数，$a_n (n \geqslant 1)$ 是单调递增的正整数列，满足

$$\lim_{n \to \infty} \frac{p_n}{a_n^2} = 0, \quad \lim_{n \to \infty} \frac{a_n}{p_n} = 0,$$

那么级数

$$\sum_{n=1}^{\infty} \frac{p_n}{a_1 a_2 \cdots a_n}$$

的值是无理数. P. Erdös[98] 猜测上述条件可减弱为 $a_n \geqslant 2, a_n / p_n \to 0$ $(n \to \infty)$.

(b) 1948 年，P. Erdös[92] 考虑了 Lambert 级数的无理性，证明了：设 $d(n)$ 是除数函数（即 n 的所有不同因子的个数），那么对每个整数 $t > 1$，级数

$$\sum_{n=1}^{\infty} \frac{d(n)}{t^n} = \sum_{n=1}^{\infty} \frac{1}{t^n - 1}$$

的值都是无理数. 1971 年，P. Erdös 和 E. G. Straus[102] 证明了更一般的结果：设 $a_n (n \geqslant 1)$ 是单调正整数列，$a_1 \geqslant 2$，那么级数

$$\sum_{n=1}^{\infty} \frac{d(n)}{a_1 a_2 \cdots a_n}$$

是无理数. P. Erdös[98] 猜测只需假定正整数列 $a_n \to \infty (n \to \infty)$，上述结论即可成立. 关于 Lambert 级数的无理性，还可见文献 [246].

(c) 1974 年，P. Erdös 和 E. G. Straus[103] 还应用定理 4.7 证明了：设 $\phi(n)$ 和 $\sigma(n)$ 分别是 Euler 函数（即区间 $[1, n]$ 中与 n 互素的整数的个数）及除数和函数（即 n 的所有不同因子之和），$a_n (n \geqslant 1)$ 是任意具有无穷多个非零项的整数列. 如果当 n 充分大时，$a_n > n^{1/2 + \varepsilon}$，$|a_n| < n^{1/2 - \varepsilon}$（$\varepsilon$ 是某个给定的正数），那么下面三个级数

$$\sum_{n=1}^{\infty} \frac{\phi(n)}{a_1 a_2 \cdots a_n}, \quad \sum_{n=1}^{\infty} \frac{\sigma(n)}{a_1 a_2 \cdots a_n}, \quad \sum_{n=1}^{\infty} \frac{\alpha_n}{a_1 a_2 \cdots a_n}$$

的值以及数 1 在有理数域 $\mathbb{Q}$ 上线性无关，因而它们的值都是无理数. P. Erdös[98] 还猜测只需假定正整数列 a_n 单调递增，上述前两个级数的值都是无理数，但 $a_n \to \infty (n \to \infty)$ 不足以保证这两个级数的值的无理性.

9° 由 8° 中 (b) 和 (c)，可知级数

$$\sum_{n=1}^{\infty} \frac{d(n)}{n!}, \quad \sum_{n=1}^{\infty} \frac{\phi(n)}{n!}, \quad \sum_{n=1}^{\infty} \frac{\sigma(n)}{n!}$$

的值都是无理数. 稍一般些，1954 年，A. Oppenheim[192] 证明了：

$$\sum_{n=1}^{\infty} \varepsilon_n \frac{d(n)}{n!}, \quad \sum_{n=1}^{\infty} \varepsilon_n \frac{\phi(n)}{n!}, \quad \sum_{n=1}^{\infty} \varepsilon_n \frac{\sigma(n)}{n!}$$

($\varepsilon_n \in \{-1, 1\}$)的值都是无理数.

用 $\sigma_k(n)$ 表示 n 的不同因子的 k 次幂之和,那么 $\sigma_0(n) = d(n)$,$\sigma_1(n) = \sigma(n)$.我们猜测,当 $k \geqslant 0$ 时,级数

$$\sum_{n=1}^{\infty} \frac{\sigma_k(n)}{n!}$$

的值是无理数.由 8° 中(b)和(c)可知,当 $k = 0, 1$ 时,这是对的. $k = 2$ 的情形已由 P. Erdös 和 M. Kac[100]证实. $k = 3$ 的情形于近些年被 J. C. Schlage-Puchta[222]和 J. B. Friedlander, F. Luca 及 M. Stoiciu[112]独立地证明,后者还在某些数论条件下考虑了 $k > 3$ 的情形.

2005 年, J. Hanĉl 和 R. Tijdeman[129]研究了下面一般形式的级数的值的无理性或线性无关性:

$$\sum_{n=1}^{\infty} \frac{f(n)}{\prod_{k=1}^{n}(ak + b)},$$

其中 a, b 是给定的正整数; $f(n)$ 是一个整值函数,满足 $f(n) = (an + b) \cdot f(n) + O(1)$(称为"阶乘级数").例如,由他们的结果可以推出级数

$$\sum_{n=1}^{\infty} \frac{[(\log n)^{\beta}]}{n!} (\beta > 0), \quad \sum_{n=1}^{\infty} \frac{[e^{(\log n)^{\gamma}}]}{n!} (0 < \gamma < 1)$$

的值都是无理数,而且数

$$1, \quad \sum_{n=1}^{\infty} \frac{[(\log n)^{1/2}]}{n!}, \quad \sum_{n=1}^{\infty} \frac{[e^{(\log n)^{1/2}}]}{n!}$$

在 $\mathbb{Q}$ 上线性无关,等等(对此还可参见注 4.3.3).

最近(2010), J. Hanĉl 和 R. Tijdeman[131]对于满足某些其他数论条件的 $f(n)$ 继续进行了上述研究.例如,他们证明了级数

$$\sum_{n=1}^{\infty} \frac{2^{\pi(n)}}{n!}, \quad \sum_{n=1}^{\infty} \frac{2^{n[(\log n)/5]}}{n!}, \quad \sum_{n=1}^{\infty} \frac{k^{\pi(n)}}{n!} \quad (k = 1, 2, \cdots)$$

($\pi(n)$ 表示不超过 n 的素数的个数)都是无理数;级数

$$\sum_{n=1}^{\infty} \frac{(\pi(n))^k}{n!} \quad (k = 0, 1, 2, \cdots)$$

与数 1 在 $\mathbb{Q}$ 上线性无关;等等.他们还猜测级数

$$\sum_{n=1}^{\infty} \frac{(\pi(n))^n}{n!}$$

也是无理数. 另外, 由[131]的结果产生出 π 和 $e^m (m \in \mathbb{N})$ 的无理性的一种初等证明(即不借助于微积分).

10° 2008 年, J. Hančl 和 R. Tijdeman 在文献[130, 241]中还考虑了下列一些形式的无穷级数的值的无理性或超越性:

$$\sum_{n=1}^{\infty} \frac{P(n)}{Q(n)}, \quad \sum_{n=1}^{\infty} (-1)^n \frac{P(n)}{Q(n)}, \quad \sum_{n=1}^{\infty} \frac{P(n)}{\prod\limits_{k=1}^{n} Q(k)},$$

其中 $P(x), Q(x)$ 是整系数多项式. 显然, 上面第 3 种级数(一般多项式 Cantor 和)是 Cantor 级数的一个特殊情形. [130]着重研究了第 3 种级数的值的无理性, 而文献[241]综述了一些有关的无理性和超越性结果.

11° 继 P. Erdös[92] 证明了 $\sum\limits_{n=1}^{\infty} d(n)/2^n = \sum\limits_{n=1}^{\infty} 1/(2^n - 1)$ 的值是无理数(见 8° 中(b))后, 1980 年, P. Erdös 和 R. L. Graham[99] 猜测级数 $\sum\limits_{n=1}^{\infty} 1/(2^n - 3)$ 的值也是无理数. 1991 年 P. B. Borwein[44] 应用 Padé 逼近解决了这个问题, 并一般地证明了级数 $\sum\limits_{n=1}^{\infty} 1/(q^n + r)$ 的无理性, 其中 $q \geqslant 2$ 是正整数, r 是非零有理数. 与此类级数有关的无理性研究, 被扩充到 q 无理性, 还与 θ 函数有关, 并涉及 Padé 逼近和 Gel'fond-Schneider 超越方法, 对此可见 [23, 45, 58, 81 - 83, 86 - 87]等.

12° 在现有文献中, 有很多与二阶线性递推数列的倒数级数有关的无理性结果, 除正文给出的外, 还可见[27, 32, 88, 90 - 91, 117, 125, 207]等, 其中, M. Prévost[207] 以复分析方法为主.

13° 关于 Mahler 小数 $a(g)$ 的无理性, 原始论文[167]中的证明是相当初等的, 但用到简单的 p 进分析. Mahler 小数 $a_h(g)$ 及其推广形式(Mahler 型数)的无理性的研究, 除正文提到的[52, 187, 228]外, 还可见[31, 227, 230, 257]等. 这些文献使用了多种不同的方法, 涉及初等数论、不定方程、对数线性型、数学分析等. 特别地, [227]应用 Kronecker 逼近定理给出了 Mahler 小数 $a_h(g)$ 的无理性的简短证明(见例 2.6.13 及注 2.6.5). P. Bundschuh[52] 的方法虽然比较复杂, 但有利于进行定量研究, 而且显示了与对数线性型的关系. 另外, 文献[55, 261]进一步考虑了 Mahler 型数的超越性和代数无关性问题.

Mahler 关于无理性小数的工作还可见[163, 165 - 166, 168]等, 其中最

为著名的是例 1.1.1 中见过的十进小数

$$\theta_1 = 0.123\ 456\ 789\ 101\ 112\ 13\cdots.$$

他证明了这是一个超越数[163]，并给出了一种推广形式[166]．关于 Mahler 小数 θ_1 的进一步研究可见[11,13,16]等，其中包括推广形式、超越性、代数无关性以及无理性度量．

14° 引理 4.7 中的函数 $T(z;a)$，其中 z,a 为复数，通常称为 Tschakaloff 级数．L. Tschakaloff[243] 最先研究了它的数论性质．与此有关的工作可见[50,244]等．

第 5 章　正　规　数

　　正规数是一类特殊的无理数.本章给出关于正规数的基本结果,除了正规数的意义、基本性质和重要例子外,也着重讨论某些构造正规数的方法,还对非正规数作些简单介绍,并涉及一致分布点列的概念.正规数的进一步的研究通常是丢番图逼近论的一个基本课题,也出现在某些与随机性有关的问题中,涉及较多的数学预备知识.我们在此偏重"初等方法",即从基本定义出发,尽可能地应用数的 g 进表示的直观的组合特征推导出所要的分析结果.这种推理对于其他某些具有离散特征的问题有一定的参考意义.

5.1　正规数的基本性质

　　在第 1 章已经知道,无理数可以表示为无限不循环小数,而且无限不循环小数总表示无理数.我们要考虑这种表示中数字(在十进制中就是 0,1,$\cdots$,9)的出现有无规律,这就产生了"正规数"的概念.它是由法国数学家 E. Borel[42] 于一百多年前首先提出的.

　　我们通常使用十进制表示一个实数,在信息技术中则常使用二进制.一般地,设 α 是一个实数,g 是一个不等于 1 的正整数,则 α 有唯一的 g 进制表达式(或称 g 进表达式)

$$\alpha = [\alpha] + \sum_{n=1}^{\infty} a_n g^{-n},$$

其中

$$[\alpha] = \sum_{l=0}^{s} b_l g^l$$

是一个整数. 当 $\alpha > 0$ 时, 我们常将它写为

$$(b_s \cdots b_1 b_0 . a_1 a_2 \cdots a_n \cdots)_g,$$

其中 $a_n, b_l \in \{0, 1, \cdots, g-1\}$ 是 g 进制(或以 g 为底)的数字(也称数字符号), 并且有无穷多个 n, 使得 $a_n < g-1$(参见第 1 章 1.1 节中在十进制情形所作的约定). 若不引起混淆, 标示进制的下标 g 可省略.

同一个数在不同进制下的表示可以互化. 例如, 十进制数 $24 = 1 \times 2^4 + 1 \times 2^3 + 0 \times 2^2 + 0 \times 2^1 + 0 \times 2^0$(这是通常的计算), 于是 $(24)_{10} = (11000)_2$. 类似地, 十进制数 $69.390\,625 = 1 \times 8^2 + 0 \times 8^1 + 5 \times 8^0 + 3 \times 8^{-1} + 1 \times 8^{-2}$, 所以 $(69.390\,625)_{10} = (105.31)_8$(进一步的论述见[1]).

为研究数的 g 进表示中数字的出现规律, 我们只需考虑下列形式的实数:

$$\theta = (0. a_1 a_2 \cdots a_n \cdots)_g. \tag{5.1.1}$$

设 $a \in \{0, 1, \cdots, g-1\}$ 是 g 进制的一个数字, N 是一个正整数. 我们用 $A_g(a; N; \theta)$(在不引起混淆时, 简记为 $A_g(a; N)$ 或 $A(a; N)$)表示表达式(5.1.1)中的数字 a 在集合 $\{a_1, a_2, \cdots, a_N\}$ 中出现的次数. 显然有

$$\sum_{a=0}^{g-1} A_g(a; N; \theta) = N.$$

更一般些, 设 $k \geqslant 1$, $B_k = b_1 b_2 \cdots b_k$ 是长为 k(即包含 k 个数字)的"数字段". 我们用 $A_g(B_k; N; \theta)$ 或(在不引起混淆时) $A_g(B_k; N)$ 及 $A(B_k; N)$ 表示在表达式(5.1.1)中的由最初 N 个数字组成的数字段 $a_1 a_2 \cdots a_N$ 中 B_k 出现的次数. 例如, 在十进制中, 若 $\theta = 0.210\,872\,882\,19\cdots$, 则 $A_{10}(2; 5; \theta) = 1$, $A_{10}(2; 10; \theta) = 3$, $A_{10}(21; 10; \theta) = 2$.

如果实数 θ 满足

$$\lim_{N \to \infty} \frac{A_g(a; N)}{N} = g^{-1} \quad (\text{当 } a = 0, 1, \cdots, g-1), \tag{5.1.2}$$

那么称 θ 为 g 进制简单正规数, 也称为以 g 为底(或对于底 g)的简单正规数. 如果数 θ 对所有 $k \geqslant 1$ 及所有长为 k 的数字段 B_k, 满足

$$\lim_{N \to \infty} \frac{A_g(B_k; N)}{N} = g^{-k}, \tag{5.1.3}$$

那么称 θ 为 g 进制正规数,也称为以 g 为底(或对于底 g)的正规数;在不需要强调进制时,简称为正规数.最后,如果数 θ 在所有 g ($g = 2, 3, \cdots$)进制中都是正规数,那么称它为绝对正规数.

对于一般的 θ(即 $[\theta] \neq 0$),它的正规性由 $\{\theta\} = \theta - [\theta]$ 确定.

有时,我们将对于底 g 不是正规数的实数称为非 g 进制正规数;类似地定义非 g 进制简单正规数及非绝对正规数.这三种数通常统称为非正规数.

如果式(5.1.3)成立,那么我们就说数字段 B_k 以渐近频率 g^{-k} 出现在数字段 $a_1 a_2 \cdots a_N$ 中.直观地讲,一个数若是 g 进制正规数,则每个数字(或每个长度 k 的数字段)在其 g 进制表达式中出现的频率是相同的,都渐近地等于 g^{-1}(或 g^{-k}).

容易看出,g 进制正规数必为 g 进制简单正规数,但反过来一般不成立.例如,在二进制中,$\theta = 0.010101\cdots$(数字段 01 无限地重复)是简单正规数,但不是正规数,因为数字段 11 在其表达式中从不出现.值得注意的是,数的正规性与简单正规性这两个概念之间存在某种等价关系(见引理 5.7 及注 5.1.1 等).

因为有理数只可能表示为有限小数或无限循环小数,在后一情形,容易找出不在其小数表达式中出现的数字段,因此得到:

定理 5.1　正规数必是无理数.

正规数还有下列基本性质:

定理 5.2　几乎所有实数都是 g 进制正规数.换言之,非 g 进制正规数所组成的集合具有零测度(Lebesgue 意义下).

定理 5.3　几乎所有实数都是绝对正规数.

这两个定理的证明需要下列一些辅助结果.

引理 5.1　设 $0 < \alpha < 1$,则 $1 - \alpha < e^{-\alpha}$.

证　由级数展开

$$e^{-\alpha} = 1 - \alpha + \left(\frac{\alpha^2}{2!} - \frac{\alpha^3}{3!} \right) + \left(\frac{\alpha^4}{4!} - \frac{\alpha^5}{5!} \right) + \cdots,$$

其中右边每个括号里的数都是正的,即得到结论.　　　　　　　　　　　□

设 $0 \leqslant j \leqslant n$,$g \geqslant 2$,记

$$p(n,j) = \frac{n!}{j!(n-j)!}(g-1)^{n-j},$$

并约定:当 $j<0$ 或 $j>n$ 时,$p(n,j)=0$.

引理 5.2 当 $j\geqslant 2, g\geqslant 2$ 时

$$p(ng, n \pm j) < g^{ng}\exp\left(-\frac{j^2}{4ng}\right).$$

证 由引理 5.1 有

$$\frac{p(ng, n+j)}{p(ng,n)} = \frac{(ng-n)(ng-n-1)\cdots(ng-n-j+1)}{(n+1)(n+2)\cdots(n+j)(g-1)^j}$$

$$= \left(1+\frac{1}{n}\right)^{-1}\left(1+\frac{2}{n}\right)^{-1}\cdots\left(1+\frac{j}{n}\right)^{-1}$$

$$\cdot (g-1)\left(g-1-\frac{1}{n}\right)\cdots\left(g-1-\frac{j-1}{n}\right)(g-1)^{-j}$$

$$< (g-1)\left(g-1-\frac{1}{n}\right)\cdots\left(g-1-\frac{j-1}{n}\right)(g-1)^{-j}$$

$$= \left(1-\frac{1}{n(g-1)}\right)\left(1-\frac{2}{n(g-1)}\right)\cdots\left(1-\frac{j-1}{n(g-1)}\right)$$

$$< \exp\left(-\frac{1}{n(g-1)}-\frac{2}{n(g-1)}-\cdots-\frac{j-1}{n(g-1)}\right)$$

$$= \exp\left(-\frac{j(j-1)}{2n(g-1)}\right) < \exp\left(-\frac{j^2}{4ng}\right).$$

类似地,我们还有

$$\frac{p(ng, n-j)}{p(ng,n)} = \frac{n(n-1)\cdots(n-j+1)(g-1)^j}{(ng-n+1)(ng-n+2)\cdots(ng-n+j)}$$

$$= \left(1-\frac{1}{n}\right)\left(1-\frac{2}{n}\right)\cdots\left(1-\frac{j-1}{n}\right)(g-1)^j$$

$$\cdot \left(g-1+\frac{1}{n}\right)^{-1}\left(g-1+\frac{2}{n}\right)^{-1}\cdots\left(g-1+\frac{j}{n}\right)^{-1}$$

$$< \left(1-\frac{1}{n}\right)\left(1-\frac{2}{n}\right)\cdots\left(1-\frac{j-1}{n}\right)$$

$$< \exp\left(-\frac{1}{n}-\frac{2}{n}-\cdots-\frac{j-1}{n}\right)$$

$$= \exp\left(-\frac{j(j-1)}{2n}\right) < \exp\left(-\frac{j^2}{4ng}\right).$$

又因为 $p(ng,n) < \sum\limits_{j=0}^{ng} p(ng,j) = ((g-1)+1)^{ng} = g^{ng}$,所以要证的不等

式成立.　　　　　　　　　　　　　　　　　　　　　　　□

在下文中,记数字段
$$X_N = a_1 a_2 \cdots a_N,$$
其中 a_j 互相独立地在集合 $\{0, 1, \cdots, g-1\}$ 中取值.易知共有 g^N 个这样的数字段.还用 $A(a; X_N)$ 表示数字 a 在 X_N 中出现的次数.

引理 5.3　设 $\varepsilon > 0$ 任意给定,那么当 n 充分大时,满足
$$|A(a; X_{ng}) - n| > n\varepsilon \tag{5.1.4}$$
的数字段 X_{ng} 的个数小于 $(ng) g^{ng} (1 + c_1)^{-n}$,其中 $c_1 > 0$ 是仅与 ε 有关的常数.

证　满足式(5.1.4)的数字段 X_{ng} 的个数是
$$\sum_{k > n + n\varepsilon} p(ng, k) + \sum_{k > n - n\varepsilon} p(ng, k) = \sum_{|j| > n\varepsilon} p(ng, n + j).$$
取 n 充分大,可使 $n\varepsilon > 1$.注意,上式右边的和中非零加项的个数小于 ng,而且由引理 5.2 知,这些加项
$$p(ng, n + j) < g^{ng} \exp\left(-\frac{j^2}{4ng}\right)$$
$$< g^{ng} \exp\left(-\frac{(n\varepsilon)^2}{4ng}\right) = g^{ng} \exp\left(-\frac{n\varepsilon^2}{4g}\right).$$
因此满足式(5.1.4)的数字段 X_{ng} 的个数至多是
$$(ng) g^{ng} \exp\left(-\frac{n\varepsilon^2}{4g}\right) = (ng) g^{ng} (1 + c_1)^{-n},$$
其中 $c_1 = \exp(\varepsilon^2 / (4g)) - 1$.于是引理得证.　　　　　□

引理 5.4　设 $\varepsilon > 0$ 任意给定,那么当 m 充分大时,满足
$$\left| A(a; X_m) - \frac{m}{g} \right| > m\varepsilon \tag{5.1.5}$$
的数字段 X_m 的个数小于 $m g^m (1 + c_2)^{-m}$,其中 $c_2 > 0$ 是一个至多与 ε 有关的常数.

证　如果 m 是 g 的倍数,设 $m = ng$,那么当 m 充分大(因而 n 也充分大)时,由引理 5.3 即得到结论.

现在设 $m = ng + d$ $(0 < d < g)$.任何一个数字段 X_{ng} 恰好对应 g^d 个数字段 X_m,这些 X_m 的前 ng 个数字形成数字段 X_{ng},而后 d 个数字可以任取(共有 g^d 种可能取法).我们来证明:此时若式(5.1.5)成立,则相应的数字段 X_{ng} 满足式(5.1.4).事实上,由式(5.1.5)有

$$m\varepsilon < \left| A(a; X_m) - \frac{m}{g} \right|$$

$$\leqslant \left| A(a; X_m) - A(a; X_{ng}) \right| + \left| A(a; X_{ng}) - n \right| + \left| n - \frac{m}{g} \right|$$

$$\leqslant d + \left| A(a; X_{ng}) - n \right| + 1,$$

因而当 n 充分大时

$$\left| A(a; X_{ng}) - n \right| > m\varepsilon - d - 1 \geqslant ng\varepsilon - d - 1 > n\varepsilon,$$

即式(5.1.4)确实在此成立. 由引理 5.3,可知满足式(5.1.5)的数字段 X_m 的个数不超过

$$g^d \cdot (ng) g^{ng} (1 + c_1)^{-n} \leqslant m g^m ((1 + c_1)^{n/m})^{-m}$$

$$\leqslant m g^m ((1 + c_1)^{1/(2g)})^{-m}$$

$$= m g^m (1 + c_2)^{-m}.$$

于是引理得证. ▢

对于数字段 $X_j = a_1 a_2 \cdots a_j$,我们相应地定义实数 $x_j = 0. a_1 a_2 \cdots a_j$.

引理 5.5　设 ε 和 ε_1 是任给的正数. 对于每个 $j \geqslant m$ 及每个数字 a,我们用闭区间 $[x_j, x_j + g^{-j}]$ 覆盖满足条件

$$\left| A(a; X_j) - \frac{j}{g} \right| > j\varepsilon \tag{5.1.6}$$

的实数 x_j,那么当 m 充分大时,所有这些闭区间的长度之和不超过 ε_1.

证　因为闭区间 $[x_j, x_j + g^{-j}]$ 的长度是 g^{-j},数字 a 取 g 个不同的值,而由引理 5.4 知,满足式(5.1.6)的数字段 X_j 的个数小于 $j g^j (1 + c_2)^{-j}$,所以闭区间的长度之和不超过

$$\sum_{j=m}^{\infty} g j (1 + c_2)^{-j}.$$

因为 $\sum_{j=1}^{\infty} j (1 + c_2)^{-j}$ 收敛,所以引理的结论成立. ▢

引理 5.6　所有对于底 g 不是简单正规数的无限小数 $x = 0. a_1 a_2 \cdots$ 组成的集合 S 的测度为零.

证　用 $T(\varepsilon)$ 表示具有下列性质的无穷小数 $x = 0. a_1 a_2 \cdots$ 的集合:对于某个数字 a 及无穷多个 j,满足

$$\left| A(a; j) - \frac{1}{g} \right| > \varepsilon.$$

因为 $A_g(a; j) = A(a; X_j)$,其中数字段 $X_j = a_1 a_2 \cdots a_j$,而 $x \in [x_j, x_j +$

g^{-j}],所以由引理 5.5 知, $T(\varepsilon)$ 的测度为零.由简单正规数的定义,我们有

$$S = T(\varepsilon) \bigcup T(2^{-1}\varepsilon) \bigcup T(2^{-2}\varepsilon) \bigcup T(2^{-3}\varepsilon) \bigcup \cdots.$$

因为可数多个零测度集之并仍然是零测度集,所以引理得证.　　　　　　□

引理 5.7　设整数 $g \geqslant 2$.如果实数 θ 对于所有底 $g, g^2, \cdots$ 都是简单正规数,那么 θ 是 g 进制正规数.

证　1° 不妨设 $0 < \theta < 1$,并将其表示为无限 g 进小数:

$$\theta = 0. a_1 a_2 \cdots a_n \cdots, \tag{5.1.7}$$

其中 $a_j \in \{0, 1, \cdots, g-1\}$ 是 g 进制数字.记数字段

$$X_{m,n} = a_{m+1} a_{m+2} \cdots a_n \quad (n > m \geqslant 0);$$

特别地,记 $X_n = X_{0,n} = a_1 a_2 \cdots a_n$.还用 $A_g(B_k; X_{m,n})$(在不引起混淆时略去下标 g)表示数字段 B_k 在数字段 $X_{m,n}$ 中出现的次数.

设 $r \geqslant 1$ 是任意给定的整数.记数字段

$$X_{(t-1)r, tr} = a_{(t-1)r+1} a_{(t-1)r+2} \cdots a_{tr} \quad (t \geqslant 1).$$

还定义 g 进制整数

$$a_1^{(r)} = a_1 a_2 \cdots a_r, \quad a_2^{(r)} = a_{r+1} a_{r+2} \cdots a_{2r},$$

$$a_3^{(r)} = a_{2r+1} a_{2r+2} \cdots a_{3r}, \cdots;$$

一般地,令

$$a_n^{(r)} = a_{(n-1)r+1} a_{(n-1)r+2} \cdots a_{nr}$$

$$= \sum_{i=0}^{r-1} a_{nr-i} g^i \quad (n \geqslant 1).$$

因为 $0 \leqslant a_n^{(r)} \leqslant g^r - 1$,所以当每个 a_j 分别取 $\{0, 1, \cdots, g-1\}$ 中的数时, $a_n^{(r)}$ 构成全部 g^r 进制数字.于是由 θ 的无限 g 进制小数表示(5.1.7)产生 θ 的无限 g^r 进制小数表示

$$\theta = (0. a_1^{(r)} a_2^{(r)} \cdots a_n^{(r)} \cdots)_{g^r}. \tag{5.1.8}$$

注意, g 进制中任何长为 r 的数字段可以看做一个 g^r 进制数字;反过来,任一个 g^r 进制数字也可以看做 g 进制中一个长为 r 的数字段.因此, g^r 进制数字 $b_1 g^{r-1} + b_2 g^{r-2} + \cdots + b_r$ 出现在小数(5.1.8)的小数点后第 t 个位置(数位)上,这就意味着长为 r 的数字段 $B_r = b_1 b_2 \cdots b_r$ 形成表达式(5.1.7)中的数字段 $X_{(t-1)r, tr}$,即 $a_{(t-1)r+1} = b_1, a_{(t-2)r+2} = b_2, \cdots, a_{tr} = b_r$.反过来,如果一个长 $k \leqslant r$ 的 g 进制数字段 $B_k = b_1 \cdots b_k$ 出现在表达式(5.1.7)的某个数字段 $X_{(t-1)r, tr}$ 中,那么由这个 g 进制数字段产生的 g^r

进制数字

$$C^{(t)} = a_{(t-1)r+1}g^{r-1} + \cdots + b_1 g^\sigma + \cdots + b_k g^{\sigma-k+1} + \cdots + a_{tr} \quad (5.1.9)$$

(σ 是某个整数,$k-1 \leqslant \sigma \leqslant r-1$)将出现在小数(5.1.8)的小数点后第 t 个位置(数位)上.

对于给定的长 $k \leqslant r$ 的 g 进制数字段 $B_k = b_1 \cdots b_k$,我们定义集合

$$\mathcal{X} = \{ x_1 \cdots x_p (B_k) x_{p+k+1} \cdots x_r \mid x_i \in \{0,1,\cdots,g-1\} \},$$

即它由所有含有数字段 B_k 的长为 r 的 g 进制数字段组成.对于 $\mathcal{X}$ 中的每个数字段,相应地定义一个 g^r 进制数字

$$x_1 g^{r-1} + \cdots + x_p g^{r-p} + b_1 g^{r-p-1} + \cdots + b_k g^{r-p-k} + x_{p+k+1} g^{r-p-k-1} + \cdots + x_r.$$

将所有这样得到的 g^r 进制数字组成的集合记为 $\mathcal{C}$(注意式(5.1.9)中的数 $C^{(t)} \in \mathcal{C}$).还用 $T(B_k;n)$ 表示 B_k 出现在数字段 $X_{(t-1)r,tr}(0 \leqslant t \leqslant n)$ 中的次数之和.对于每一次这种出现,相应地由式(5.1.9)定义 g^r 进制数字 $C^{(t)}$(因而这些数字段属于集合 $\mathcal{X}$,而且这些数 $C^{(t)}$ 属于集合 $\mathcal{C}$).于是

$$T(B_k;n) = \sum_{C^{(t)}} A_{g^r}(C^{(t)};n;\theta).$$

上式右边的求和可以扩大到所有 $C^{(t)} \in \mathcal{C}$.这是因为对于增添的 $C^{(t)}$,与它对应的 g 进制数字段虽然属于集合 $\mathcal{X}$,但不是表达式(5.1.7)中形式为 $X_{(t-1)r,tr}(0 \leqslant t \leqslant n)$ 的数字段,所以这个 g^r 进制整数不在小数(5.1.8)的前 n 位中出现,从而相应的加项 $A_{g^r}(C^{(t)};n;\theta) = 0$.因此

$$T(B_k;n) = \sum_{C^{(t)} \in \mathcal{C}} A_{g^r}(C^{(t)};n;\theta). \quad (5.1.10)$$

2° 现在考虑 g 进制数(5.1.7).设 $B_k = b_1 b_2 \cdots b_k$ 是任意一个长为 k 的(g 进制)数字段.我们来估计 $A_g(B_k;N;\theta)$.

(i)选取整数 $r > k$,并记 $N = ur + v$ $(0 \leqslant v < r)$.将 $X_N, X_{(u+1)r}$ 以及 X_{ur} 分别表示为

$$X_N = (X_{0,r})(X_{r,2r})\cdots(X_{(u-1)r,ur})(X_{ur,N}),$$
$$X_{(u+1)r} = (X_{0,r})(X_{r,2r})\cdots(X_{(u-1)r,ur})(X_{ur,(u+1)r}),$$
$$X_{ur} = (X_{0,r})(X_{r,2r})\cdots(X_{(u-1)r,ur}),$$

那么 $A_g(B_k;N;\theta) = A(B_k;X_N)$,并且

$$A(B_k;X_{ur}) \leqslant A(B_k;X_N) \leqslant A(B_k;X_{(u+1)r}). \quad (5.1.11)$$

(ii)估计 $A(B_k;X_{(u+1)r})$.若数字段 B_k 出现在 $X_{(u+1)r}$ 中,则或者它出现在某个 $X_{jr,(j+1)r}(0 \leqslant j \leqslant u)$ 中,或者它"跨在"某两个相邻的数字段

$X_{jr,(j+1)r}$ 和 $X_{(j+1)r,(j+2)r}$ ($0 \leqslant j \leqslant u-1$)上.对于前一情形,$B_k$ 在 $X_{jr,(j+1)r}$

($0 \leqslant j \leqslant u$)中出现的次数为 $\sum_{j=0}^{u} A(B_k; X_{jr,(j+1)r})$.对于后一情形,$B_k$ 的第 1

个数字 b_1 可以落在数字段 $X_{jr,(j+1)r}$ 的元素 $a_{(j+1)r}, a_{(j+1)r-1}, \cdots, a_{(j+1)r-(k-2)}$

的位置上,共有 $k-1$ 种可能情形,而相邻数字段共有 u 对,因而总数至多

是 $u(k-1)$.合起来得到

$$A(B_k; X_{(u+1)r}) \leqslant \sum_{j=0}^{u} A(B_k; X_{jr,(j+1)r}) + u(k-1).$$

显然还有

$$A(B_k; X_{ur}) \geqslant \sum_{j=0}^{u-1} A(B_k; X_{jr,(j+1)r}).$$

由上述两式及式(5.1.11)推出

$$\sum_{j=0}^{u-1} A(B_k; X_{jr,(j+1)r}) \leqslant A(B_k; X_N)$$

$$\leqslant \sum_{j=0}^{u} A(B_k; X_{jr,(j+1)r}) + u(k-1). \quad (5.1.12)$$

(ⅲ) 如果对某个 j ($0 \leqslant j \leqslant u$),$A(B_k; X_{jr,(j+1)r}) \neq 0$,那么 B_k 出现在

$X_{jr,(j+1)r}$ 中,因此,由式(5.1.10)可知

$$\sum_{j=0}^{u} A(B_k; X_{jr,(j+1)r}) = T(B_k; u+1) = \sum_{C^{(t)} \in \mathscr{C}} A_{g^r}(C^{(t)}; u+1; \theta).$$

从而由式(5.1.12)得到

$$A(B_k; X_N) \leqslant \sum_{C^{(t)} \in \mathscr{C}} A_{g^r}(C^{(t)}; u+1; \theta) + u(k-1).$$

用 N 除此式两边,并注意 $N = ur + v$,则有

$$\frac{A(B_k; X_N)}{N} \leqslant \frac{u+1}{ur+v} \sum_{C^{(t)} \in \mathscr{C}} \frac{A_{g^r}(C^{(t)}; u+1; \theta)}{u+1} + \frac{u(k-1)}{ur+v}.$$

令 $n \to \infty$(即 $u \to \infty$),注意 θ 对于任何底 g^r 都是简单正规数,我们得到

$$\varlimsup_{N \to \infty} \frac{A(B_k; X_N)}{N} \leqslant \frac{1}{r} \sum_{C^{(t)} \in \mathscr{C}} \frac{1}{g^r} + \frac{k-1}{r}. \quad (5.1.13)$$

类似地,我们还有

$$A(B_k; X_N) \geqslant \sum_{C^{(t)} \in \mathscr{C}} A_{g^r}(C^{(t)}; u; \theta),$$

从而得到

$$\varliminf_{N \to \infty} \frac{A(B_k; X_N)}{N} \geqslant \frac{1}{r} \sum_{C^{(t)} \in \mathscr{C}} \frac{1}{g^r}. \quad (5.1.14)$$

（iv）计算$|\mathscr{C}|$. 我们将 B_k 扩充成长为 r 的 g 进制数字段

$$\widetilde{X}_r = x_1 \cdots x_p (B_k) x_{p+k+1} \cdots x_r.$$

注意，B_k 的最末数字不能超出 $\widetilde{X}_r$ 的最后数位，所以 B_k 的第 1 个数字 b_1 的位置只有 $r-(k-1)$ 种可能的选取；而 b_1 的位置确定后，每个数字 x_i（共 $r-k$ 个）都有 g 种可能的选取. 因此总共可以扩充成 $(r-k+1)g^{r-k}$ 个不同的长为 r 的含有 B_k 的 g 进制数字段，即

$$|\mathscr{C}| = (r-k+1)g^{r-k}. \tag{5.1.15}$$

（v）由式（5.1.13）～（5.1.15）推出

$$\frac{r-k+1}{rg^k} \leqslant \varliminf_{N \to \infty} \frac{A(B_k; X_N)}{N}$$

$$\leqslant \varlimsup_{N \to \infty} \frac{A(B_k; X_N)}{N}$$

$$\leqslant \frac{r-k+1}{rg^k} + \frac{k-1}{r}.$$

令 $r \to \infty$，即得

$$\lim_{N \to \infty} \frac{A(B_k; X_N)}{N} = g^{-k}.$$

于是引理得证. □

注 5.1.1 引理 5.7 的逆命题也成立：如果实数 θ 是 g 进制正规数，那么它对于所有底 $g, g^2, \cdots$ 都是简单正规数. 它的证明可参见［189］（初等方法）或［153］（应用一致分布理论）.

定理 5.2 和 5.3 之证 我们用 $S(g^n)(n \geqslant 1)$ 表示由所有非 g^n 进制简单正规数组成的集合，用 $Q(g)$ 表示由所有非 g 进制正规数组成的集合. 由引理 5.7 可知

$$Q(g) \subseteq S(g) \bigcup S(g^2) \bigcup \cdots \bigcup S(g^n) \bigcup \cdots.$$

而由引理 5.6 知，集合 $S(g^n)(n \geqslant 1)$ 的测度为零. 由于可数多个零测度集之并是零测度集，所以 $Q(g)$ 的测度为零，因而定理 5.2 得证. 非绝对正规数组成的集合可以表示为可数多个零测度集 $Q(n)(n \geqslant 2)$ 之并：

$$Q(2) \bigcup Q(3) \bigcup \cdots \bigcup Q(n) \bigcup \cdots,$$

因而也是零测度集，从而定理 5.3 得证. □

5.2　一致分布与数的正规性

设 $\theta = 0.a_1 a_2 \cdots a_n \cdots$ 是一个 g 进制正规数,例如,设 $g = 10$,那么可写出数列 $\{10^n \theta\}$($n \geqslant 0$):

$$0.a_1 a_2 a_3 \cdots a_n, \quad 0.a_2 a_3 a_4 \cdots a_n \cdots, \quad 0.a_3 a_4 a_5 \cdots a_n \cdots, \cdots,$$

它们都落在区间 $[0,1]$ 中.因为 θ 是正规数,所以对于任何数字段 $B_k = b_1 b_2 \cdots b_k$,当 N 充分大时,上述数列中必出现下列形式的数:

$$\{10^n \theta\} = 0.b_1 b_2 \cdots b_k \cdots. \tag{5.2.1}$$

并且当 N 足够大时,在数列的前 N 项中,形如式(5.2.1)的数所占的比例大致为 10^{-k},而且这些数都不超过 $\beta = 0.b_1 b_2 \cdots b_k + 10^{-k}$,其中最小的是 $\alpha = 0.b_1 b_2 \cdots b_k$,因此它们都位于区间 $[\alpha, \beta]$ 中.我们看到,10^{-k} 等于两个区间 $[\alpha, \beta]$ 和 $[0,1]$ 的长度之比.这表明数列 $\{10^n \theta\}$($n \geqslant 0$)在 $[0,1]$ 中的分布是均匀的.

一般地,设 $\omega = \{x_1, x_2, \cdots, x_n, \cdots\}$ 是一个无穷实数列,$0 \leqslant \alpha < \beta \leqslant 1$.对于任何正整数 $N \geqslant 1$,我们用 $A([\alpha, \beta); N; \omega)$ 表示 N 个数 $\{x_1\}, \{x_2\}, \cdots, \{x_N\}$ 中落在区间 $[\alpha, \beta) \subseteq [0,1]$ 中的数的个数.如果对于任何区间 $[\alpha, \beta) \subset [0,1]$,总有

$$\lim_{N \to \infty} \frac{A([\alpha, \beta); N; \omega)}{N} = \beta - \alpha \tag{5.2.2}$$

(注意,$\beta - \alpha$ 是子区间 $[\alpha, \beta)$ 与整个区间 $[0,1]$ 的长度之比),那么称 ω 是一致分布(mod 1)数列.此处 mod 1 表示只考虑 ω 的元素 x_n 的分数部分 $\{x_n\}$.

由本节开头所作的分析可知,正规数与一致分布数列之间存在某种联系.实际上,我们有:

定理 5.4　实数 θ 是 g 进制正规数,当且仅当数列 $\omega = \{g^n \theta \ (n \geqslant 0)\}$ 是一致分布(mod 1)的.

证　由符号 mod 1 的意义,不妨设 θ 有 g 进表达式

$$\theta = 0. a_1 a_2 \cdots a_n \cdots. \tag{5.2.3}$$

考虑任意一个长为 k 的数字段 $B_k = b_1 b_2 \cdots b_k$,那么在表达式(5.2.3)中,某个数字段 $a_m a_{m+1} \cdots a_{m+k-1} = B_k (m \geq 1)$,当且仅当

$$\theta = \sum_{j=1}^{m-1} \frac{a_j}{g^j} + \frac{b_1}{g^m} + \cdots + \frac{b_k}{g^{m+k-1}} + \sum_{j=m+k}^{\infty} \frac{a_j}{g^j}.$$

于是

$$\{g^{m-1}\theta\} = \frac{b_1 g^{k-1} + \cdots + b_k}{g^k} + \sum_{j=k+1}^{\infty} \frac{a_{j+m-1}}{g^j}.$$

记

$$\alpha = \frac{b_1 g^{k-1} + \cdots + b_k}{g^k}, \quad \beta = \frac{b_1 g^{k-1} + \cdots + b_k + 1}{g^k}, \tag{5.2.4}$$

那么 $0 < \alpha < \beta < 1, \{g^{m-1}\theta\} \in [\alpha, \beta) \subseteq [0,1)$. 于是

$$A_g(B_k; N; \theta) = A([\alpha, \beta); N - k + 1; \omega). \tag{5.2.5}$$

如果数列 ω 是一致分布(mod 1)的,那么由式(5.2.4)及(5.2.5)得

$$\lim_{N \to \infty} \frac{A_g(B_k; N; \theta)}{N} = \lim_{N \to \infty} \frac{A([\alpha, \beta); N - k + 1; \omega)}{N - k + 1} \cdot \frac{N - k + 1}{N}$$

$$= \beta - \alpha = \frac{1}{g^k}. \tag{5.2.6}$$

因此 θ 是 g 进制正规数.

反过来,设 θ 是 g 进制正规数,那么由式(5.2.5)和(5.2.6)知,对于任何由式(5.2.4)中的有理数 α, β 定义的区间 $[\alpha, \beta) \subseteq [0,1)$,都有

$$\lim_{N \to \infty} \frac{A([\alpha, \beta); N; \omega)}{N} = \lim_{N \to \infty} \frac{A_g(B_k; N + k - 1; \theta)}{N + k - 1} \cdot \frac{N + k - 1}{N}$$

$$= \frac{1}{g^k} = \beta - \alpha. \tag{5.2.7}$$

现在设 $E = [a, b)$ 是任意给定的 $[0,1)$ 的子区间,那么可以选取子区间 $J_1 = [\alpha_1, \beta_1), J_2 = [\alpha_2, \beta_2)$(此处 $\alpha_i, \beta_i (i = 1,2)$ 是式(5.2.4)表示的有理数组,其中 k 代以 k_i),使得 $J_1 \subseteq E \subseteq J_2$. 对于任何给定的 $\varepsilon > 0$,可以适当选取 k_1, k_2,使得

$$|E| - \varepsilon < |J_1| = g^{-k_1} < |J_2| = g^{-k_2} < |E| + \varepsilon,$$

此处 $|A|$ 表示子区间 A 的长度. 于是由式(5.2.7)(其中 $[\alpha, \beta)$ 代以 $[\alpha_1, \beta_1)$)得知,当 N 充分大时

$$\frac{A(E; N; \omega)}{N} \geq \frac{A([\alpha_1, \beta_1); N; \omega)}{N} > |J_1| - \varepsilon > |E| - 2\varepsilon;$$

类似地,可推出

$$\frac{A(E;N;\omega)}{N} < |E| + 2\varepsilon.$$

因此,最终得到

$$\lim_{N\to\infty}\frac{A(E;N;\omega)}{N} = |E|,$$

即数列 ω 是一致分布(mod 1)的. □

5.3　Champernowne 数

根据定理 5.2,几乎所有实数是正规数,但实际上,被证明为正规数的实数并不多.例如,迄今我们还不知道 $\sqrt{2}$,$\log 2$,e,π 等这样一些常见的无理数是否为(例如,十进制)正规数.有人应用计算机对 π 的十进制表达式进行搜索,直到小数点后 17 387 594 880(约一百七十多亿)位才出现数字段 0123456789,看来计算机试验对于推测 π 的正规性似乎无济于事.但是,倒有一批基于正规性定义构造的正规数,在这些"人工制造"的正规数中,第 1 个也是最著名的一个是十进小数

$$0.123\ 456\ 789\ 101\ 112\ 13\cdots \tag{5.3.1}$$

(即 Mahler 十进小数,见例 1.1.1).1933 年,D. G. Champernowne[64] 证明了下面的结果(因而小数(5.3.1)也称为 Champernowne 数):

定理 5.5　小数(5.3.1)是十进制正规数.

我们首先给出一个引理:

引理 5.8　设 $x_{1,n},x_{2,n},\cdots,x_{m,n}(n=1,2,\cdots)$ 是 m 个无穷实数列,满足条件

$$\lim_{n\to\infty}(x_{1,n}+x_{2,n}+\cdots+x_{m,n}) = 1, \tag{5.3.2}$$

$$\varliminf_{n\to\infty}x_{j,n} \geq \frac{1}{m} \quad (j=1,2,\cdots,m), \tag{5.3.3}$$

那么

$$\lim_{n \to \infty} x_{j,n} = \frac{1}{m} \quad (j = 1, 2, \cdots, m). \tag{5.3.4}$$

证   由于命题的条件和结论关于 $x_{j,n}$ 对称,因此只对 $x_{1,n}$ 证明式(5.3.4). 由式(5.3.2)和(5.3.3)有

$$1 = \lim_{n \to \infty} \sum_{j=1}^{m} x_{j,n} = \overline{\lim_{n \to \infty}} \sum_{j=1}^{m} x_{j,n} \geqslant \overline{\lim_{n \to \infty}} x_{1,n} + \underline{\lim_{n \to \infty}} \sum_{j=2}^{m} x_{j,n}$$

$$\geqslant \overline{\lim_{n \to \infty}} x_{1,n} + \sum_{j=2}^{m} \underline{\lim_{n \to \infty}} x_{j,n} \geqslant \overline{\lim_{n \to \infty}} x_{1,n} + \frac{m-1}{m}.$$

由此及式(5.3.3)可得

$$\overline{\lim_{n \to \infty}} x_{1,n} \leqslant \frac{1}{m} \leqslant \underline{\lim_{n \to \infty}} x_{1,n},$$

于是式(5.3.4)(其中 $j = 1$)得证.   □

定理 5.5 之证   我们在此用 X_N 表示式(5.3.1)中最初 N 个数字组成的数字段. 设 $B_k = b_1 b_2 \cdots b_k$ 是任意一个长为 k 的数字段,要估计 B_k 在 X_N 中出现的次数 $A(B_k; X_N) = A_{10}(B_k; N)$.

我们将组成 X_N 的正整数分为若干小节,并用逗号将它们隔开:

$$X_N = 1, 2, 3, 4, 5, 6, 7, 8, 9, 10, 11, 12, 13,$$
$$14, \cdots, a_1 a_2 \cdots a_m, \cdots, \tag{5.3.5}$$

其中 $u = a_1 a_2 \cdots a_m$ 表示按顺序排列的最大正整数,其后的省略号表示剩下的数字,但不能形成数 $u + 1$. 例如,数字段

$$123456789101112131415 \cdots 4014024034$$

可分隔为

$$1, 2, 3, 4, 5, 6, 7, 8, 9, 10, 11, 12, 13, 14, 15, \cdots, 401, 402, 403, 4,$$
$$\tag{5.3.6}$$

其中 $u = 403$. 现在仍然回到式(5.3.5),我们可以写出

$$u = a_1 \cdot 10^{m-1} + a_2 \cdot 10^{m-2} + \cdots + a_m \quad (a_1 \neq 0),$$

并对于 $j = 1, 2, \cdots, m-1$,定义数

$$u_j = [u \cdot 10^{-j}] = a_1 \cdot 10^{m-1-j} + a_2 \cdot 10^{m-2-j} + \cdots + a_{m-j},$$

这些数就是(在十进制中)

$$u_1 = a_1 a_2 \cdots a_{m-1}, \quad u_2 = a_1 a_2 \cdots a_{m-2}, \quad \cdots, \quad u_{m-1} = a_1.$$

因为式(5.3.5)中至多有 $u + 1$ 个小节,每个小节至多含有 m 个数字,所以

$$N \leqslant m(u + 1). \tag{5.3.7}$$

设数字段 B_k 在上述分隔后的某个位于 u 之前的小节中出现,那么这个小节可以写成

$$y_1 y_2 \cdots y_s b_1 b_2 \cdots b_k z_1 z_2 \cdots z_t = Y_s B_k Z_t, \tag{5.3.8}$$

其中 Y_s 表示 $y_1 y_2 \cdots y_s$, Z_t 表示 $z_1 z_2 \cdots z_t$. 因为 u 是式(5.3.5)中的最大正整数,所以式(5.3.8)中含有的数字个数不超过 m, 即

$$s + k + t \leqslant m. \tag{5.3.9}$$

特别地,$(y_1 y_2 \cdots y_s)_{10}$ 含有的数字个数 $s \leqslant m - k - t$. 因为式(5.3.8)所对应的正整数小于 u, 所以它的前 s 位数字组成的数 $(y_1 y_2 \cdots y_s)_{10}$ 小于 u 的前 $m - k - t$ 位数字组成的数 $(a_1 a_2 \cdots a_{m-k-t})_{10}$, 即

$$(y_1 y_2 \cdots y_s)_{10} < (a_1 a_2 \cdots a_{m-k-t})_{10} = u_{k+t}.$$

于是,在式(5.3.8)表示的小节中,Y_s 有 $u_{k+t} - 1$ 个可能值,Z_t 有 10^t 个可能值(因为 Z_t 的每个数字都可取 $0, 1, \cdots, 9$ 这 10 个可能值),因而在式(5.3.5)中出现的式(5.3.8)表示的小节的个数至少为

$$\sum_t 10^t (u_{k+t} - 1). \tag{5.3.10}$$

注意,由式(5.3.9)可知 $t \leqslant m - k - s$, 而 $s \geqslant 1$, 所以 $t \leqslant m - k - 1$, 从而式(5.3.10)的求和范围是 $0 \leqslant t \leqslant m - k - 1$. 另外,我们没有考虑式(5.3.5)中 B_k 跨越两个相邻小节的情形. 例如,在式(5.3.6)中,数字段 $B_k = 014$(此处 $k = 3$)可以在两个相邻小节 401 和 402 共同组成的数字段 401402 中出现. 因此,无论如何应该有

$$A(B_k; N) \geqslant \sum_{t=0}^{m-k-1} 10^t (u_{k+t} - 1).$$

由 u_j 的定义,我们有 $u_j > u \cdot 10^{-j} - 1$, 因此

$$A(B_k; N) > \sum_{t=0}^{m-k-1} 10^t (u \cdot 10^{-k-t} - 2) = \sum_{t=0}^{m-k-1} u \cdot 10^{-k} - \sum_{t=0}^{m-k-1} 2 \cdot 10^t$$

$$> (m - k) u \cdot 10^{-k} - 10^{m-k}.$$

用 $m(u + 1)$ 除上式两边,并注意式(5.3.7),可得

$$\frac{1}{N} A(B_k; N)$$

$$> \frac{m-k}{m} \cdot \frac{u}{u+1} \cdot 10^{-k} - \frac{10^{m-k}}{u+1} \cdot \frac{1}{m}$$

$$= 10^{-k} - 10^{-k} \left(\frac{1}{u+1} + \frac{u}{u+1} \cdot \frac{k}{m} \right) - \frac{10^{m-k}}{u+1} \cdot \frac{1}{m}. \tag{5.3.11}$$

因为

$$\frac{10^{m-k}}{u+1} \leqslant \frac{10^{m-1}}{u+1} \leqslant \frac{u}{u+1} < 1,$$

并且当 $N \to \infty$ 时，$u \to \infty$，$m \to \infty$ 以及 $k/m \to 0$，所以当 N 无限增大时，式(5.3.11)右边的项

$$10^{-k}\left(\frac{1}{u+1} + \frac{u}{u+1} \cdot \frac{k}{m}\right) \quad \text{和} \quad \frac{10^{m-k}}{u+1} \cdot \frac{1}{m}$$

将无限接近于零. 依据这个事实，对于任何给定的 $\varepsilon > 0$，我们可以取 N 充分大，使得 $A(B_k; N)/N > 10^{-k} - \varepsilon$，因而

$$\varliminf_{N \to \infty} \frac{1}{N} A(B_k; N) \geqslant 10^{-k}.$$

注意此式对所有长度为 k 的数字段 B_k 都成立，而在 $X_N = a_1 a_2 \cdots a_N$ 中出现的长度为 k 的数字段依次是

$$a_1 a_2 \cdots a_k, a_2 a_3 \cdots a_{k+1}, \cdots, a_{N-k+1} a_{N-k+2} \cdots a_N, \quad (5.3.12)$$

总共有 $N - k + 1$ 个；对于不在式(5.3.12)中出现的数字段 B_k，我们有 $A(B_k; N) = 0$. 因此

$$\lim_{N \to \infty} \sum_{B_k} \frac{1}{N} A(B_k; N) = \lim_{N \to \infty} \frac{N - k + 1}{N} = 1.$$

于是应用引理5.8，即得

$$\lim_{N \to \infty} \frac{A(B_k; N)}{N} = 10^{-k}.$$

从而无穷小数(5.3.1)是十进制正规数. □

注 5.3.1 定理5.5有多种证法，除 D. G. Champernowne[64] 的原始证明外，还可见[189,200 - 201,205]等，其中文献[189]的证明最简单，这里的证明就是按此改写的.

注 5.3.2 若用 θ 表示 Champernowne 数，则由定理5.4和5.9(见本章5.5节5°)可知，不仅数列 $n\theta$ ($n \geqslant 1$)，而且它的子列 $10^n\theta$ ($n \geqslant 1$)都是一致分布(mod 1)的.

注 5.3.3 如果在小数点后按递增顺序写出所有二进制整数，那么我们得到二进制 Champernowne 数

$$0.11011100101110111100010011010101111001101110\cdots.$$

若将它表示成级数 $\sum_{k \geqslant 1} k 2^{-c_k}$ 的形式，则有[29]

$$c_k = k + \sum_{j=1}^{k} [\log_2 j] \quad (k = 1, 2, \cdots).$$

5.4　广义正规数

我们现在依照文献[12],给出 Champernowne[64] 的方法的一种推广,由此可构造某些类型的正规数,也可由一个已知的正规数产生一些新的正规数.例如,我们可以证明无限小数

$$0.\underbrace{1\cdots1}_{s_1}\ \underbrace{2\cdots2}_{s_1}\ \underbrace{9\cdots9}_{s_1}\ \underbrace{10\cdots10}_{s_2}\ \underbrace{11\cdots11}_{s_2}\cdots\ \underbrace{99\cdots99}_{s_2}\cdots \tag{5.4.1}$$

(即在小数点后按递增顺序依次写上所有正整数,但每个一位数重复 s_1 次,每个二位数重复 s_2 次,等等,而 $s_1,s_2,\cdots$ 是一个任意的无穷正整数列)是一个(十进制)正规数.

我们首先叙述有关的定义和记号.设无限小数

$$\theta = 0.x_1x_2\cdots x_n\cdots \tag{5.4.2}$$

是实数 θ 的 g 进制表示,按约定,有无穷多个 $x_n < g-1$.保持上文(引理 5.7 的证明中)使用的记号,令数字段

$$X_{m,n} = x_{m+1}x_{m+2}\cdots x_n \quad (n > m \geqslant 0). \tag{5.4.3}$$

如果 x 是数字段(5.4.3)中的一个数字,那么我们记为 $x \in X_{m,n}$,并定义数字段

$$X_{m,n}(x) = x_{m+1}x_{m+2}\cdots x.$$

特别地,$X_n = X_{0,n} = x_1x_2\cdots x_n$,$X_n(x) = X_{0,n}(x) = x_1x_2\cdots x$.

对于长度为 k 的数字段 $B_k = b_1b_2\cdots b_k$,我们记 $|B_k| = k$,并用 $A(B_k; X_{m,n})$ 表示 B_k 在 $X_{m,n}$ 中出现的次数;特别地,$A(B_k; X_n) = A(B_k; X_{0,n})$ 就是 5.1 节中定义的 $A(B_k; n) = A(B_k; n; \theta)$.若 μ 是一个正整数,则用 μB_k 表示将 B_k 重复 μ 次所得到的数字段

$$\mu B_k = \underbrace{(b_1b_2\cdots b_k)(b_1b_2\cdots b_k)\cdots(b_1b_2\cdots b_k)}_{\mu}.$$

设 $\boldsymbol{p} = (p_0, p_1, \cdots, p_{g-1})$ 是一个正实向量,满足 $p_0 + p_1 + \cdots + p_{g-1} = 1$.还设 $k \geqslant 1$,$\boldsymbol{k} = (k_0, k_1, \cdots, k_{g-1})$ 是一个非负整向量,满足 $k_0 + k_1 + \cdots + k_{g-1} = k$.用 B_k 表示一个长为 $k \geqslant 1$ 的数字段,其中含有 k_0 个 0,k_1 个 1,

……，k_{g-1} 个 $g-1$．如果对于所有 $k \geqslant 1$ 及任何上述形式的数字段 B_k，都有

$$\lim_{n \to \infty} \frac{A(B_k; n; \theta)}{n} = p_0^{k_0} p_1^{k_1} \cdots p_{g-1}^{k_{g-1}},$$

那么称实数 θ 是关于底 g 的 **p** 正规数（广义正规数）．特别地，若 $p_0 = p_1 = \cdots = p_{g-1} = g^{-1}$，则 **$p$** 正规数就是通常的正规数．下面对 **$p$** 正规数叙述的结果自然也对通常的正规数成立．

我们将无穷实数列看做无穷维实向量．设 $\boldsymbol{m} = (m_1, m_2, m_3, \cdots)$，$\boldsymbol{n} = (n_1, n_2, n_3, \cdots)$ 是两个给定的无穷维正整向量，满足条件

$$n_1 < n_2 < n_3 < \cdots < n_j < \cdots, \quad n_j - m_j \to +\infty \ (j \to \infty), \quad (5.4.4)$$

还设 $\boldsymbol{\mu} = (\mu_1, \mu_2, \mu_3, \cdots)$ 是任一给定的无穷维正整向量，用下式定义变换 $T = T(\boldsymbol{m}, \boldsymbol{n}; \boldsymbol{\mu})$：

$$\omega = T\theta = 0.(\mu_1 X_{m_1, n_1})(\mu_2 X_{m_2, n_2})(\mu_3 X_{m_3, n_3})\cdots,$$

即 T 将无限小数 (5.4.2) 变为无限小数 ω．

定理 5.6 设实数 θ 由式 (5.4.2) 定义，$\boldsymbol{m} = (m_1, m_2, m_3, \cdots)$，$\boldsymbol{n} = (n_1, n_2, n_3, \cdots)$ 是给定的无穷维正整向量，满足式 (5.4.4)．如果下列两个条件之一成立：

（a）对于所有长为 $k \geqslant 1$ 的数字段 B_k，以及任何 $x \in X_{m_l, n_l}$，有

$$A(B_k; X_{m_l, n_l}(x)) = p_0^{k_0} p_1^{k_1} \cdots p_{g-1}^{k_{g-1}} \mid X_{m_l, n_l}(x) \mid$$
$$+ o(\mid X_{m_l, n_l} \mid) \quad (l \to \infty), \quad (5.4.5)$$

（b）对于所有长为 $k \geqslant 1$ 的数字段 B_k，有

$$A(B_k; X_{m_l, n_l}) = p_0^{k_0} p_1^{k_1} \cdots p_{g-1}^{k_{g-1}} \mid X_{m_l, n_l} \mid$$
$$+ o(\mid X_{m_l, n_l} \mid) \quad (l \to \infty), \quad (5.4.6)$$

并且

$$\frac{\mid X_{m_{l+1}, n_{l+1}} \mid}{\sum_{j=1}^{l} \mid X_{m_j, n_j} \mid} = o(1) \quad (l \to \infty), \quad (5.4.7)$$

那么对于任何无穷维正整向量 $\boldsymbol{\mu} = (\mu_1, \mu_2, \mu_3, \cdots)$，实数 $\omega = T\theta$ 是（g 进制）**p** 正规数．

为证明此定理，我们需要下面的引理：

引理 5.9 设 $a_n, b_n \ (n \geqslant 0)$ 是两个无穷实数列，$b_n > 0 \ (n \geqslant 0)$，级数 $\sum_{n=0}^{\infty} b_n$ 发散，而且

$$\lim_{n \to \infty} \frac{a_n}{b_n} = a,$$

则

$$\lim_{n \to \infty} \frac{a_0 + a_1 + \cdots + a_n}{b_0 + b_1 + \cdots + b_n} = a.$$

证 在 Stolz 定理(第 4 章引理 4.2)中,令 $x_n = a_0 + a_1 + \cdots + a_n, y_n = b_0 + b_1 + \cdots + b_n (n \geq 0)$,即得所要的结果. □

定理 5.6 之证 (a) 我们设 $\omega = T\theta = 0. y_1 y_2 y_3 \cdots$. 首先考虑由 ω 的前 r_1 个数字组成的下列特殊形式的数字段:

$$W_{r_1} = y_1 y_2 \cdots y_{r_1}$$
$$= (\mu_1 X_{m_1, n_1})(\mu_2 X_{m_2, n_2}) \cdots (\mu_l X_{m_l, n_l})(\delta X_{m_{l+1}, n_{l+1}}),$$

其中 $0 \leq \delta < \mu_{l+1}$ 是一个整数,那么

$$A(B_k; r_1; \omega) = \sum_{j=1}^{l} \mu_j A(B_k; X_{m_j, n_j}) + \delta A(B_k; X_{m_{l+1}, n_{l+1}})$$
$$+ O\left(\sum_{j=1}^{l} \mu_j + \delta\right), \tag{5.4.8}$$

这里"O"项是由 X_{m_j, n_j} 间的连接部分产生的,并且还有

$$r_1 = |W_{r_1}| = \sum_{j=1}^{l} \mu_j |X_{m_j, n_j}| + \delta |X_{m_{l+1}, n_{l+1}}|. \tag{5.4.9}$$

因为由式(5.4.5)可知

$$A(B_k; X_{m_l, n_l}) = p_0^{k_0} p_1^{k_1} \cdots p_{g-1}^{k_{g-1}} |X_{m_l, n_l}|$$
$$+ o(|X_{m_l, n_l}|) \quad (l \to \infty), \tag{5.4.10}$$

所以由式(5.4.8)得到

$$A(B_k; r_1; \omega) = p_0^{k_0} p_1^{k_1} \cdots p_{g-1}^{k_{g-1}} |W_{r_1}| + \sum_{j=1}^{l} \mu_j \cdot o(|X_{m_l, n_l}|)$$
$$+ \delta \cdot o(|X_{m_{l+1}, n_{l+1}}|) + O\left(\sum_{j=1}^{l} \mu_j + \delta\right).$$

而且根据引理 5.9,由式(5.4.4)及(5.4.9)还可推出

$$\sum_{j=1}^{l} \mu_j + \delta = o(r_1),$$

$$\sum_{j=1}^{l} \mu_j \cdot o(|X_{m_l, n_l}|) + \delta \cdot o(|X_{m_{l+1}, n_{l+1}}|) = o(r_1),$$

因此我们得到

$$A(B_k; r_1; \omega) = p_0^{k_0} p_1^{k_1} \cdots p_{g-1}^{k_{g-1}} \mid W_{r_1} \mid + o(r_1) \quad (r_1 \to \infty). \quad (5.4.11)$$

现在考虑由 ω 的前 r 个数字组成的一般形式的数字段

$$W_r = y_1 y_2 \cdots y_r = (W_{r_1})(X_{m_{l+1}, n_{l+1}}(x))$$

$$= (\mu_1 X_{m_1, n_1}) \cdots (\mu_l X_{m_l, n_l})(\delta X_{m_{l+1}, n_{l+1}})(X_{m_{l+1}, n_{l+1}}(x)), \quad (5.4.12)$$

其中 δ 同前面的定义,是一个整数,且 $0 \leqslant \delta < \mu_{l+1}$,而 $x \in X_{m_{l+1}, n_{l+1}}$,那么由式(5.4.5)和(5.4.11),并注意 $r_1 < r$,$\mid X_{m_{l+1}, n_{l+1}} \mid < r$,我们得到

$$A(B_k; r; \omega) = A(B_k; r_1; \omega) + A(B_k; X_{m_{l+1}, n_{l+1}}(x)) + O(1)$$

$$= p_0^{k_0} p_1^{k_1} \cdots p_{g-1}^{k_{g-1}} \mid W_{r_1} \mid + o(r)$$

$$+ p_0^{k_0} p_1^{k_1} \cdots p_{g-1}^{k_{g-1}} \mid X_{m_{l+1}, n_{l+1}}(x) \mid + o(r) + O(1)$$

$$= p_0^{k_0} p_1^{k_1} \cdots p_{g-1}^{k_{g-1}} \mid W_r \mid + o(r) \quad (r \to \infty).$$

因此 ω 是 p 正规数.

(b) 保持上面的记号.由式(5.4.12)有

$$A(B_k; (W_{r_1})(X_{m_{l+1}, n_{l+1}})) - \mid X_{m_{l+1}, n_{l+1}} \mid$$

$$\leqslant A(B_k; r; \omega) \leqslant A(B_k; r_1; \omega) + \mid X_{m_{l+1}, n_{l+1}} \mid + O(1),$$

$$\sum_{j=1}^{l} \mu_j \mid X_{m_j, n_j} \mid \leqslant r_1 \leqslant r \leqslant r_1 + \mid X_{m_{l+1}, n_{l+1}} \mid,$$

所以

$$\frac{A(B_k; (W_{r_1})(X_{m_{l+1}, n_{l+1}}))}{r_1 + \mid X_{m_{l+1}, n_{l+1}} \mid} - \frac{\mid X_{m_{l+1}, n_{l+1}} \mid}{\sum_{j=1}^{l} \mu_j \mid X_{m_j, n_j} \mid}$$

$$\leqslant \frac{A(B_k; r; \omega)}{r}$$

$$\leqslant \frac{A(B_k; r_1; \omega)}{r_1} + \frac{\mid X_{m_{l+1}, n_{l+1}} \mid}{\sum_{j=1}^{l} \mu_j \mid X_{m_j, n_j} \mid} + O(r^{-1}). \quad (5.4.13)$$

注意式(5.4.7)蕴涵

$$\frac{\mid X_{m_{l+1}, n_{l+1}} \mid}{\sum_{j=1}^{l} \mu_j \mid X_{m_j, n_j} \mid} = o(1) \quad (l \to \infty). \quad (5.4.14)$$

另外,因为式(5.4.11)只依赖于式(5.4.4)和(5.4.10),所以在条件式(5.4.6)(与式(5.4.10)相同)之下式(5.4.11)在此仍然成立.特别地,我们有

$$\lim_{l \to \infty} \frac{A(B_k;(W_{r_1})(X_{m_{l+1},n_{l+1}}))}{r_1 + |X_{m_{l+1},n_{l+1}}|} = p_0^{k_0} p_1^{k_1} \cdots p_{g-1}^{k_{g-1}}$$

(若 $\delta + 1 < \mu_{l+1}$，则由式(5.4.11)直接得到上式；若 $\delta + 1 = \mu_{l+1}$，则其相当于以 $l+1$ 代 l，以 0 代 δ 的情形). 于是将式(5.4.11)和(5.4.14)应用于式(5.4.13)，可以推出

$$\lim_{r \to \infty} \frac{A(B_k;r;\omega)}{r} = p_0^{k_0} p_1^{k_1} \cdots p_{g-1}^{k_{g-1}},$$

所以 ω 是 p 正规数. □

注 5.4.1 由上面情形(b)的证明可知：若式(5.4.6)成立，并且存在某个无穷维正整向量 $\boldsymbol{\mu} = (\mu_1, \mu_2, \mu_3, \cdots)$ 满足式(5.4.14)，那么对于这个 $\boldsymbol{\mu}$，实数 $\omega = T\theta$ 是(g 进制)p 正规数.

推论 5.1 设 θ 由式(5.4.2)定义，m, n 是给定的无穷维正整向量，满足式(5.4.4). 如果对于所有长为 $k \geqslant 1$ 的数字段 B_k，以及任何 $x \in X_{n_l}$，有

$$A(B_k;X_{n_l}(x)) = p_0^{k_0} p_1^{k_1} \cdots p_{g-1}^{k_{g-1}} |X_{n_l}(x)| + o(|X_{n_l}|) \quad (l \to \infty),$$
$$(5.4.15)$$

并且

$$\frac{|X_{m_l}|}{|X_{n_l}|} \leqslant C < 1, \tag{5.4.16}$$

其中 $C > 0$ 是常数，那么对于任何无穷维正整向量 $\boldsymbol{\mu} = (\mu_1, \mu_2, \mu_3, \cdots)$，实数 $\omega = T\theta$ 是 p 正规数.

证 由式(5.4.16)有

$$|X_{n_l}| = O(|X_{m_l,n_l}|) \quad (l \to \infty),$$
$$|X_{m_l}| = O(|X_{m_l,n_l}|) \quad (l \to \infty). \tag{5.4.17}$$

由此及式(5.4.15)，并注意式(5.4.4)，可得

$$\begin{aligned}
A(B_k;X_{m_l,n_l}(x)) &= A(B_k;X_{n_l}(x)) - A(B_k;X_{m_l}) + O(1) \\
&= p_0^{k_0} p_1^{k_1} \cdots p_{g-1}^{k_{g-1}} |X_{n_l}(x)| + o(|X_{n_l}|) \\
&\quad - p_0^{k_0} p_1^{k_1} \cdots p_{g-1}^{k_{g-1}} |X_{m_l}| + o(|X_{m_l}|) + O(1) \\
&= p_0^{k_0} p_1^{k_1} \cdots p_{g-1}^{k_{g-1}} |X_{m_l,n_l}(x)| \\
&\quad + o(|X_{m_l,n_l}|) \quad (l \to \infty),
\end{aligned}$$

即条件式(5.4.5)成立，所以所要的结论成立. □

推论 5.2 设 θ 是一个 p 正规数，m, n 是给定的无穷维正整向量，满足

式(5.4.4).如果条件式(5.4.16)成立,那么对于任何无穷维正整向量 $\boldsymbol{\mu}=(\mu_1,\mu_2,\mu_3,\cdots)$,实数 $\omega=T\theta$ 是 p 正规数.

证 因为 θ 是一个 p 正规数,所以式(5.4.15)成立.于是由推论5.1即得结论.

现在应用定理5.6构造十进制正规数.设 $r\geqslant1,s_r(r\geqslant1)$ 是一个无穷正整数列.将所有长度为 r 的(十进)数字段(共有 10^r 个)

$$00\cdots00,\ 00\cdots01,\ 00\cdots02,\ \cdots,\ 99\cdots98,\ 99\cdots99$$

按递增顺序(在十进整数的意义下),而且每个重复 s_r 次排列而得到的数字段记为

$$U_r^{(s_r)}=(s_r(00\cdots00))(s_r(00\cdots01))\cdots(s_r(99\cdots98))(s_r(99\cdots99)),$$

于是 $|U_r^{(s_r)}|=rs_r10^r$.类似地,将所有 r 位十进整数(共有 10^r-10^{r-1} 个)

$$10\cdots00,\ 10\cdots01,\ 10\cdots02,\ \cdots,\ 99\cdots98,\ 99\cdots99$$

按递增顺序,而且每个重复 s_r 次排列而得到的数字段记为

$$V_r^{(s_r)}=(s_r(10\cdots00))(s_r(10\cdots01))\cdots(s_r(99\cdots98))(s_r(99\cdots99)),$$

我们有 $|V_r^{(s_r)}|=rs_r(10^r-10^{r-1})=9rs_r10^{r-1}$.

定理 5.7 对于任何无穷维正整向量 $\boldsymbol{s}=(s_1,s_2,s_3,\cdots)$ 和 $\boldsymbol{\mu}=(\mu_1,\mu_2,\mu_3,\cdots)$,无限十进小数

$$\eta=0.(\mu_1U_1^{(s_1)})(\mu_2U_2^{(s_2)})(\mu_3U_3^{(s_3)})\cdots,$$
$$\rho=0.(\mu_1V_1^{(s_1)})(\mu_2V_2^{(s_2)})(\mu_3V_3^{(s_3)})\cdots$$

都是十进制正规数.

证 在定理5.6中,取 $\theta=0.(U_1^{(s_1)})(U_2^{(s_2)})(U_3^{(s_3)})\cdots$,并令

$$m_l=\sum_{r=1}^{l-1}rs_r10^r,\quad n_l=\sum_{r=1}^{l}rs_r10^r,$$

那么数字段 $X_{m_l,n_l}=U_l^{(s_l)}$.我们来证明:对于任何长度为 $k\geqslant1$ 的数字段 B_k,以及任何 $x\in U_l^{(s_l)}$,有

$$A(B_k;U_l^{(s_l)}(x))=10^{-k}|U_l^{(s_l)}(x)|+o(|U_l^{(s_l)}|)\quad(l\to\infty).\tag{5.4.18}$$

设数字 x 出现于组成 $U_l^{(s_l)}$ 的某个长为 l 的数字段 $e_{l-1}e_{l-2}\cdots e_0$ 中,即

$$U_l^{(s_l)}(x)=(s_l(00\cdots0))\cdots(s'(e_{l-1}e_{l-2}\cdots e_0))(e_{l-1}\cdots x),\tag{5.4.19}$$

其中 $0\leqslant s'<s_l$.注意在数字段 $e_{l-1}e_{l-2}\cdots e_0$ 之前共有 $\sum_{j=0}^{l-1}e_j10^j$ 个长为 l 的

数字段,因此

$$|U_l^{(s_l)}(x)| = s_l l \sum_{j=0}^{l-1} e_j 10^j + s'l + \lambda l, \qquad (5.4.20)$$

其中 $0 < \lambda < 1$. 我们将组成式(5.4.19)的各个数字段

$$(00\cdots0), \cdots, (e_{l-1}e_{l-2}\cdots e_0), (e_{l-1}\cdots x)$$

称为它的"单元". 用 $\tau_t(x)$ 表示出现下列情形的次数之和:数字段 B_k 位于某个单元中,而且 B_k 的第 1 个数字恰好是该单元的第 t 个数字. 那么当 $t > l - k + 1$ 时,$l - t < k - 1$,所以 $\tau_t(x) = 0$;当 $t \le l - k + 1$ 时,如果 B_k 按上述要求落在某个单元中(但单元 $(e_0\cdots x)$ 可能例外),那么其后的长为 $l - t - k + 1$ 的数字段总共有 $10^{l-t-k+1}$ 种可能的选取,而且如果 $t \ge 2$,那么其前的长为 $t - 1$ 的数字段在十进整数的大小意义下不能超过十进整数 $(e_{l-1}e_{l-2}\cdots e_{l-t+1})_{10}$,所以总共有 $\sum_{j=l-t+1}^{l-1} e_j 10^{j+t-l-1}$ 种可能的选取. 再计及例外情形,可知当 $2 \le t \le l - k + 1$ 时

$$\tau_t(x) = 10^{l-k-t+1} s_l \left(\sum_{j=l-t+1}^{l-1} e_j 10^{j+t-l-1} + \lambda_1 \right) + \lambda_2 s_l$$

$$= 10^{-k} s_l \left(\sum_{j=l-t+1}^{l-1} e_j 10^j + 10^{l-t+1} \lambda_1 \right) + \lambda_2 s_l,$$

$$\tau_1(x) = s_l (10^{l-k} + \lambda_1) + \lambda_2 s_l,$$

其中 $0 \le \lambda_1 \le 1, 0 \le \lambda_2 \le 1$. 最后,因为在每个单元连接处 B_k 出现的次数总共是 $O(s_l 10^l)$,所以当 $t \le l - k + 1$ 时

$$A(B_k; U_l^{(s_l)}(x)) = \sum_{t=2}^{l-k+1} \tau_t(x) + \tau_1(x) + O(s_l 10^l)$$

$$= 10^{-k} s_l \left(\sum_{t=2}^{l-k+1} \sum_{j=l-t+1}^{l-1} e_j 10^j \right) + O(s_l 10^l)$$

$$= 10^{-k} s_l \left(\sum_{j=k}^{l-1} \sum_{t=2}^{l-k+1} e_j 10^j \right) + O(s_l 10^l)$$

$$= 10^{-k} s_l (l - k) \sum_{j=k}^{l-1} e_j 10^j + O(s_l 10^l).$$

由此及式(5.4.20),并注意 $|U_l^{(s_l)}| = l s_l 10^l$,即得式(5.4.18). 于是定理 5.6 中的条件(a)在此成立,从而 η 是十进制正规数.

类似地,在定理 5.6 中,取 $\theta = 0.(V_1^{(s_1)})(V_2^{(s_2)})(V_3^{(s_3)})\cdots$,并令

$$m_l = 9 \sum_{r=1}^{l-1} rs_r 10^{r-1}, \quad n_l = 9 \sum_{r=1}^{l} rs_r 10^{r-1},$$

那么数字段 $X_{m_l, n_l} = V_l^{(s_l)}$. 我们用 $U_{ls_l 10^{l-1}}$ 表示 $U_l^{(s_l)}$ 的前 $ls_l 10^{l-1}$ 位数字组成的数字段

$$(s_l(00\cdots00))(s_l(00\cdots01))\cdots(s_l(09\cdots99)),$$

那么由式(5.4.18)得

$$A(B_k; U_{ls_l 10^{l-1}}) = 10^{-k} |U_{ls_l 10^{l-1}}| + o(|U_l^{(s_l)}|) \quad (l \to \infty).$$

于是,根据上式及式(5.4.18),对于 $x \in V_l^{(s_l)}$,有

$$A(B_k; V_l^{(s_l)}(x))$$

$$= A(B_k; U_l^{(s_l)}(x)) - A(B_k; U_{ls_l 10^{l-1}}) + O(1)$$

$$= 10^{-k} |U_l^{(s_l)}(x)| + o(|U_l^{(s_l)}|) - (10^{-k} |U_{ls_l 10^{l-1}}|$$

$$+ o(|U_r^{(s_r)}|)) + O(1)$$

$$= 10^{-k} |U_l^{(s_l)}(x)| - 10^{-k} |U_{ls_l 10^{l-1}}| + o(|U_l^{(s_l)}|) + O(1)$$

$$= 10^{-k} |V_l^{(s_l)}(x)| + o(|U_l^{(s_l)}|).$$

注意

$$\frac{|U_l^{(s_l)}|}{|V_l^{(s_l)}|} = \frac{ls_l 10^l}{9 ls_l 10^{l-1}} = \frac{10}{9},$$

所以

$$A(B_k; V_l^{(s_l)}(x)) = 10^{-k} |V_l^{(s_l)}(x)| + o(|V_l^{(s_l)}|) \quad (l \to \infty).$$

由定理 5.6 中的条件(a),可知 ρ 是十进制正规数. $\qquad \square$

例 5.4.1 在无限十进小数 ρ 中,取 $\boldsymbol{\mu} = (1, 1, 1, \cdots)$,即得小数(5.4.1)的正规性.特别地,取 $s = (1, 1, 1, \cdots)$,即得上节定理 5.5.如果在无限十进小数 η 中,取 $\boldsymbol{\mu} = s = (1, 1, 1, \cdots)$,那么可知实数

$$0.(U_1^{(1)})(U_2^{(1)})(U_3^{(1)})\cdots$$

$$= 0.(0)(V_1^{(1)})(00)(01)\cdots(09)(V_2^{(1)})(000)(001)\cdots(099)(V_3^{(1)})\cdots$$

的正规性.以此为前提,取 $X_{m_l, n_l} = V_l^{(1)}$,即

$$m_1 = 1, \quad n_1 = 10,$$

$$m_l = \sum_{r=1}^{l-1} r 10^r + l 10^{l-1}; \quad n_l = \sum_{r=1}^{l} r 10^r \quad (l \geq 2),$$

那么由推论 5.2 也可推出定理 5.5.

例 5.4.2 在无限十进小数 η 中,取 $s = \boldsymbol{\mu} = (1, 1, 1, \cdots)$,可知无限十

进小数
$$0.012\,3\cdots8900010203\cdots9899000001002\cdots998999\cdots$$
(在小数点后依次写上 $0,1,\cdots,9;00,01,\cdots,99;000,001,\cdots,999;$ 等等)是正规数.

最后,给出一个 $\boldsymbol{p}$ 正规数的例子.设 $g\geqslant2,\boldsymbol{p}=(p_0,p_1,\cdots,p_{g-1})$ 是一个固定的实向量,其诸分量之和
$$p_0 + p_1 + \cdots + p_{g-1} = 1.$$
还设
$$\boldsymbol{p}(n) = (p_0(n),p_1(n),\cdots,p_{g-1}(n))\quad(n\geqslant1)$$
是一个无穷 g 维整向量序列,满足
$$p_0(n) + p_1(n) + \cdots + p_{g-1}(n) = n\quad(n\geqslant1),$$
$$\lim_{n\to\infty}\frac{1}{n}p_j(n) = p_j\quad(j = 0,1,2,\cdots,g-1).\tag{5.4.21}$$
例如,我们可以令 $p_0(n) = [p_0 n]$,以及 $p_j(n) = [(p_0 + \cdots + p_j)n] - p_{j-1}(n)(j\geqslant1)$.

对于每个 n,设 $S(\boldsymbol{p}(n);n)$ 是将所有可能的由 $p_0(n)$ 个数字 $0,p_1(n)$ 个数字 $1,\cdots\cdots,p_{g-1}(n)$ 个数字 $g-1$ 所组成的长度为 n 的数字段按大小(在 g 进整数的意义下)依次排列而得到的数字段.由多项式系数的组合意义知,这个数字段的长度
$$|S(\boldsymbol{p}(n);n)| = \frac{n\cdot n!}{p_0(n)!\,p_1(n)!\cdots p_{g-1}(n)!}\quad(\text{记为}\ \sigma_n).$$

定理 5.8　如果 $\boldsymbol{\mu} = (\mu_1,\mu_2,\mu_3,\cdots)$ 是一个无穷维正整向量,并且
$$\frac{\sigma_{l+1}}{\displaystyle\sum_{j=1}^{l}\mu_j\sigma_j} = o(1)\quad(l\to\infty),\tag{5.4.22}$$
那么无限 g 进小数
$$\phi = 0.(\mu_1 S(\boldsymbol{p}(1);1))(\mu_2 S(\boldsymbol{p}(2);2))\cdots(\mu_l S(\boldsymbol{p}(l);l))\cdots$$
是一个 $\boldsymbol{p}$ 正规数.

证　在定理 5.6 中,取
$$\theta = 0.(S(\boldsymbol{p}(1);1))(S(\boldsymbol{p}(2);2))\cdots(S(\boldsymbol{p}(l);l))\cdots,$$
以及 $m_l = \displaystyle\sum_{j=1}^{l-1}\sigma_j, n_l = \displaystyle\sum_{j=1}^{l}\sigma_j$,那么 $X_{m_l,n_l} = S(\boldsymbol{p}(l);l)$.我们首先证明:对于任何长度为 $k\geqslant1$ 的数字段 B_k(此处 $\boldsymbol{k} = (k_0,k_1,\cdots,k_{g-1})$,$B_k$ 的意义

同前),有

$$\lim_{n \to \infty} \frac{A(B_k; S(\boldsymbol{p}(n); n))}{|S(\boldsymbol{p}(n); n)|} = p_0^{k_0} p_1^{k_1} \cdots p_{g-1}^{k_{g-1}}. \tag{5.4.23}$$

我们把上面所述的组成 $S(\boldsymbol{p}(n); n)$ 的每个长度为 n 的小数字段称为一个"单元". 当 n 充分大时,对于给定的数字段 B_k,可以添加 $p_0(n) - k_0$ 个数字 $0, p_1(n) - k_1$ 个数字 $1, \cdots\cdots, p_{g-1}(n) - k_{g-1}$ 个数字 $g-1$,组成长度为 n 的合乎要求的数字段,其可能的个数为

$$\frac{(n - k)!}{(p_0(n) - k_0)!(p_1(n) - k_1)! \cdots (p_{g-1}(n) - k_{g-1})!}.$$

又因为 B_k 可位于这些添加的数字中任何两个之间,或者所有添加数字形成的数字段的左侧或右侧,这样的位置的总数是 $n - k + 1$. 因此,数字段 B_k 完全落在 $S(\boldsymbol{p}(n); n)$ 的某个单元中的总次数是

$$A_n = (n - k + 1) \cdot \frac{(n - k)!}{(p_0(n) - k_0)!(p_1(n) - k_1)! \cdots (p_{g-1}(n) - k_{g-1})!}.$$

数字段 B_k 还可以跨在 $S(\boldsymbol{p}(n); n)$ 的某两个相邻单元上,它的第 1 个数字在左侧的单元中有 $k-1$ 个可供选择的位置,$S(\boldsymbol{p}(n); n)$ 的相邻单元组的总数是

$$\frac{n!}{p_0(n)! p_1(n)! \cdots p_{g-1}(n)!} - 1,$$

所以数字段 B_k 跨在两个相邻单元上的次数是

$$B_n = (k - 1) \cdot \left(\frac{n!}{p_0(n)! p_1(n)! \cdots p_{g-1}(n)!} - 1 \right).$$

合起来即得

$$A(B_k; S(\boldsymbol{p}(n); n)) = A_n + B_n.$$

易见 $B_n = o(\sigma_n)(n \to \infty)$,还有

$$\frac{A_n}{\sigma_n} = \frac{1}{n} \cdot \prod_{j=0}^{k_0-1} (p_0(n) - j) \cdots \prod_{j=0}^{k_{g-1}-1} (p_{g-1}(n) - j) \left(\prod_{j=0}^{k-2} (n - j) \right)^{-1}$$

$$= \frac{1}{n} \cdot n^k \cdot \prod_{j=0}^{k_0-1} \left(\frac{p_0(n)}{n} - \frac{j}{n} \right) \cdots$$

$$\cdot \prod_{j=0}^{k_{g-1}-1} \left(\frac{p_{g-1}(n)}{n} - \frac{j}{n} \right) \left(n^{k-1} \prod_{j=0}^{k-2} \left(1 - \frac{j}{n} \right) \right)^{-1}.$$

由此及式 $(5.4.21)$ 即得式 $(5.4.23)$. 又注意到式 $(5.4.22)$,可知注 5.4.1 中的条件在此成立. 因此无限 g 进小数 ϕ 是 $\boldsymbol{p}$ 正规数. □

例 5.4.3　在定理 5.8 中，取 $\boldsymbol{\mu} = (1,2,3,\cdots)$，由 Stirling 公式（见引理 3.15 的证明）可得

$$\frac{\sigma_{n+1}}{\sum\limits_{j=1}^{n}\mu_j\sigma_j} \leqslant c_0 \frac{\sigma_{n+1}}{n\sigma_n} \leqslant c_0 n^{-1} \to 0 \quad (n \to \infty)$$

（$c_0 > 0$ 是一个常数），所以无穷 g 进小数

$$\phi = 0.(S(p(1);1))(2S(p(2);2))\cdots(nS(p(n);n))\cdots$$

是一个 p 正规数.

注 5.4.2　文献[169]构造了二进 p 正规数，它可作为本节结果的特殊情形而得到.

5.5　补充与评注

1° 关于正规数理论近百年来的发展，特别是正规数与丢番图逼近的度量理论间的关系，可见文献[133]，还可参考[19,80,153]等.

2° 历史上，数的正规性有多种定义. E. Borel[42] 的原始定义是：如果数 $\theta, g\theta, \cdots, g^n\theta, \cdots$ 对于所有底 $g, g^2, \cdots, g^n, \cdots$ 都是简单正规数，那么称它是 g 进制正规数. S. S. Pillai[201] 指出这个定义条件过多，而提出下面的定义：如果 θ 对于所有底 $g, g^2, \cdots, g^n, \cdots$ 都是简单正规数，那么称它是 g 进制正规数. 现在通行的正规数的定义（如本书中给出的）首见于文献[191]. 可以证明这几个定义都是等价的，对此可见文献[189]（还可参见[132,153]）. 另外，文献[111]给出了二进制正规数的一个等价定义.

我们还可以证明：

（a）设 $k \geqslant 2$ 是任意整数，则实数 θ 是 g 进制正规数，当且仅当它是 g^k 进制正规数[153].

（b）实数 θ 是 g 进制正规数，当且仅当它对于所有底 $g, g^2, \cdots$ 是简单正规数（见注 5.1.1）.

（c）实数 θ 是 g 进制正规数，当且仅当存在无穷正整数列 $k_1 < k_2 < \cdots < k_n < \cdots$，使得 θ 对于底 $g^{k_1}, g^{k_2}, \cdots, g^{k_n}, \cdots$ 都是简单正规数；而具有这种

性质的正整数列 k_n 即使是有限的,也不足以保证 θ 是 g 进制正规数[160].

J. E. Maxfield[173] 给出了多重正规数组的概念. C. Mauduit[171-172] 研究了正规集概念及其与自动机理论的联系.

2007 年, M. G. Madritsch[162] 将正规数的概念推广到矩阵情形(称为矩阵数系正规数),得到了一些与经典正规数理论类似的结果,但看来这方面的研究还不充分.

3° 一致分布的概念是由 H. Weyl[256] 首先提出的. 他还给出了数列一致分布的充要条件(现在称为数列一致分布的 Weyl 判别法则):实数列 $\omega = \{x_n(n \geqslant 1)\}$ 一致分布(mod 1),当且仅当对所有非零整数 h,

$$\lim_{N \to \infty} \frac{1}{N} \sum_{n=1}^{N} \exp(2\pi h x_n \mathrm{i}) = 0.$$

一致分布概念的定量形式为:对于实数列 $\omega = \{x_n(n \geqslant 1)\}$,令

$$D_N(\omega) = \sup \left| \frac{A([\alpha, \beta); N; \omega)}{N} - (\beta - \alpha) \right|,$$

其中 sup 取自 $[0,1]$ 的所有子区间 $[\alpha, \beta)$,并将它称为 ω 的偏差. 于是实数列 $\omega = \{x_n(n \geqslant 1)\}$ 一致分布,当且仅当 $\lim\limits_{N \to \infty} D_N(\omega) = 0$. 如果 $D_N(\omega) = O(N^{-1+\varepsilon})$,其中 $\varepsilon > 0$ 任意给定,那么称 ω 是低偏差数列(或低偏差点列). 一致分布的概念及数列偏差可以扩充到多维情形,参见[18-19,153]等. 文献[80,133,159,183,221]等研究了与正规数有关的偏差估计问题.

高维低偏差点列被应用于近似分析、数值模拟、最优化、统计等领域(即拟 Monte-Carlo 方法,见文献[18,80]等). 偏差概念也应用在图论、离散几何、计算机科学的研究中(统称为"偏差方法",对此可见[65]等).

4° 本章定理 5.2 及 5.3 的证明是按[132,189]改写的. 我们可以证明:设 $\{k_n(n \geqslant 1)\}$ 是由不同正整数组成的无穷数列,那么对于几乎所有实数 α,数列 $\omega = \{k_n \alpha \ (n \geqslant 1)\}$ 是一致分布(mod 1)的[19,153]. 由此结果及定理5.4立即可以推出定理 5.2 和 5.3.

5° 可以借助于一种特殊的一致分布数列来刻画无理数,这就是:

定理 5.9 实数 θ 是无理数,当且仅当数列 $\omega = \{n\theta \ (n \geqslant 1)\}$ 是一致分布(mod 1)的.

证 首先证明:若 θ 是有理数,则数列 $\omega = \{n\theta(n \geqslant 1)\}$ 不是一致分布(mod 1)的. 如果 θ 是整数,那么所有 $\{n\theta\} = 0$,所以结论成立. 如果

$\theta = p/q$,其中整数 p,q 互素,$q>0$,那么 $\{n\theta\} = 0$(当 $n = q,2q,\cdots,sq$),于是对于任何区间 $[\alpha,\beta] \subseteq [0,1]$ $(\alpha>0)$,在数 $\{n\theta\}$ $(n = 1,2,\cdots,sq)$ 中,诸数 $\{q\theta\},\{2q\theta\},\{3q\theta\},\cdots,\{sq\theta\}$ 均不落在其中,从而

$$A([\alpha,\beta];sq;\omega) \leqslant sq - s,$$

于是

$$\lim_{s \to \infty} \frac{A([\alpha,\beta];sq;\omega)}{sq} \leqslant \frac{q-1}{q}.$$

如果选取区间 $[\alpha,\beta]$,使其长度 $\beta - \alpha > (q-1)/q$,那么由定义知,数列 ω 在此情形也不是一致分布(mod 1)的.

现在设 θ 是无理数,那么对于任何非零整数 h,有

$$\frac{1}{N}\sum_{n=1}^{N} \exp(2\pi hn\theta i) = \frac{|e^{2\pi hN\theta i} - 1|}{N|2\pi h\theta i - 1|} \leqslant \frac{1}{N|\sin \pi h\theta|},$$

于是

$$\lim_{N \to \infty} \frac{1}{N}\sum_{n=1}^{N} \exp(2\pi hn\theta i) = 0.$$

根据 Weyl 判别法则(见 3°),可知 ω 是一致分布(mod 1)数列. □

定理 5.9 的另一种证明(不应用 Weyl 判别法则)可见[189-190].

6° 关于判断一个给定的实数的正规性,除了 $\sqrt{2},\log 2,e,\pi$ 等是否为正规数没有解决外,还有一些颇具挑战性的问题,例如:

(a) 证明 $\sqrt{2}$ 对于某个底 $g \geqslant 2$ 是简单正规数,或者证明这样的进制根本不存在.

(b) 求一个整数 $g>2$,使数字 $0,1,\cdots,g-1$ 在 $\sqrt{2},e,\pi$ 的 g 进制表达式中都出现无限次.

(c) 求一个无理数,它是"绝对"非正规的,即对于任何进制都不是正规数.

问题(a)至今未解决.问题(b)排除了 $g = 2$,因为此时答案是显然的.注意,K. Mahler[165] 证明了下列与问题(b)有点接近的结果:对于任何给定的无理数 θ、正整数 N,以及底 $g>2$,存在一个正整数 M,使得每个长为 N 的数字段在 $M\theta$ 的 g 进制表达式中出现无限次.至于问题(c),C. Pomerance 认为级数

$$\sum_{n=1}^{\infty} \frac{1}{(n!)^{n!}}$$

应该是这样的数,但需要人们加以证明.

7° Champernowne[64]的方法被人们进一步推广和发展,产生了一些新的构造正规数的方法,以及一些新的或类似形式的(十进制或其他进制)正规数.除 5.4 节中所证明的定理 5.6 外,还有许多重要而有趣的结果,例如:

(a) (A. S. Besicovitch[36])0.149 162 536 496 481 100 121…(在小数点后按大小顺序依次写出所有正整数的平方)是十进制正规数.

(b) (A. H. Copeland 和 P. Erdös[78])0.235 711 131 719 232 9…(在小数点后依次写出所有素数)是十进制正规数.

(c) (H. Davenport 和 P. Erdös[79])$0. f(1)f(2)f(3)\cdots f(n)\cdots$是十进制正规数,其中 $f(x)$ 是一个任意非常数多项式,当 x 取正整数时 $f(x)$ 也取正整数值;特别地,取 $f(x)=x^2$ 时,即得(a).

(d) (Y. Nakai 和 I. Shiokawa[181-182])$0.[g(1)][g(2)][g(3)]\cdots$是 g 进制正规数.此处函数

$$g(x) = c_0 x^{\theta_0} + c_1 x^{\theta_1} + \cdots + c_s x^{\theta_s},$$

其中 $c_0>0,c_1,\cdots,c_s$ 是 $s+1$ 个非零实数,$\theta_0>\theta_1>\cdots>\theta_s\geqslant 0$,并且这些 θ_j 中至少有一个不是整数;还设当 $x\geqslant 1$ 时,$g(x)\geqslant 1$.例如,对于任何 $\theta>0,0.1[2^{\theta}][3^{\theta}]\cdots$是 g 进制正规数.

(e) (Y. Nakai 和 I. Shiokawa[184])若 $f(x)$ 同(c)中的,x 依次取所有素数值,则 $0.[f(2)][f(3)][f(5)][f(7)][f(11)][f(13)]\cdots$是一个 g 进制正规数.

(f) S. Ito 和 I. Shiokawa[142]将 Champernowne[64]的构造扩充到 β 正规性,研究了实数 $x\in(0,1)$ 的对于以任意实数 $\beta>1$ 为底的,即形如 $\sum_{n=0}^{\infty} w_n(x)\beta^{-n-1}$ 的表达式中的数字分布规律,其中 $w_n(x)=[T_{\beta}^n x],T_{\beta}x=\{\beta x\}$.

(g) A. N. Korobov[150]及 A. G. Postnikov[205]分别给出了构造正规数的连分数方法及随机方法.A. N. Korobov[149],J. L. Spears 和 J. E. Maxfield[238]构造了其他一些类型的正规数例子,后者还研究了它们与 Liouville 数的关系(关于 Liouville 数的定义,可参见本书附录).M. B. Levin[157-158]和 W. Sierpinski[231]等研究了绝对正规数的构造.

8° 这里我们对非正规数作一些简单的介绍.

(a) 关于一个数对于不同底的正规性间的关系, W. W. Schmidt[224] 证明了下面的经典结果:如果正整数 g, h 等价(即存在正整数 m, n,使得 $g^m = h^n$),那么实数 θ 是 g 进制正规数,当且仅当它是 h 进制正规数. 如果正整数 g, h 不等价(即不存在正整数 m, n,使得 $g^m = h^n$),那么由对于底 g 正规但对于底 h 非简单正规的实数组成的集合具有连续统的势,即可与实数集 $\mathbb{R}$ 建立一一对应(一个特殊情形可见 [63]). C. M. Colebrook 和 J. H. B. Kemperman[76], C. E. M. Pearce 和 M. S. Keane[196] 对此作了进一步研究.

(b) 文献 [75, 179 - 180, 202 - 203, 225, 251] 等研究了某些非正规数集合的 Hausdorff 维数,其中 [202, 225] 还包含某些非正规数的丢番图逼近结果(关于 Hausdorff 维数的数论专著可见 [35] 等).

(c) M. M. France[111] 构造了一个非二进制正规数的无穷集合,其 Hausdorff 维数为零. G. Wagner[252] 构造了一个数环,其中每个数(但 0 除外)对于一个底正规,但对于另一个底则非正规.

附录 超越数论简介

1 代数数与超越数

如果一个复数 α 是某个整系数非零多项式的根,那么称它为代数数.不是代数数的(复)数称为超越数;换言之,超越数是不满足任何整系数非零多项式的(复)数.例如,$1,2/3,-\sqrt{3}+1,i,\sqrt{2}i,(1+\sqrt{5}i)/2,\cdots$ 都是代数数.可以证明 $e,\pi,2^{\sqrt{2}},2^{-i}$ 都是超越数.

代数数 α 所满足的最低次数的整系数非零多项式 $P(z)$ 称为它的极小多项式(因此它在 $\mathbb{Q}$ 上不可约).$P(z)$ 的次数、系数绝对值的最大值以及系数绝对值的和分别称为 α 的次数、高和长.当然,$P(z)$ 的所有根都是代数数,它们称为 α 的共轭元.如果 $P(z)$ 的最高次项的系数为1,那么称 α 为代数整数.为便于区分,平常的整数(当然也是代数整数)有时称为有理整数.可以证明,对于任何代数数 α,存在有理整数 n,使得 $n\alpha$ 为代数整数;这样的有理整数称为 α 的一个分母.例如,$\sqrt{2}i$ 是一个代数整数,其极小多项式是 $z^2+2=0$;而2是代数数 $\sqrt{2}i/2$ 的一个分母.

全体代数数的集合按通常的运算形成一个域,记为 $\mathbb{A}$ 或 $\overline{\mathbb{Q}}$;也就是说,任何两个代数数的和、差、积、商(分母不为零)都是代数数.但全体超越数的集合不是域.全体复数可划分为代数数与超越数两大类.全体实数又可划分为(实)代数数与(实)超越数两大类.实代数数的集合由有理数(一次实代数数)、代数无理数(次数 $\geqslant 2$ 的实代数数)组成;而无理数的集合则包括代数无理数和(实)超越数两类实数.有时,我们也把如 $i,\sqrt{2}i$ 这样的数称为虚二次无理数.

因为全体超越数的集合不是域,所以虽然已经证明 e 和 π 都是超越数,

但至今不知道 $e+\pi$ 和 $e\pi$ 是否为超越数.不过,我们可以证明:若复数 α 是某个以代数数为系数的非零多项式的根,则它也是一个代数数.由于 e 和 π 满足方程 $z^2-(e+\pi)z+e\pi=0$,从而推出 $e+\pi$ 和 $e\pi$ 中至少有一个超越数.

如果 x,y 是两个实数,那么下列两个性质是等价的:(ⅰ) x,y 中至少有一个超越数;(ⅱ) 复数 $x+yi$ 是超越数.下面是一个有趣的例子. K. Ramachandra证明了:若 a,b 是不等于 1 的正代数数,$\log a/\log b$ 是无理数,且 $a<b<a^{-1}$,则两个数

$$x=\left(\frac{1}{240}+\sum_{n=1}^{\infty}\frac{n^3a^n}{1-a^n}\right)\prod_{n=1}^{\infty}(1-a^n)^{-8}$$

和

$$y=\left(\frac{6}{(b^{1/2}-b^{-1/2})^4}-\frac{1}{(b^{1/2}-b^{-1/2})^2}-\sum_{n=1}^{\infty}\frac{n^3a^n(b^n+b^{-n})}{1-a^n}\right)$$

$$\cdot\prod_{n=1}^{\infty}(1-a^n)^{-8}$$

中至少有一个超越数.因此,复数 $x+yi$ 是一个超越数.

2　Liouville 逼近定理及其改进

超越数这个名称是 G. W. Leibniz 于 1704 年首先使用的.但直到 1874 年,才由 G. Cantor 证明了超越数的存在性.他证明了对于全体代数数的集合,其元素与全体正整数的集合的元素之间可建立一一对应,也就是说,全体代数数的集合是"可数的";但全体实数的集合是"不可数的",即其元素不能与全体正整数的集合的元素建立一一对应.因此,一定存在不是代数数的实数,即超越数.

G. Cantor 的发现是存在性结果.第 1 个超越数的例子是 J. Liouville 于 1844 年给出的.他发现:一个次数大于 2 的代数数只可能被有理数"较差"地逼近,因此,一个实数如果能用有理数"很好"地逼近,那就应该是超越数.他的结果称为:

Liouville 逼近定理　若 α 是次数为 $d\geqslant2$ 的代数数,则存在仅与 α 有关的常数 $c=c(\alpha)>0$,使得对于任何有理数 p/q $(q>0)$,有

$$\left|\alpha-\frac{p}{q}\right|>cq^{-d}$$

(例如,可取 $c(\alpha) = (1 + |\alpha|)^{1-d} d^{-1} L(\alpha)^{-1}$,此处 $L(\alpha)$ 是 α 的长).

如果我们记

$$\theta = \sum_{j=0}^{\infty} \frac{1}{2^{j!}},$$

并取

$$\frac{p_n}{q_n} = \sum_{j=0}^{n} \frac{1}{2^{j!}}, \quad q_n = 2^{n!} \quad (n \geqslant 1),$$

那么可得不等式

$$0 < \left| \theta - \frac{p_n}{q_n} \right| < c_1 q_n^{-n-1}$$

($c_1 > 0$ 是常数).因为 n 可以任意大,所以由 Liouville 逼近定理推出 θ 是超越数.这是历史上第 1 个"人工制造"的超越数.

一般地,若对于实数 θ 存在由不同的有理数组成的无穷数列 p_n/q_n ($n \geqslant 0$),使得

$$0 < \left| \theta - \frac{p_n}{q_n} \right| < q_n^{-\lambda_n},$$

其中 $\lambda_n > 0, \lim\limits_{n \to \infty} \lambda_n = +\infty$,那么根据 Liouville 逼近定理,$\theta$ 是超越数.我们称这种超越数为 Liouville 数.

Liouville 逼近定理中的上界不是最优的.上世纪前半叶,它被人们逐次改进.1955 年,K. F. Roth 得到最佳的结果,并因此而荣获 1958 年 Fields 奖.这就是:

Roth 逼近定理 若 α 是次数为 $d \geqslant 2$ 的代数数,则对于任何给定的 $\varepsilon > 0$,不等式

$$\left| \alpha - \frac{p}{q} \right| < q^{-(2+\varepsilon)}$$

只有有限多个有理解 p/q ($q > 0$),并且指数 $2 + \varepsilon$ 不能换为 2.

注意,当 α 不是实数时,上述结论显然正确(例如,对于 $\alpha = 1 + \sqrt{5}\mathrm{i}$,$|\alpha - p/q| = \sqrt{5 + (1 - p/q)^2} \geqslant \sqrt{5}$).另外,由正文第 1 章定理 1.4 可知,指数 $2 + \varepsilon$ 不能换为 2.

应用 Liouville 逼近定理的一种改进形式,K. Mahler 于 1937 年证明了无限十进小数

$$0.123\ 456\ 789\ 101\ 112\ 13\cdots$$

(见正文例 1.1.1)是超越数但不是 Liouville 数;1976 年,他又应用 Roth 逼
近定理的一种变体,将这个结论扩充到无限十进小数

$$0.\underbrace{1\cdots1}_{s_1}\,\underbrace{2\cdots2}_{s_1}\cdots\,\underbrace{9\cdots9}_{s_1}\,\underbrace{10\cdots10}_{s_2}\,\underbrace{11\cdots11}_{s_2}\cdots\,\underbrace{99\cdots99}_{s_2}\cdots$$

(见正文第 5 章 5.4 节).而在此前(1957 年),他用同样的方法,证明了级数
$\sum_{n=0}^{\infty}2^{-2^n}$ 的值是超越数.这个级数的收敛速度比级数 $\sum_{n=0}^{\infty}2^{-n!}$ 要慢得多.

20 世纪 70 年代,W. M. Schmidt 将 Roth 的结果扩充到联立逼近的情
形.我们用 $\|a\|$ 表示实数 a 与离它最近的整数间的距离,即

$$\|a\| = \min\{a-[a],[a]+1-a\}.$$

W. M. Schmidt 的结果可以叙述为下列两种互相等价的形式:若 $\alpha_1,\cdots,\alpha_s$
是实代数数,$1,\alpha_1,\cdots,\alpha_s$ 在 $\mathbb{Q}$ 上线性无关,则对于任何 $\varepsilon>0$:

(a) 不等式

$$\|q\alpha_1\|\cdots\|q\alpha_s\|\,q^{1+\varepsilon}<1$$

只有有限多个整数解 $q>0$.

(b) 不等式

$$\|q_1\alpha_1+\cdots+q_s\alpha_s\|\,|q_1\cdots q_s|^{1+\varepsilon}<1$$

只有有限多组整数解 $(q_1,\cdots,q_s)$,且 q_j 不全为零.

应用这个结果我们也可以构造一些级数,其和为超越数,例如:

$$\sum_{n=1}^{\infty}\frac{1}{nF_{2^n}},\quad \sum_{n=1}^{\infty}\frac{1}{(n+1)F_{2^n}},\quad \sum_{n=1}^{\infty}\frac{[\mathrm{e}^n]}{F_{2^n}},$$

$$\sum_{n=1}^{\infty}\frac{[n\mathrm{e}]}{F_{2^n}},\quad \sum_{n=1}^{\infty}\frac{1}{F_{n!}},\quad \sum_{n=1}^{\infty}\frac{1}{F_{F_{2^n}}}$$

(F_n 是 Fibonacci 数),等等.

3　Lindemann-Weierstrass 定理

e 和 π 的超越性问题是 19 世纪后半叶解决的.1873 年 C. Hermite 证
明了 e 是超越数.1882 年,F. Lindemann 推广了他的方法,证明了 π 是超
越数.e 和 π 的超越性是下述更为一般的定理的特殊情形,这个定理是
F. Lindemann 于 1882 年提出,而后由 K. Weierstrass 于 1885 年证明的.
它的一个等价叙述形式如下:

Lindemann-Weierstrass 定理　　如果 $\theta_1, \cdots, \theta_s$ 是两两互异的复代数数，那么由关系式

$$\beta_1 e^{\theta_1} + \cdots + \beta_s e^{\theta_s} = 0$$

可推出：或者至少有一个复系数 β_j 是超越数，或者所有系数 β_j 都为零．

在上面定理中，取 $\theta_1 = 0, \theta_2 = z$，其中 z 是非零（复）代数数，那么我们有

$$e^z \cdot e^0 + (-1) \cdot e^z = 0.$$

因为系数 $\beta_1 = e^z, \beta_2 = -1$ 都不为零，所以由 Lindemann-Weierstrass 定理可知，这两个系数中至少有一个是超越数．于是我们得到：

Hermite-Lindemann 定理　　如果复数 $z \neq 0$ 是代数数，那么 e^z 是超越数．

特别地，取 $z = 1$，可知 e 是超越数．取 $z = 2\pi i$，因为 $e^z = 1$ 不是超越数，所以 $2\pi i$ 不可能是代数数，即得知 π 是超越数．

现在设 α 是非零代数数，并记 $a = \sin \alpha$．由 Euler 公式

$$\sin \alpha = \frac{e^{i\alpha} - e^{-i\alpha}}{2i} \quad (i = \sqrt{-1}),$$

可得

$$e^{i\alpha} - e^{-i\alpha} - 2ia e^0 = 0.$$

应用 Lindemann-Weierstrass 定理，即可推出 $a = \sin \alpha$ 是超越数．类似的推理对于 $\cos \alpha$ 等也成立．因此，三角函数在非零代数数上的值是超越数．

记 $\log \alpha = a$（此处 $\log \alpha$ 表示 α 的自然对数的任意分支），那么 $e^a = \alpha$．根据 Hermite-Lindemann 定理，若 $a \neq 0$ 是代数数，则 α 是超越数；而当 $a = 0$ 时，$\alpha = 1$．因此，若 $\alpha \neq 0, 1$ 是代数数，则 $\log \alpha$ 是超越数．

C. Hermite，F. Lindemann 和 K. Weierstrass 的工作为 20 世纪超越数论的发展奠定了基础．20 世纪 30 年代和 50 年代，C. L. Siegel 和 A. B. Shidlovski 发展了他们的方法和理论，研究了更为广泛的一类解析函数的值的超越性质．这类函数称为 E 函数，它们的幂级数展开

$$f(z) = \sum_{n=0}^{\infty} C_n \frac{z^n}{n!}$$

的系数 C_n 满足某些数论条件．$e^z, \sin z, \cos z$ 以及具有代数系数的多项式函数，还有某些超几何函数，都属于这个函数类．对于满足某些类型的微分方程的 E 函数，可以得到它们在代数数上的值的超越性或代数无关性（代

数无关性的概念将在第 5 部分介绍). K. Mahler 研究了满足某些函数方程的函数的值的超越性质. 例如, 由幂级数定义的函数

$$F(z) = \sum_{n=0}^{\infty} z^{d^n}$$

($d>1$ 是一个整数)满足函数方程 $F(z^d) = F(z) - z$. 应用 Mahler 方法可以证明:对于任何代数数 α ($0<|\alpha|<1$), 函数值 $F(\alpha)$ 都是超越数. 满足某些函数方程及适当的数论条件的函数通常称为 Mahler 型函数.

E 函数和 Mahler 型函数的超越性质的研究至今仍是超越数论的重要课题. 类似的研究还进一步扩充到一些新的解析或半纯函数类(如 G 函数、F 函数、K 函数).

4 Hilbert 第 7 问题

1900 年, D. Hilbert 在国际数学家大会上提出了 23 个数学问题, 他认为这些问题对于 20 世纪的数学发展具有重要意义. 其中第 7 个问题是关于某些数的超越性或无理性的. 这个问题现在被表述为:如果 $\alpha \neq 0,1$ 是一个代数数, β 是一个代数无理数, 那么 α^β 是否为超越数?

D. Hilbert 曾在不同场合将这个问题与他提出的另两个问题, 即 Fermat 猜想(关于不定方程 $x^n + y^n = z^n$ ($n>2$)的整数解)和 Riemann 猜想(关于 Riemann ζ 函数的零点分布)加以比较, 认为 Riemann 猜想大概会在几年内解决, Fermat 猜想可能在他有生之年内解决. 但他又说过, 如果他沉睡 500 年后醒了过来, 那么他要问的第 1 个问题将是 Riemann 猜想是否已经解决. 迄今实际情况是:第 7 问题在提出后 30 年就被解决了, 而 Fermat 猜想历经艰辛才于 1995 年被 A. Wiles 肯定地解决, 至于 Riemann 猜想至今仍然悬而未决.

当然, 第 7 问题的解决经历了一个逐步深入的过程. 1929 年, A. O. Gel'fond 证明了:如果 $\alpha \neq 0,1$ 是一个代数数, β 是一个虚二次无理数, 那么 α^β 是一个超越数. 1930 年, R. O. Kuzmin 将此结果扩充到 β 是实二次无理数的情形. 1934 年, A. O. Gel'fond 和 Th. Schneider 最终相互独立地完全解决了第 7 问题. 他们的结果有几个等价的叙述形式, 下面给出其一:

Gel'fond-Schneider 定理 如果 α, β 是代数数, β 不是有理数, 并且

$\alpha\neq0,1$,那么 α^{β} 是超越数.

由此立即可知:$2^{\sqrt{2}}$,$(-1)^{-i}$ 或 $i^{-2i}=e^{\pi}$ 是超越数.

A. O. Gel'fond 和 Th. Schneider 解决第 7 问题的方法被广泛应用于超越数论的各种问题,特别是在指数函数、对数函数及椭圆函数的值的超越性和代数无关性的研究中,被称为 Gel'fond-Schneider 方法.

Gel'fond-Schneider 定理的一种等价叙述形式是:如果 α_1,α_2 是非零代数数,$\log\alpha_1$ 和 $\log\alpha_2$ 在 $\mathbb{Q}$ 上线性无关,那么对于任何不同时为零的代数数 β_1 和 β_2,有 $\beta_1\log\alpha_1+\beta_2\log\alpha_2\neq0$(此处及下文中,$\log\alpha$ 表示复数 α 的对数的某个分支).

1966 年,A. Baker 把它扩充到任意多个对数的情形,证明了:

Baker 对数线性型定理   如果 α_1,$\cdots$,α_s 是非零代数数,它们的对数 $\log\alpha_1$,$\cdots$,$\log\alpha_s$ 在 $\mathbb{Q}$ 上线性无关,那么 1,$\log\alpha_1$,$\cdots$,$\log\alpha_s$ 在 $\mathbb{A}$ 上线性无关.

由此可以推出:如果 α_1,$\cdots$,α_s 及 β_0,β_1,$\cdots$,β_s 是非零代数数,那么 $e^{\beta_0}\alpha_1^{\beta_1}\cdots\alpha_s^{\beta_s}$ 是超越数.

Baker 对数线性型定理还有定量形式,即上述对数线性型的绝对值的下界估计(见正文引理 4.8),它在代数数论中有重要应用,并且可用来给出类型广泛的不定方程的解数的有效性上界估计.由此 A. Baker 荣获 1970 年 Fields 奖.

对数线性型的研究还被扩充到 p 进对数的情形,这种形式通常称为 p 进对数线性型,它们在不定方程的研究中起着重要作用.在椭圆函数情形也有类似的研究,有关形式通常称为椭圆对数线性型.

对数线性型至今仍然是超越数论的重要研究对象.M. Waldschimidt 等将有关研究纳入到线性代数群的框架,引进了新的技术,显著地改进了下界估计.

5   数的代数无关性

对于 s 个复数 θ_1,$\cdots$,θ_s,若存在一个含 s 个变量的整系数非零多项式 $P(z_1,\cdots,z_s)$,使得

$$P(\theta_1,\cdots,\theta_s)=0,$$

则称 $\theta_1, \cdots, \theta_s$(在有理数域$\mathbb{Q}$上)代数相关,不然称 $\theta_1, \cdots, \theta_s$(在有理数域$\mathbb{Q}$上)代数无关.因此,若 $\theta_1, \cdots, \theta_s$ 代数无关,则对任何 s 个变量的整系数非零多项式 $P(z_1, \cdots, z_s)$,总有 $P(\theta_1, \cdots, \theta_s) \neq 0$,并且 $\theta_j(1 \leqslant j \leqslant s)$ 中的任意个也代数无关;特别地,这 s 个数全是超越数.例如,π 和 π^2 是代数相关的,因为它们满足 $z_1^2 - z_2 = 0$.可以证明:对于任何整数 $s \geqslant 1$,实数

$$\theta_j = \sum_{k=1}^{\infty} 2^{-(jk)!} \quad (j = 1, 2, \cdots, s)$$

是代数无关的.

代数无关性概念的定量形式为:

设 $\theta_1, \cdots, \theta_s$ 是 s 个复数.如果存在一个正整变量 x, y 的正值函数 $\varphi(x, y)$,具有下列性质:对于任意给定的正整数 d, H,以及任何次数 $\leqslant d$,高(即系数绝对值的最大值)$\leqslant H$ 的整系数非零多项式 $P(z_1, \cdots, z_s)$,有

$$| P(\theta_1, \cdots, \theta_s) | \geqslant \varphi(d, H),$$

那么称 $\varphi(d, H)$ 是 $\theta_1, \cdots, \theta_s$ 的一个代数无关性度量.特别地,当 $s = 1$ 时,称其为 θ_1 的超越性度量.当然,这个定义蕴涵了 $\theta_1, \cdots, \theta_s$ 的代数无关性(或 θ_1 的超越性).例如,对于 $\log 2$,可取 $\varphi(d, H) = (Hd^d)^{-c_2 d^2}$,其中 $c_2 > 0$ 是一个常数,也就是说,对于任何次数 $\leqslant d$、高 $\leqslant H$ 的整系数非零多项式 $P(z)$,有

$$| P(\log 2) | \geqslant (Hd^d)^{-cd^2}.$$

超越数论的基本任务就是确定一个数的超越性或几个数的代数无关性(定性和定量两个方面).

Gel'fond-Schneider 定理给出了 α^β 的超越性,其中 $\alpha \neq 0, 1$ 是代数数,β 是次数为 $d > 1$ 的代数数.1948 年 A. O. Gel'fond 提出了 $\alpha^\beta, \alpha^{\beta^2}, \cdots, \alpha^{\beta^{d-1}}$ 的代数无关性问题.他证明了:若 β 是三次代数数,则 $\alpha^\beta, \alpha^{\beta^2}$ 是代数无关的.他还宣布:一般地,当 $d \geqslant 2$ 时,$\alpha^\beta, \alpha^{\beta^2}, \cdots, \alpha^{\beta^{d-1}}$ 中至少有 $[(d+1)/2]$ 个数是代数无关的,但没有给出证明.直到 1987 年,人们改进和推广了 Gel'fond-Schneider 方法才证明了这个结论.

1971 年,R. Tijdemann 应用 Gel'fond-Schneider 方法证明了数 e, π,e^π, e^i 中至少有两个是代数无关的.1996 年,Yu. V. Nesterenko 证明了 π,$e^\pi, \Gamma(1/4)$ 是代数无关的.他在证明中应用了来自交换代数和代数几何的技术,提出一种新的代数无关性证明方法,并将其用于其他代数无关性问题.

这是当代超越数论的最重要的进展.人们推测他的方法(或其改进形式)有可能给出更多的代数无关性结果.例如,人们猜测:两组数 $\pi,\Gamma(1/3)$, $\Gamma(1/4)$ 及 $e,\pi,e^{\pi},\Gamma(1/4)$ 分别是代数无关的;数 $\pi,\Gamma(1/5),\Gamma(2/5),e^{\pi\sqrt{5}}$ 中有三个数是代数无关的;等等.

值得注意的是,e 和 π 是否代数无关至今仍未解决.目前有一个相当弱的结果:若 e^{π^2} 是代数数,则 e 和 π 代数无关.

20 世纪 30 年代,K. Mahler 及 J. F. Koksma 相互独立地将全体复数作了一种分类:所有代数数形成一类(称为 A 类),所有超越数划分为互不相交的三类:S 类、T 类和 U 类,它们的元素分别称为 S 数、T 数和 U 数.任何代数相关的两个数属于同一类;任何不同类的两个超越数必是代数无关的.所有 Liouville 数都属于 U 类;$e,\pi,\log 2,\sum\limits_{n=0}^{\infty}2^{-2^{n}}$ 及 $0.123\,456\,789\,101\,112\,13\cdots$ 等都不属于 U 类(因而这些数中每一个都与任何 Liouville 数是代数无关的).但至今还不知道 e^{π} 是否为 Liouville 数.因为 $\sum\limits_{n=0}^{\infty}10^{-n!}$ 是 Liouville 数,所以与 e 是代数无关的,从而 $e+\sum\limits_{n=0}^{\infty}10^{-n!}$ 是超越数.

超越数论中不少问题都与指数函数或其反函数即对数函数有关.例如,C. L. Siegel,S. Lang 及 K. Ramachandra 证明了下面的定理(通常称为**六指数定理**):如果两组复数 x_1,x_2 及 y_1,y_2,y_3 分别在 $\mathbb{Q}$ 上线性无关,那么六个数 $e^{x_iy_j}$ $(i=1,2;j=1,2,3)$ 中至少有一个超越数.若在这个定理中,取 $x_1=1,x_2=\pi;y_1=\log 2,y_2=\pi\log 2,y_3=\pi^2\log 2$,则 $e^{x_iy_j}$ $(i=1,2;j=1,2,3)$ 是

$$2,2^{\pi},2^{\pi^2},2^{\pi},2^{\pi^2},2^{\pi^3},$$

因而我们得知:数 $2^{\pi},2^{\pi^2},2^{\pi^3}$ 中至少有一个超越数.一般地,C. L. Siegel,Th. Schneider,S. Lang 及 K. Ramachandra 提出:

四指数猜想　如果两组复数 x_1,x_2 及 y_1,y_2 分别在 $\mathbb{Q}$ 上是线性无关的,那么四个数 $e^{x_iy_j}$ $(i=1,2;j=1,2)$ 中至少有一个超越数.

另一个与指数函数有关的重要猜想是:

Schanuel 猜想　设复数 $x_1,\cdots,x_s$ 在 $\mathbb{Q}$ 上线性无关,那么 $2s$ 个数 $x_1,\cdots,x_s,e^{x_1},\cdots,e^{x_s}$ 中至少有 s 个是代数无关的.

这个猜想是由 S. Schanuel 提出的,并由 S. Lang 于 1966 年首先公布.

若在其中取 $x_1 = 1, x_2 = 2\pi i$，即得猜想：e, π 是代数无关的．若取 $s = d \geqslant 2$，$x_j = \beta^{j-1} \log \alpha$ $(j = 1, \cdots, d)$，其中 $\alpha \neq 0, 1$，而 β 是 d 次代数数，$\log \alpha$ 表示 α 的自然对数的某个分支，可得猜想：$\log \alpha, \alpha^{\beta}, \alpha^{\beta^2}, \cdots, \alpha^{\beta^{d-1}}$ 是代数无关的．我们已由六指数定理推出数 $2^{\pi}, 2^{\pi^2}, 2^{\pi^3}$ 中至少有一个超越数，但至今尚不知道 $2^{\pi}, 2^{\pi^2}$ 中是否有一个超越数；但若 Schanuel 猜想成立，则可推出 $\pi, \log 2$，$2^{\pi}, 2^{\pi^2}, 2^{\pi^3}$ 代数无关．实际上，可以证明四指数猜想是 Schanuel 猜想的一个推论．Schanuel 猜想的另外一个有趣的推论是：若它成立，则下列 17 个数代数无关：

$$e, e^{\pi}, e^{e}, e^{i}, \pi, \pi^{\pi}, \pi^{e}, \pi^{i}, 2^{\pi}, 2^{e}, 2^{i},$$

$$\log \pi, \log 2, \log 3, \log \log 2, (\log 2)^{\log 3}, 2^{\sqrt{2}}.$$

由 Hermite-Lindemann 定理可知，Schanuel 猜想迄今只对 $s = 1$ 成立．一般情形的解决极为困难．另外，人们还提出 Schanuel 猜想的推广形式．

当然还有许多其他超越数论猜想，如正文中提到的 $\zeta(2k + 1)$ $(k \geqslant 1)$、Catalan 常数及 γ 常数的无理性或超越性等．

参 考 文 献

［1］ 陈景润.初等数论:第一册,第二册[M].北京:科学出版社,1980.

［2］ Γ·М·菲赫金哥尔茨.微积分学教程:第一卷[M].8版.北京:高等教育出版社,2006.

［3］ 冯贝叶.多项式与无理数[M].哈尔滨:哈尔滨工业大学出版社,2008.

［4］ Φ·Р·甘特马赫尔.矩阵论[M].北京:高等教育出版社,1953.

［5］ 华罗庚.数论导引[M].北京:科学出版社,1975.

［6］ 李文林.数学珍宝[M].北京:科学出版社,1998.

［7］ 乐茂华.Gel'fond-Baker 方法在丢番图方程中的应用[M].北京:科学出版社,1998.

［8］ А·И·马力茨夫.线性代数基础[M].修订版.北京:人民教育出版社,1957.

［9］ 潘承洞,潘承彪.初等数论[M].北京:北京大学出版社,1992.

［10］ А·Я·辛钦.连分数[M].上海:上海科学技术出版社,1965.

［11］ 朱尧辰.关于 Mahler 的一个问题[J].数学学报,1981,24:247－253.

［12］ 朱尧辰.正规数的构造[J].数学学报,1981,24:508－515.

［13］ 朱尧辰.一个代数无关性定理及其应用[J].数学研究与评论,1983,3:1－4.

［14］ 朱尧辰.某些级数的无理性[J].数学学报,1997,40:857－860.

［15］ 朱尧辰.数域上的线性无关性:Ⅰ;Ⅱ[J].数学学报,1997,40:713－716;2004,47:59－66.

［16］ 朱尧辰.关于 Mahler 超越小数的无理性度量[J].数学学报,2000,43:1－8.

[17] 朱尧辰.某些无穷乘积的超越性[J].数学学报,2000,43:605-610.

[18] 朱尧辰.点集偏差引论[M].合肥:中国科学技术大学出版社,2011.

[19] 朱尧辰,王连祥.丢番图逼近引论[M].北京:科学出版社,1993.

[20] 朱尧辰,徐广善.超越数引论[M].北京:科学出版社,2003.

[21] Alladi K,Robinson M L. On certain irrational values of the logarithm [R]//Nathanson M B. Number Theory, Carbondale 1979:Lect. Notes Math., No. 751. New York:Springer, 1979:1-9.

[22] Alladi K,Robinson M L. Legendre polynomials and irrationality [J]. J. Reine Angew. Math., 1980,318:137-155.

[23] Amano K,Tachiya Y. Measure of irrationality for certain infinite series [G]//Komotsu T. Diophantine Analysis and Related Fields:DARF 2007/2008. New York:AIP, 2008:1-6.

[24] Amdeberhan T,Zeilberger D. q-Apéry irrationality proofs by q-WZ pairs [J]. Adv. Appl. Math., 1998,20:275-283.

[25] Apéry R. Irrationalité de ζ(2) et ζ(3)[J]. Astérisque, 1979,61:11-13.

[26] Badea C. The irrationality of certain infinite products [J]. Studia Univ. Babes-Bolyai, Math., 1986,31:3-8.

[27] Badea C. The irrationality of certain infinite series [J]. Glasgow Math. J., 1987,29:221-228.

[28] Badea C. A theorem on irrationality of infinite series and applications [J]. Acta Arith., 1993,63:313-323.

[29] Bailey D H,Crandall R E. On the random character of fundamental constant expansion [J]. Experiment. Math., 2001,10:175-190.

[30] Ball K,Rivoal T. Irrationalité d'une infinité de valeurs de la fonction zêta aux entiers impairs [J]. Invent. Math., 2001,146:193-207.

[31] Becker P-G. Exponential diophantine equations and the irrationality of certain real numbers [J]. J. of Number Theory, 1991,39:108-116.

[32] Becker P-G,Töpfer T. Irrationality results for reciprocal sumes of certain Lucas numbers [J]. Arch. Math., 1994,62:300-305.

[33] Bedulev E V. On the linear independence of numbers over number fields [J]. Mat. Zametki, 1998,64:506-517.

[34] Bennett M A. Irrationality via the hypergeometric method [G]//Komotsu T. Diophantine Analysis and Related Fields:DARF 2007/2008. New

York: AIP, 2008: 7 - 18.

[35] Bernik V I, Melnichuk Y V. Diophantine Approximation and Hausdorff Dimension [M]. Minsk: Akad. Hauk BSSR, 1988.

[36] Besicovitch A S. The asymptotic distribution of the numerals in the decimal representation of the squares of the natural numbers [J]. Math. Zeit., 1934, 39: 146 - 156.

[37] Beukers F. A note on the irrationality of $\zeta(2)$ and $\zeta(3)$ [J]. Bull. London Math. Soc., 1979, 11: 268 - 272.

[38] Beukers F. Legendre polynomials in irrationality proofs [J]. Bull. Austral. Math. Soc., 1980, 22: 431 - 438.

[39] Beukers F. Padé-approximations in number theory [R]//de Bruin M G, van Rossum H. Padé Approximation and Its Applications: Lect. Notes Math., No. 888. New York: Springer, 1981: 90 - 99.

[40] Beukers F. The values of polylogarithms, Topics in classical number theory (Budapest, 1981) [J]. Colloq. Math. Soc. János Bolyai, 1984, 34: 219 - 228.

[41] Beukers F. Irrationality proofs using modular forms [J]. Astérisque, 1987, 147/148: 271 - 283.

[42] Borel E. Leçons sur la théorie des fonctions [M]. Paris: Gauthier-Villars, 1898.

[43] Borwein J M, Borwein P B. Pi and the AGM [M]. New York: John Wiley & Sons, 1986.

[44] Borwein P B. On the irrationality of $\sum 1/(q^n + r)$ [J]. J. of Number Theory, 1991, 37: 253 - 259.

[45] Borwein P B. On the irrationality of certain series [J]. Math. Proc. Camb. Phil. Soc., 1992, 112: 141 - 146.

[46] Borwein J M, Bradley D. Empirically determined Apéry-like formulae for $\zeta(4n + 3)$ [J]. Exp. Math., 1997, 6: 181 - 194.

[47] Brun V. Ein Satz über Irrationalität [J]. Arch. for Math. og Naturvidenskab (Kristiania), 1910, 31: 3 - 6.

[48] Bundschuh P B. Arithmetische Untersuchungen unendlicher Produkte [J]. Invent. Math., 1969, 6: 275 - 295.

[49] Bundschuh P B. Irrationalitätsmaβe für e^a, $a \neq 0$ rational oder Liouville-Zahl [J]. Math. Ann. , 1971, 192: 229 – 242.

[50] Bundschuh P B. Verschärfung eines arithmetischen Satzes von Tschakaloff [J]. Portugal. Math. , 1974, 23: 1 – 17.

[51] Bundschuh P B. p-adische Kettenbruche und Irrationalitat p-adischer Zahlen [J]. Elem. Math. , 1977, 32: 36 – 40.

[52] Bundschuh P B. Generalization of a recent irrationality result of Mahler [J]. J. of Number Theory, 1984, 19: 248 – 253.

[53] Bundschuh P B. Again on the irrationality of a certain infinite product [J]. Analysis, 1999, 19: 93 – 101.

[54] Bundschuh P B, Pethö A. Zur Transzendenz gewisser Reihen [J]. Mh. Math. , 1987, 104: 199 – 223.

[55] Bundschuh P B, Shiue P J S, Yu X Y. Transcendence and algebraic independence connected with Mahler type numbers [J]. Publ. Math. Debrecen, 2000, 56: 121 – 130.

[56] Bundschuh P, Töpfer T. Über lineare Unabhängigkeit [J]. Mh. Math. , 1994, 117: 17 – 32.

[57] Bundschuh P B, Väänänen K. Arithmetical investigations of a certain infinite product [J]. Compo. Math. , 1994, 91: 175 – 179.

[58] Bundschuh P B, Waldschmidt M. Irrationality results for theta functions by Gel'fond-Schneider's method [J]. Acta Arith. , 1989, 53: 289 – 307.

[59] Burger E B, Tubbs R. Making Transcendence Transparent [M]. New York: Springer, 2004.

[60] Cantor G. Über die einfachen Zahlensysteme Zeitschr. für [J/M]. Math. u. Phys. , 1869, 14: 121 – 128; Berlin: Gesammelt Abhand, 1932: 35 – 42.

[61] Cantor G. Zwei Satze über eine gewisse Zerlegung der Zahlen in unendliche Produkte [M]. Berlin: Gesammelt Abhand. , 1932: 43 – 50.

[62] Cartier P. Fonctions polylogarithmes, nombres polyzêtas et groupes prounipotents [J]. Astérisque, 2002, 282: 137 – 173.

[63] Cassels J W S. On a problem of Steinhaus about normal numbers [J]. Collect. Math. , 1959, 7: 95 – 101.

[64] Champernowne D G. The construction of decimals normal in the scale of ten [J]. J. London Math. Soc. , 1983, 8: 254 – 260.

[65] Chazelle B. The Discrepancy Method [M]. Cambridge: Cambridge Univ. Press, 2000.

[66] Chen Y G, Ruzsa I. On the irrationality of certain series [J]. Period. Math. Hungar., 1999, 38: 31 – 37.

[67] Chudnovsky G V. Formules d'Hermite pour les approximants de Padé de logarithmes et de fonctions binomes, et mesures d'irrationalite [J]. C. R. Acad. Sci. Paris: Ser. A, 1979, 288: 965 – 967.

[68] Chudnovsky G V. Measures of irrationality, transcendence and algebraic independence, recent progress [M]//Armitage J V. Journees Arithmetiques. Cambridge: Cambridge Univ. Press, 1982: 11 – 82.

[69] Chudnovsky G V. Hermite-Padé approximations to exponential functions and elementary estimates of the measure of irrationality of π: Lect. Notes Math., No. 925 [M]. New York: Springer, 1982: 299 – 322.

[70] Chudnovsky G V. Recurrences defining rational approximations to irrational numbers [J]. Proc. Japan Acad: Ser. A, 1982, 58: 129 – 133.

[71] Chudnovsky G V. On method of Thue-Siegel [J]. Ann. Math: Ser. II, 1983, 117: 325 – 382.

[72] Chudnovsky G V. Recurrences, Padé approximations and their applications [M]//Chudnovsky D V, Chudnovsky G V. Classical and Quantum Models and Arithmetic Problems. New York: Marcel Dekker Inc., 1984: 215 – 238.

[73] Cohen H. Demostration de l'irrationalite de $\zeta(3)$[G]// Apéry R. Sém. de Théorie des Nombres. Boston: Birkäuser, 1978/1979: VI.1 – VI.9.

[74] Cohen H. Généralisation d'une construction de R. Apéry [J]. Bull. Soc. Math. France, 1981, 109: 269 – 281.

[75] Colebrook C M. The Hausdorff dimension of certain sets of nonnomal numbers [J]. Michg. Math. J., 1970, 17: 103 – 116.

[76] Colebrook C M, Kemperman J H B. On non-normal numbers [J]. Indag. Math., 1968, 30: 1 – 11.

[77] Colmez P. Arithmétique de la fonction zêta [M]// La fonction zêta. Journées X-UPS, 2002: 37 – 164.

[78] Copeland A H, Erdös P. Note on normal numbers [J]. Bull. Amer. Math. Soc., 1946, 52: 857 – 860.

[79] Davenport H, Erdös P. Note on normal numbers [J]. Canad. J. Math., 1952, 4: 58 – 63.

[80] Drmota M, Tichy R F. Sequences, Discrepancies and Applications: Lect. Notes Math., No. 1651 [M]. New York: Springer, 1997.

[81] Duverney D. Proprietes arithmetiques d'une serie liee aux fonctions theta [J]. Acta Arith., 1993, 64: 175 – 188.

[82] Duverney D. Sur l'irrationalite de $\sum_{n=1}^{+\infty} r^n / (q^n - r)$ [J]. C. R. Acad. Sci. Paris: Ser. I, 1995, 320: 1 – 4.

[83] Duverney D. Sommes de deux carres et irrationalite de valeurs de fonctions theta [J]. C. R. Acad. Sci. Paris: Ser. I, 1995, 320: 1041 – 1044.

[84] Duverney D. Irratinlité d'un q-analogue de $\zeta(2)$ [J]. C. R. Acad. Sci. Paris, 1995, 321: 1287 – 1289.

[85] Duverney D. Proprietes arithmetiques d'un produit infini lie aux fonctioos theta [J]. J. Reine Angew. Math., 1996, 477: 1 – 12.

[86] Duverney D. A Propos de la serie $\sum_{n=1}^{+\infty} \dfrac{x^n}{q^n - 1}$ [J]. J. Theorie des Nombres, 1996, 8: 173 – 181.

[87] Duverney D. A criterion of irrationality [J]. Portugal. Math., 1996, 53: 229 – 237.

[88] Duverney D. Irrationalite de la somme des inverses de la suite de Fibonacci [J]. Elem. Math., 1997, 52: 31 – 36.

[89] Duverney D. Number Theory [M]. Singapore: World Scientific, 2010.

[90] Duverney D, Shiokawa I. On series involving Fibonacci and Lucas numbers I [G]//Komotsu T. Diophantine Analysis and Related Fields: DARF 2007/2008. New York: AIP, 2008: 62 – 76.

[91] Elsner C, Shimomura S, Shiokawa I. Reciprocal sums of Fibonacci numbers [G]//Komotsu T. Diophantine Analysis and Related Fields: DARF 2007/2008. New York: AIP, 2008: 77 – 89.

[92] Erdös P. On arithmetical properties of Lambert series [J]. J. India Math. Soc. (N.S.), 1948, 12: 63 – 66.

[93] Erdös P. On the irrationality of certain series [J]. Indag. Math., 1957, 19: 212 – 219.

[94] Erdös P. Sur certaines series a valeur irrationnelle [J]. L'Enseignement Math. , 1958, 4: 93 – 100.

[95] Erdös P. On the irrationality of certain series [J]. Math. Student, 1968, 36: 222 – 226.

[96] Erdös P. Some problems and results on the irrationality of the sum of infinite series [J]. J. Math. Sci. , 1975, 10: 1 – 7.

[97] Erdös P. Sur l'irrationalite d'une certaine serie [J]. C. R. Acard. Sci. Paris: Ser. I, 1981, 292: 765 – 768.

[98] Erdös P. On the irrationality of certain series: problems and results [G]// Baker A. New Advances in Transcendence Theory. Cambridge: Cambridge Univ. Press, 1988: 102 – 109.

[99] Erdös P, Graham R L. Old and New Problems and Results in Combinatorial Number Theory. Univ. de Geneve, Monographie de L'Enseignement Math. , No. 28 [M]. Geneve: Imprimerie Kunding, 1980.

[100] Erdös P, Kac M. Problem 4518 [J]. Amer. Math. Monthly, 1954, 61: 264.

[101] Erdös P, Straus E. On the irrationality of certain Ahmes series [J]. J. India Math. Soc. , 1963, 27: 129 – 133.

[102] Erdös P, Straus E. Some number theoretic results [J]. Pacific J. Math. , 1971, 36: 635 – 646.

[103] Erdös P, Straus E. On the irrationality of certain series [J]. Pacific J. Math. , 1974, 55: 85 – 92.

[104] Fel'dman N I, Nesterenko Yu V. Transcendental Numbers [M]. New York: Springer, 1998.

[105] Ferreño N C. Yet another proof of the irrationality of $\sqrt{2}$ [J]. Amer. Math. Monthly, 2009, 116: 68 – 69.

[106] Fischler S. Irrationalité de valeurs de zêta (d'après Apéry, Rivoal, ...) [J]. Astérisque, 2004, 294: 27 – 62.

[107] Fischler S. Restricted rational approximation and Apéry-type constructions [J]. Indag. Math. (N.S.), 2009, 20: 201 – 215.

[108] Fischler S, Rivoal T. Un exposant de densité en approximation rationnelle [J]. International Math. Research Notices, 2006, 24: 1 – 48.

[109] Fischler S, Rivoal T. Irrationality exponent and rational approximations

with prescribed growth [J]. Proc. Amer. Math. Soc., 2010, 138: 799 – 808.

[110] Fischler S, Zudilin W. A refinement of Nesterenko's linear independence criterion with applications to zeta values [J]. Math. Ann., 2010, 347: 739 – 763.

[111] France M M. A set of nonnormal numbers [J]. Pacific J. Math., 1965, 15: 1165 – 1170.

[112] Friedlander J B, Luca F, Stoiciu M. On the irrationality of a divisor function series [J]. Integers, 2007, 7 (A31): 1 – 9 (electronic).

[113] Galambos J. Representations of Real Numbers by Infinite Series. Lect. Notes Math., No. 502 [M]. New York: Springer, 1976.

[114] Golomb S W. On the sum of the reciprocals of the Fermat numbers and related irrationalities [J]. Canad. J. Math., 1963, 15: 475 – 478.

[115] Golomb S W. On certain non-linear recurring sequences [J]. Amer. Math. Monthly, 1963, 70: 403 – 405.

[116] Golomb S W. A new arithmetic function of combinatorial significance [J]. J. of Number Theory, 1973, 5: 218 – 223.

[117] Good I J. A reciprocal series of Fibonacci numbers [J]. Fibonacci Quart., 1974, 12: 346.

[118] Gutnik L A. The irrationality of certain quantities involving $\zeta(3)$ [J]. Uspekhi Mat. Nauk, 1979, 34: 190; Acta Arith., 1983, 42: 255 – 264.

[119] Guy R K. Unsolved Problems in Number Theory [M]. 3rd ed. New York: Springer, 2004.

[120] Habsieger L. Linear recurrent sequences and irrationality measures [J]. J. of Number Theory, 1991, 37: 133 – 145.

[121] Hanĉl J. Express of real numbers with the help of series [J]. Acta Arith., 1991, 59: 97 – 104.

[122] Hanĉl J. Criterion for irrational sequences [J]. J. of Number Theory, 1993, 43: 88 – 92.

[123] Hanĉl J. Transcendental sequences [J]. Math. Slovaca, 1996, 46: 177 – 179.

[124] Hanĉl J. A criterion for linear independence of series [J]. Rocky Mountain J. Math., 2004, 34: 173 – 186.

[125] Hanĉl J, Kiss P. On reciprocal sums of terms of linear recurrences [J]. Math. Slovaca, 1993, 43: 31 – 37.

[126] Hanĉl J, Štĕpniĉka J. A note on irrationality measure [J]. Math. Scand. 2009, 104: 117 – 123.

[127] Hanĉl J, Tijdeman R. On the irrationality of Cantor series [J]. J. Reine Angew. Math., 2004, 571: 145 – 158.

[128] Hanĉl J, Tijdeman R. On the irrationality of Cantor and ahmes series [J]. Pub. Math. Debrecen, 2004, 65: 371 – 380.

[129] Hanĉl J, Tijdeman R. On the irrationality of factorial series [J]. Acta Arith., 2005, 118: 383 – 401.

[130] Hanĉl J, Tijdeman R. On the irrationality of polynomial Cantor series [J]. Acta Arith., 2008, 133: 37 – 52.

[131] Hanĉl J, Tijdeman R. On the irrationality of factorial series, II [J]. J. of Number Theory, 2010, 130: 595 – 607.

[132] Hardy G H, Wright E M. An Introduction to the Theory of Numbers [M]. Oxford: Oxford Univ. Press, 1981.

[133] Harman G. One hundred years of normal numbers [M]//Bennett M A, Berndt B C, et al. Surveys in Number Theory. Natick, Massachusetts: A K Peters, 2000: 57 – 74.

[134] Hata M. Legendre type polynomials and irrationality measures [J]. J. Reine Angew. Math., 1990, 407: 99 – 125.

[135] Hata M. Rational approximations to π and some other numbers [J]. Acta Arith., 1993, 63: 335 – 349.

[136] Hata M. C^2 saddle method and Beukers' integral [J]. Trans. Amer. Math. Soc., 2000, 352: 4557 – 4583.

[137] Hegyvari N. On some irrational decimal fractions [J]. Amer. Math. Monthly, 1993, 100: 779 – 780.

[138] Hjortnaes M M. Overforing av rekken $\sum_{k=1}^{\infty} (1/k)^3$ til et bestemt integral: Proc. 12th Cong. Scand. Maths (at Lund 1953), Lund, 1954 [C].

[139] Hurwitz A. Mathematische Werke: Vol. II [M]. Basel: Birkhäuser, 1933: 129 – 133.

[140] Huxley M N. On the difference between consecutive primes [J]. Invent.

Math. , 1972, 15: 164 - 170.

[141] Huylebrouck D. Similarities in irrationality proofs for π, ln 2, $\zeta(2)$ and $\zeta(3)$ [J]. Amer. Math. Monthly, 2001, 108: 222 - 231.

[142] Ito S, Shiokawa I. A construction of β-normal numbers [J]. J. Math. Soc. Japan, 1975, 27: 20 - 23.

[143] Jones W B, Thron W J. Continued Fractions, Analytic Theory and Applications [M]. London: Addison-Wesley Publ. Comp. , 1980.

[144] Jouhet F, Mosaki E. Irrationalité aux entiers impairs positifs d'un q-analogue de la fonction zêta de Riemann [J]. Int. J. Number Theory, 2007 (arXiv: 0712.1762[math.CO]).

[145] Kaneko M. A note on poly-Bernoulli numbers and multiple zeta values [G]//Komotsu T. Diophantine Analysis and Related Fields: DARF 2007/2008. New York: AIP, 2008, 118 - 124.

[146] Kiss P. Zero terms in second order linear recurrences [J]. Math. Sem. Notes (Kobe Univ.), 1979, 7: 145 - 152.

[147] Komatsu T. Hurwitz continued fractions with confluent hypergeometric functions [J]. Czech. Math. J. , 2007, 57: 919 - 932.

[148] Komatsu T. Leaping convergent of Hurwitz continued fractions [G]// Komotsu T. Diophantine Analysis and Related Fields: DARF 2007/2008. New York: AIP, 2008: 130 - 143.

[149] Korobov A N. On completely uniform distribution and conjunctly normal numbers [J]. Izv. Akad. Nauk SSSR: Ser. Mat. , 1956, 20: 649 - 660.

[150] Korobov A N. Continued fractions of some normal numbers [J]. Mat. Zametki, 1990, 47: 28 - 33.

[151] Krattenthaler C, Rivoal T. Hypergéométrie et fondtion zêta de Riemann [J]. Memoirs Amer. Math. Soc. , 2007, 875. (Providence: Amer. Math. Soc.)

[152] Krattenthaler C, Rivoal T, Zudilin W. Séries hypergéométriques basiques, q-analogues des valeurs de la fonction zêta et séries d'Eisenstein [J]. J. Inst. Math. Jussieu, 2006, 5: 53 - 79.

[153] Kuipers L, Niederreiter H. Uniform Distribution of Sequences [M]. New York: John Wiley & Sons, 1974.

[154] McLaughlin J. Some new families of Tasoevian and Hurwitzian continued

fractions [J]. Acta Arith., 2008, 135: 247 - 268.

[155] Laohakosol V, Kuhapatanakul K. The irrationality criteria of Brun and Badea are essentially equivalent [G]//Komotsu T. Diophantine Analysis and Related Fields: DARF 2007/2008. New York: AIP, 2008: 144 - 159.

[156] Leshchiner D. Some new identities for $\zeta(k)$ [J]. J. of Number Theory, 1981, 13: 355 - 362.

[157] Levin M B. On absolutely normal numbers [J]. Vestn. Mosk. Univ: Ser. I, 1979, 34: 31 - 37.

[158] Levin M B. Jointly absolutely normal numbers [J]. Mat. Zametki, 1990, 48: 61 - 71.

[159] Levin M B. On the discrepancy estimate of normal numbers [J]. Acta Arith., 1999, 88: 99 - 111.

[160] Long C T. Note on normal numbers [J]. Pacific J. Math., 1957, 7: 1163 - 1165.

[161] Lototsky A V. Sur l'irrationalite d'un produit infini [J]. Mat. Sb., 1943, 12: 262 - 271.

[162] Madritsch M G. A note on normal numbers in matrix systems [J]. Math. Pannonica, 2007, 18: 219 - 227.

[163] Mahler K. Arithmetische Eigenschaften einer Klasse von Dezimalbüchen [J]. Proc. Akad. Wetensch. (Amsterdam), 1937, 40: 421 - 428.

[164] Mahler K. On the approximation of π [J]. Proc. Kon. Akad. Wetensch., 1953, A.56: 30 - 42.

[165] Mahler K. Arithmetical properties of the digits of the multiples of an irrational number [J]. Bull. Austral. Math. Soc., 1973, 8: 191 - 203.

[166] Mahler K. On a class of transcendental decimal fractions [J]. Commum. Pure Appl. Math., 1976, 29: 717 - 725.

[167] Mahler K. On some irrational decimal fractions [J]. J. of Number Theory, 1981, 13: 268 - 269.

[168] Mahler K. On some special decimal fractions [M]//Zasenhaus H. Number Theory & Algebra. New York: Academic Press, 1987: 209 - 214.

[169] Martinelli F J. Construction of generalized normal numbers [J]. Pacific J. Math., 1978, 76: 117 - 122.

[170] Martinez P. Some new irrational decimal fractions [J]. Amer. Math.

Monthly, 2001, 108: 250 - 253.

[171] Mauduit C. Automates finis et ensembles normaux [J]. Ann. Inst. Fourier, 1986, 36: 1 - 25.

[172] Mauduit C. Caractérisation des ensembles normaux substitutifs [J]. Invent. Math. , 1989, 95: 133 - 147.

[173] Maxfield J E. Normal k-tuples [J]. Pacific J. Math. , 1953, 3: 189 - 196.

[174] Mercer A McD. A note on some new irrational decimal fractions [J]. Amer. Math. Monthly, 1994, 101: 567 - 568.

[175] Meschkowski H. Differenzengleichungen [M]. Göttingen: Vandenhoeck & Ruprecht, 1959.

[176] Mignotte M. Approximations rationnalles de π et quelques autres nombres [J]. Bull. Soc. Math. Fr. , 1974, 37: 121 - 132.

[177] Milne-Thompson L M. The Calculus of Finite Differences [M]. London: MacMillan and Co. , 1933.

[178] Nabutovsky A V. Irrationality of limits of quickly convergent algebraic numbers sequences [J]. Proc. Amer. Math. Soc. , 1988, 120: 473 - 479.

[179] Nagasaka K. On Hausdorff dimension of non-normal sets [J]. Ann. Inst. Stat. Math. , 1971, 23: 515 - 521.

[180] Nagasaka K. La dimension de Hausdorff de certaines ensembles dans [0, 1] [J]. Proc. Japan Acad. Ser. A: Math. Sci. , 1979, 54: 109 - 112.

[181] Nakai Y, Shiokawa I. A class of normal numbers [J]. Japan J. Math. , 1990, 16: 17 - 29.

[182] Nakai Y, Shiokawa I. A class of normal numbers: II [M]//Lox-ton J H. Number Theory and Cryptography. Cambridge: Cambridge Univ. Press, 1990: 204 - 210.

[183] Nakai Y, Shiokawa I. Discrepancy estimates for a class of normal numbers [J]. Acta Arith. , 1992, 62: 271 - 284.

[184] Nakai Y, Shiokawa I. Normality of numbers generated by the values of polynomials at primes [J]. Acta Arith. , 1997, 81: 345 - 356.

[185] Nesterenko Yu V. On the linear independence of numbers [J]. Vestn. Mosk. Univ: Ser. I, 1985, 40: 46 - 49.

[186] Nesterenko Yu V. A few remarks on $\zeta(3)$ [J]. Mat. Zamtki, 1996, 59: 865 - 880.

[187] Niederreiter H. On a irrationality theory of Mahler and Bundschuh [J].
J. of Number Theory, 1986, 24: 197 - 199.

[188] Nikishin E M. On the irrationality of the values of the functions $F(x,s)$
[J]. Mat. Sbornik, 1979, 109: 410 - 417.

[189] Niven I. Irrational Numbers [M]. New York: John Wiley & Sons, 1956.

[190] NivenI. Diophantine Approximation [M]. New York: Interscience
Publishers, 1963.

[191] Niven I, Zuckerman H S. On the definition of normal numbers [J].
Pacific J. Math. , 1951, 1: 103 - 109.

[192] Oppenheim A. Criteria for irrationality of certain classes of numbers [J].
Amer. Math. Monthly, 1954, 61: 235 - 241.

[193] Oppenheim A. The irrationality of certain infinite products [J]. J.
London Math. Soc. , 1968, 43: 115 - 118.

[194] Oppenheim A. The irrationality or rationality of certain infinite series
[M]//Mirsky L. Studies in Pure Mathematics. New York: Academic
Press, 1971: 195 - 201.

[195] Oppenheim A. The representation of real numbers by infinite series of
rationals [J]. Acta Arith. , 1972, 21: 391 - 398.

[196] Pearce C E M, Keane M S. On normal numbers [J]. J. Austral. Math.
Soc: Ser. A, 1982, 32: 79 - 87.

[197] Perron O. Die Lehre von den Kettenbrüchen [M]. New York: Chelsea,
1950.

[198] Pilehrood Kh H, Pilehrood T H. On conditional irrationality measures for
values of the digamma function [J]. J. of Number Theory, 2007, 123:
241 - 253.

[199] Pilehrood Kh H, Pilehrood T H. An Apéry-like continued fraction for
$\pi\coth \pi$ [J]. J. Difference Equ. Appl. , 2008, 14: 1279 - 1287.

[200] Pillai S S. On normal numbers [J]. Proc. Indian Acad. Sci: Sect. A,
1939, 10: 13 - 15.

[201] Pillai S S. On normal numbers [J]. Proc. Indian Acad. Sci: Sect. A,
1940, 12: 179 - 184.

[202] Pollington A D. The Hausdorff dimension of a set of nonnormal well
approximable numbers [M]//Nathanson M B. Number Theory:

Carbondale 1979, Lect. Notes Math., No. 751. New York: Springer, 1979: 256 - 264.

[203] Pollington A D. The Hausdorff dimension of a set of normal numbers [J]. Pacific J. Math., 1981, 95: 193 - 204.

[204] Postelmans K, van Assche W. Irrationality of $\zeta_q(1)$ and $\zeta_q(2)$ [J]. J. of Number Theory, 2007, 126: 119 - 154.

[205] Postnikov A G. Arithmetic modeling of random processes [J]. Trudy Mat. Inst. Steklov, 1960, 57: 1 - 84.

[206] Prévost M. A new proof of the irrationality of $\zeta(2)$ and $\zeta(3)$ using Padé approximats [J]. J. Comp. Appl. Math., 1996, 67: 219 - 235.

[207] Prévost M. On the irrationality of $\sum \dfrac{t^n}{A\alpha^n + B\beta^n}$ [J]. J. of Number Theory, 1998, 73: 139 - 161.

[208] Reyssat E. Irrationalité de $\zeta(3)$ selon Apéry [J]. Sem. Delange-Pisot-Poitou (Théorie des nombres), 1978/1979, 20 (6): 01 - 06.

[209] Rhin G. Approximants de Padé et mesures effectives d'irrationalité [G]// Sémin. Théor. Nombres, Paris 1985/1986. Basel: Birkhäuser, 1987: 155 - 164.

[210] Rhin G, Viola C. On a permutation group related to $\zeta(2)$ [J]. Acta Arith., 1996, 77: 23 - 56.

[211] Rhin G, Viola C. The group structure for $\zeta(3)$ [J]. Acta Arith., 2001, 97: 269 - 293.

[212] Ribenboim P. My Numbers, My Friends [M]. New York: Springer, 2000.

[213] Rivoal T. La fonction zêta de Riemann prend une infinité de valeurs irrationnelles auxentiers impairs [J]. C. R. Acad. Sci. Paris: Ser. I, 2000, 331: 267 - 270.

[214] Rivoal T. Propriétés diophantiennes des valeurs de la fonction zêta de Riemann aux entiers impairs [D/OL]. Thèse de Doctorat. Caen: Univ. de Caen, 2001; http://theses-EN-ligne.in2p3.fr.

[215] Rivoal T. Irrationality d'au moins un des neuf nombres $\zeta(5)$, $\zeta(7)$, …, $\zeta(21)$ [J]. Acta Arith., 2002, 103: 157 - 167.

[216] Rivoal T, Zudilin W. Diophantine properties of numbers related to Catalan's constant [J]. Math. Ann., 2003, 326: 705 - 721.

[217] Rosser J B, Schoenfeld L. Approximate formulas for some functions of prime numbers [J]. Illinois J. Math. , 1962, 6: 64 – 94.

[218] Salikhov V Kh. On the irrationality measure of π [J]. Uspehki Mat. Nauk, 2008, 63: 163 – 164.

[219] Sándor J. Some classes of irrational numbers [J]. Studia Univ. Babes-Bolyai Math. , 1984, 29: 3 – 12.

[220] Sándor J. Irrationality criteria for Mahler's numbers [J]. J. of Number Theory, 1995, 52: 145 – 156.

[221] Schiffer J. Discrepancy of normal numbers [J]. Acta Arith. , 1986, 47: 175 – 186.

[222] Schlage-Puchta J C. The irrationality of some number theoretical series [J]. Ramanujan J. , 2006, 12: 455 – 460.

[223] Schlage-Puchta J C. The irrationality of some number theoretical series [J]. Acta Arith. , 2007, 126: 295 – 303.

[224] Schmidt W W. On normal numbers [J]. Pacific J. Math. , 1960, 10: 661 – 672.

[225] Schmidt W W. On badly approximable numbers [J]. Mathematika, 1965, 12: 10 – 20.

[226] Schmidt W M. Diophantine approximation: Lect. Notes Math. , No. 785 [M]. New York: Springer, 1980.

[227] Shan Z. A note on irrationality of some numbers [J]. J. of Number Theory, 1987, 25: 211 – 212.

[228] Shan Z, Wang E T H. Generalization of a theorem of Mahler [J]. J. of Number Theory, 1989, 32: 111 – 113.

[229] Shorey T N, Tijdeman R. Exponential Diophantine equations [M]. Cambridge: Cambridge Univ. Press, 1986.

[230] Shorey T N, Tijdeman R. Irrationality criteria for numbers of Mahler's type [M]//Motohashi Y. Analytic Number Theory. Cambridge: Cambgidge Univ. Press, 1997: 343 – 351.

[231] Sierpiński W. Démonstration élémemtare du thérème de M. Borel sur les nombres absolument normaux et détermination effective d'un tel nombre [J]. Bull. Soc. Math. France, 1917, 45: 125 – 132.

[232] Slater L J. Generalized Hypergeometric Functions [M]. Cambridge:

Cambridge Univ. Press, 1966.

[233] Smet O, van Assche W. Irrationality proofs of a q-extension of $\zeta(2)$ using little q-Jacobi polynomials [J]. Acta Arith. , 2009, 138: 165 – 178.

[234] Sondow J. Criteria for irrationality of Euler's constant [J]. Proc. Amer. Math. Soc. , 2003, 131: 3335 – 3344.

[235] Sondow J. A geometric proof that e is irrational and a new measure of its irrationality [J]. Amer. Math. Monthly, 2008, 113: 637 – 641.

[236] Sorokin V N. Hermite-Padé approximations of Nikishin systems and the irrationality of $\zeta(3)$ [J]. Uspekhi Mat. Nauk, 1994, 49: 167 – 168.

[237] Sorokin V N. Apéry's theorem [J]. Vestn. Mosk. Univ. : Ser. I, 1998, 53: 48 – 52.

[238] Spears J L, Maxfield J E. Further examples of normal numbers [J]. Publ. Math. Debrecen, 1969, 16: 119 – 127.

[239] Tauraso R. More congruences for certain binomial coefficients [J]. J. of Number Theory, 2010, 130: 2639 – 2649.

[240] Taylor L E. Letter to the editor [J]. Amer. Math. Monthly, 1994, 101: 174.

[241] Tijdeman R. On irrationality and transcendency of infinite sum of rational numbers [M]//Saradha N. Diophantine Equations. New Delhi: Narosa Publishing House, 2008: 279 – 296.

[242] Tijdeman R, Yuan Pingzhi. On the rationality of Cantor and Ahmes series [J]. Indag. Math. (N. S.), 2002, 13: 407 – 418.

[243] Tschakaloff L. Arithmetische Eigenschaften der unendlichen Reihe $\sum\limits_{\nu=0}^{\infty} x^{\nu} a^{-\frac{\nu(\nu-1)}{2}}$: I; II [J]. Math. Ann. , 1921, 80: 62 – 74; 1921, (84): 100 – 114.

[244] Väänänen K, Zudilin W. Linear independence of values of Tachakaloff function with different parameters [J]. J. of Number Theory, 2008, 128: 2549 – 2558.

[245] Vajda S. Fibonacci & Lucas Numbers, and the Golden Section [M]. New York: John & Sons, 1989.

[246] Van Assche W. Little q-Legendre polynomials and irrationality of certain Lambert series [J]. Ramanujan J. , 2001, 5: 295 – 310.

[247]　Van der Poorten A. Some wonderful formulae…, footnotes to Apéry's proof of the irrationality of $\zeta(3)$ [J]. Sem. Delange-Pisot-Poitou (Théorie des nombres), 1978/1979, 20 (29): 01 - 07.

[248]　Van der Poorten A. Some wonderful formulae…, An introduction to polylogarithms [J]. Queen's Papers in Pure and Applied Math., 1979, 54: 269 - 286.

[249]　Van der Poorten A. A proof that Euler missed … [J]. Math. Intelligencer, 1979, 1: 195 - 203.

[250]　Viola C. Diophantine approximation, continued fractions and irrationality measures [J]. Boll. Unione Mat. Ital.: Sez. A, Mat. Soc. Cult., 2004, 7 (8): 291 - 230.

[251]　Volkmann B. On non-normal numbers [J]. Compo. Math., 1964, 16: 186 - 190.

[252]　Wagner G. On rings of numbers which are normal to one base but non-normal to another [J]. J. of Number Theory, 1995, 54: 211 - 231.

[253]　Waldschmidt M. Valeurs zêtas multiples, Une introduction [J/OL]. J. Théor. Nomb. Bordeaux, 2000, 12: 581 - 595; http://www. math. jussieu. fr. /~miw/articles/ps/MZV. ps.

[254]　Waldschmidt M. Multiple polylogarithms: an introduction [M]//Agarwal A K, et al. Number Theory and Discrete Mathmatics. Berlin: Birkhaäuser, 2002: 1 - 12.

[255]　Wall H S. Analytic Theory of Continued Fractions [M]. New York: Chelsea, 1973.

[256]　Weyl G. Über ein Problem aus dem Gebiete der diophantischen Approximationen [J]. Nachr. Ges. Wiss. Göttingen: Math.-phys. Kl., 1914: 234 - 244.

[257]　Yu H. A note on a theorem of Mahler [J]. J. China Univ. Sci. Tech., 1988, 18: 388 - 389.

[258]　Zagier D. Values of zeta functions and their applications [G]//Joseph A, et al. First European Congress of Mathematics: Vol. 2. Basel: Birkhäuser, 1994: 497 - 512.

[259]　Zeidler E. Teubner-Taschenbuch der Mathematik [M]. Wiesbaden: Teubner Verlag, 2003.

[260] Zhou P, Lubinsky D S. On the irrationality of $\prod\limits_{j=0}^{\infty} (1 \pm q^{-j}r + q^{-2j}s)$ [J]. Analysis, 1997, 17: 129 – 153.

[261] Zhu Y C. Algebraic independence of certain generalized Mahler type numbers [J]. Acta Math. Sinica: Engl. Series, 2007, 23: 17 – 22.

[262] Zudilin V V. One of the eight numbers $\zeta(5)$, $\zeta(7)$, ..., $\zeta(17)$, $\zeta(19)$ is irrational [J]. Mat. Zametki, 2001, 70: 472 – 476.

[263] Zudilin V V. One of the numbers $\zeta(5)$, $\zeta(7)$, $\zeta(9)$, $\zeta(11)$ is irrational [J]. Uspekhi Mat. Nauk, 2001, 56: 149 – 150.

[264] Zudilin V V. On the irrationality of the values of the zeta function at odd integer points [J]. Uspehki Mat. Nauk, 2001, 56: 215 – 216.

[265] Zudilin W. Irrationality of values of the Riemann zeta function [J]. Izvestiya RAN: Ser. Mat. , 2002, 66: 49 – 102.

[266] Zudilin W V. On the irrationality measure for a q-analogue of $\zeta(2)$ [J]. Mat. Sb. , 2002, 193: 49 – 70.

[267] Zudilin V V. Diophantine problems for q-zeta values [J]. Mat. Zametki, 2002, 72: 936 – 940.

[268] Zudilin W. An elementary proof of Apéry's theorem [OL]. 2002. http: //arXiv. org/abs/math. NT/0202159.

[269] Zudilin W. A few remarks on linear forms involving Ctalan's costant [J/OL]. Chebyshev Sbornik (Tula State Pedagogical Univ.), 2002, 3: 60 – 70; http://arXiv. org/abs/math. NT/0210423.

[270] Zudilin W. Arithmetic of linear forms involving odd zeta values [J/OL]. J. Théor. Nomb. Bordeaux, 2004, 16: 251 – 291; http://arXiv. org/abs/ math. NT/0206176.

[271] Zudilin W. Ramanujian-type formulae and irrationality measures of some multiples of π [J]. Matematicheskii. Sbornik, 2005, 196: 51 – 66.

[272] Zudilin W. Approximations to q-logarithms and q-dilogarithms, with applications to q-zeta values [J]. Zap. Nauchn. Sem. S-Peterburg, Otdel. Mat. Inst. Steklov (POMI), 2005, 322: 107 – 124.

索 引

(1.1 表示有关事项参见第 1 章 1.1 节. 不涉及附录.)

"十一五"国家重点图书

中国科学技术大学校友文库
第一辑书目

- ◎完全映射及其密码学应用　吕述望、范修斌、王昭顺、徐结绿、张剑
- ◎摄动马尔可夫决策与哈密尔顿圈　刘克
- ◎近代微分几何：谱理论与等谱问题、曲率与拓扑不变量　徐森林、薛春华、胡自胜、金亚东
- ◎回旋加速器理论与设计　唐靖宇、魏宝文
- ◎北京谱仪Ⅱ·正负电子物理　郑志鹏、李卫国
- ◎从核弹到核电——核能中国　王喜元
- ◎核色动力学导论　何汉新
- ◎基于半导体量子点的量子计算与量子信息　王取泉、程木田、刘绍鼎、王霞、周慧君
- ◎高功率光纤激光器及应用　楼祺洪
- ◎二维状态下的聚合——单分子膜和 LB 膜的聚合　何平笙
- ◎现代科学中的化学键能及其广泛应用　罗渝然、郭庆祥、俞书勤、张先满
- ◎稀散金属　翟秀静、周亚光
- ◎SOI——纳米技术时代的高端硅基材料　林成鲁
- ◎稻田生态系统 CH_4 和 N_2O 排放　蔡祖聪、徐华、马静
- ◎松属松脂特征与化学分类　宋湛谦
- ◎计算电磁学要论　盛新庆
- ◎认知科学　史忠植
- ◎笔式用户界面　戴国忠、田丰
- ◎机器学习理论及应用　李凡长、钱旭培、谢琳、何书萍
- ◎自然语言处理的形式模型　冯志伟
- ◎计算机仿真　何江华
- ◎中国铅同位素考古　金正耀
- ◎辛数学·精细积分·随机振动及应用　林家浩、钟万勰
- ◎工程爆破安全　顾毅成、史雅语、金骥良
- ◎金属材料寿命的演变过程　吴犀甲
- ◎计算结构动力学　邱吉宝、向树红、张正平
- ◎太阳能热利用　何梓年
- ◎静力水准系统的最新发展及应用　何晓业
- ◎电子自旋共振技术在生物和医学中的应用　赵保路
- ◎地球电磁现象物理学　徐文耀
- ◎岩石物理学　陈颙、黄庭芳、刘恩儒
- ◎岩石断裂力学导论　李世愚、和泰名、尹祥础
- ◎大气科学若干前沿研究　李崇银、高登义、陈月娟、方宗义、陈嘉滨、雷孝恩